国家出版基金项目
NATIONAL PUBLICATION FOUNDATION

“十三五”国家重点图书出版物出版规划项目

面向未来的交通出版工程·政策与规划系列

基于手机定位数据的个体出行行为特征分析与技术研究

——方法与实证

杨　飞　姚振兴　著

同濟大學出版社
TONGJI UNIVERSITY PRESS

图书在版编目(CIP)数据

基于手机定位数据的个体出行行为特征分析与技术研究:方法与实证/杨飞,姚振兴著. --上海:同济大学出版社,2017.5
(面向未来的交通出版工程·政策与规划系列/汪光焘主编)
"十三五"国家重点图书出版物出版规划项目
ISBN 978-7-5608-6770-0

Ⅰ.①基… Ⅱ.①杨… ②姚… Ⅲ.①移动电话机—定位系统—应用—交通运输—研究 Ⅳ.①U

中国版本图书馆CIP数据核字(2017)第037991号

面向未来的交通出版工程·政策与规划系列
基于手机定位数据的个体出行行为特征分析与技术研究——方法与实证
杨 飞 姚振兴 著

出 品 人: 华春荣
策　　划: 高晓辉 陆克丽霞
责任编辑: 高晓辉
责任校对: 徐春莲
装帧设计: 陈益平

出版发行 同济大学出版社 www.tongjipress.com.cn
(上海市四平路1239号 邮编:200092 电话:021-65985622)
经　　销 全国各地新华书店、建筑书店、网络书店
排版制作 南京新翰博图文制作有限公司
印　　刷 上海安兴汇东纸业有限公司
开　　本 787mm×1092mm 1/16
印　　张 12.25
字　　数 306 000
版　　次 2017年5月第1版 2017年5月第1次印刷
书　　号 ISBN 978-7-5608-6770-0
定　　价 68.00元

《面向未来的交通出版工程·政策与规划系列》编委会

总 序

PREFACE

伴随城镇化和机动化进程，交通的发展目标、关注问题和对策方法等也在发生着巨大的变化。未来的交通运输工程将是工程科学、人文科学等交叉学科融合发展又具有独立特色的领域，在这一领域中相关理论与技术正处于挑战、探索和机遇并存的重要发展阶段。

中国快速城镇化、机动化所带来的前所未有的压力，由于受到资源和环境的制约，已经不可能单纯依靠交通基础设施建设来加以化解，需要构建适合中国国情的战略—政策—规划—建设有机融合的城市交通一体化对策理论体系；城市交通进入建设与管理并重的转型发展阶段，将社会管理与交通技术系统建设有机融合，通过理性供给和动态调控，引导城市交通模式进入可持续发展的轨道，是理论研究者、管理者和工程技术人员苦苦思考与探索的问题。

近年来相关技术领域的快速发展，促使交通领域中的许多技术概念正在发生巨大的变化。信息技术与控制技术的融合，促成了车联网的孕育与发展；对交通安全的社会关注，促进了车辆与交通技术设施两方面的主被动安全技术的应用；“互联网＋服务”、“互联网＋交通”催生了共享单车、分时租赁、网约车等新型交通服务模式；新型有轨电车、个人城市交通(PRT)等交通方式正在逐渐走进我们的生活；交通信息系统建设以及大数据理论的发展，为针对具有复杂适应特征的城市交通系统监测和战略调控创造了条件。

在此背景下，无论是交通工程研究者、工程技术人员还是行业管理者，都深感原有知识和经验面临挑战，需要重新认识我们所面对的问题，适应需求和技术环境变化进行理论创新与技术变革。

《面向未来的交通出版工程》这套丛书正是为了适应这种需求而编纂。面对一个快速变化和发展的领域，采用滚动组织编写的方式，力求更快地反映出相关理论研究成果和实践经验。

在本丛书的出版选题中，强调如下三个基本原则。

(1) 适应发展阶段需求的理论针对性。

我国交通进入转型发展的新阶段:对生态环境和城市人居环境的关注,要求在可持续发展理念指导下,研究绿色交通和新能源车辆推广的对策问题;在城市规划进入用地总量控制内涵式发展的背景下,需要正确处理土地再开发引发建成区交通需求增长与交通基础设施难以大规模扩展的矛盾;城镇化进入城市群发展阶段,要求从城市群视野整合综合交通体系,调整中心城交通模式以适应功能布局的演化。

(2) 符合国际交通理论发展趋势的科学技术原创性。

在交通网络流分析和交通行为分析等传统领域的研究日益深化;大数据和复杂性理论的交融对交通理论变革产生了重要的推动作用;城市规划理论关注点从"位空间"转向"流空间"、地理学的关系转型和对空间中行为研究等方面所提供的成果借鉴。整个学科体系正在出现变革的趋势。

(3) 适合中国国情特点的实践探索性。

城市交通战略、政策和规划并非单纯的技术问题,而是一种科学发展观和公共政策的体现。正因为如此,在特定管理制度架构下的实践探索,具有理论和技术研究所不可替代的作用。

中国交通的快速发展急切需要与之适应的理论与技术支持,中国交通的实践又为相关理论与技术的变革提供了成长的"土壤"。面对发展与变革,不必苛求体系的完美,研究和实践中的百花齐放,必然带来中国交通科学与技术领域的万紫千红。

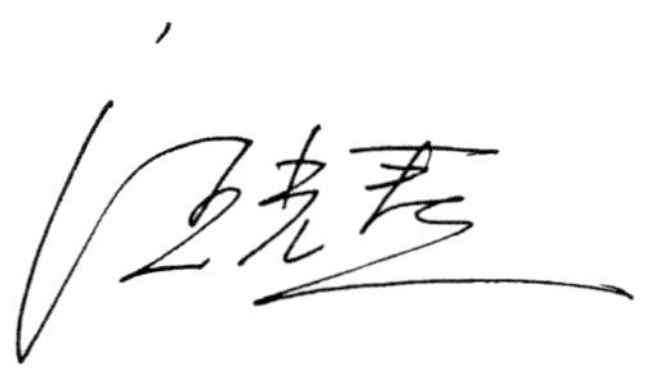

2016 年 4 月

前言

FOREWORD

席卷全球的大数据时代到来，通过海量数据的挖掘与分析将提供更有价值的信息辅助决策，成了国内外各行各业的研究热点前沿，其中，交通大数据环境构建与挖掘应用是大数据潮流发展的重要内容之一。以手机定位数据为主导的位置数据必然是交通大数据的重要核心基础，庞大的手机用户群体、广泛的通信覆盖网络、通信事件活动产生海量的位置数据是一项十分宝贵的资源，深入挖掘有望推断和揭示出交通活动的本源机理、深层次特征，进而为解析我国交通与城市发展演化的关系、特征与规律提供重要基础，意义深远。

交通出行需求识别包含人、车两大方面的基础数据，本源是人的出行。过去十多年，国内外对机动车的交通需求数据采集积累具备了很好的技术手段，例如GPS浮动车、环形线圈、视频检测、雷达探测、RFID等技术，并在许多城市还构建了道路交通车辆的信息采集与发布系统，但对反映交通出行本源特征的个体“人”的出行活动追踪分析一直缺少十分有效的技术手段。交通流参数仅仅是交通需求在道路网上呈现的结果，而个体行为特征、演化模式和变化规律才是与交通需求本源直接相关的决定因素之一。传统的居民出行问卷调查数据存在的缺陷已经让交通工程同行抱怨不已，其中的问题包括主观回忆的数据错误、组织实施难度较大、成本较高等。目前，尽管国内外开展了一些新技术的研究和实证应用，但还存在较多不足，尤其是还未研究出较为成熟可以应用的个体出行活动数据精细化、客观准确的提取分析技术。随着3G/4G-LTE新一代移动互联网技术的迅猛发展，智能手机用户日益庞大，为追踪分析个体出行活动特征提供了载体和机遇，这可能给传统的交通行业发展模式带来巨大的冲击影响。

对于个人出行活动分析，手机位置大数据的应用目前主要在基于手机信令数据方面开展了较多应用实践，通过追踪挖掘手机用户在发生通信事件（通话、短信、上网等）与基站小区的信息交互“暴露”其所在的基站覆盖范围模糊位置轨迹，推演该手机个体在城市中的活动特征，再进行计集统计结果。相关应用包括职住平衡、来外与流动人口活动分布特征、交通大区OD、典型断面道路交通流等中宏观层面分析，大多用于城市规划、交通战略方面的管理决策支持。但是，由于基于手机信令数据的分析结果缺乏统计意义上的可靠性，存在较多数据结果精度方面的质疑和担忧；同时，其位置数据精度较粗，无法提供精细的出行链特征，不能支撑交通建模对交通数据的定量需求。

本书着重聚焦于个体出行数据高质量的精细化提取技术与方法研究，利用个体智能手机传感器数据（智能手机内置多种传感器，研发手机APP应用软件可导出所记录数据，包括手机GPS位置点位坐标、速度、加速度、卫星数量与精度、Wi-Fi接入数据等），在此基础上同时探索融合3G/4G-LTE新一代移动通信网络信令事件数据（切换、位置区更新、视频、短信、微信QQ等上网），这些新型手机数据能够反映手机用户的时空位置变化和运动状态变化特征，综合运用小波分析、随机森林、聚类分析等模式识别的数据挖掘算法，力争实现精细化追踪提取个体出行活动特征，包括出行OD、出行方式、换乘点时刻和位置、各出行方式段的出行时间、各驻留地停留时间等一系列详细的个体出行活动“体检报告”，为交通理论模型优化重构、城市和交通发展规划与管理决策提供坚实基础。

另一方面，尽管大数据研究很热，但我们更需要沉下来深入思考数据的具体用途和作用，泡沫和浮躁终究一事无成，所以，不能仅仅停留在大数据资源可能带来的美好“肥皂泡”的欣喜，而更需要针对性深入挖掘以投入应用产生实际价值。鉴于此，本书也对个体出行活动精细化数据的应用研究进行了思考和展望，如何支撑理论模型方面开展精细标定与优化，包括对传统四阶段交通模型的校核标定提升精度；公交OD反推模型评估优化，以及对基于活动的新一代交通需求分析模型实证标定等。目前，由于传统交通出行调查无法提供活动模型标定所需要的详细出行链数据，在国际上还未能广泛通过实证标定活动模型进行交通需求分析。

本书主要依托笔者主持的2项国家自然科学基金面上项目和教育部“新世纪优秀人才支持计划”项目的研究成果提炼总结而成，即“融合多源移动定位时空数据的居民出行行为与活动分析技术研究（项目编号：50908195）”“基于手机APP传感器数据的个体出行特征精细化提取与交通模型优化（项目编号：51678505）”和“基于新一代移动通信事件和定位技术的城市交通管理决策支持研究（编号：NCET-13-0977）”。本书一共包含9章，第1章研究概述，介绍了研究背景、研究目标、应用前景和主要内容等，总结了研究特色与创新点；第2章，全面总结了近年来基于手机信令数据、手机话单数据、个体GPS出行轨迹数据、手机社交网络签到数据等手机位置大数据在交通数据提取中的应用研究和实际案例，明确该研究方向现状与基础；第3章介绍了主要使用的几种数据挖掘算法理论以及结合手机传感器数据进行应用的思路，包括聚类分析、神经网络、支持向量机、贝叶斯网络、随机森林、小波分析等；第4章对于本书用于获取手机传感器数据的APP进行介绍，初步解析了初始数据变化波动特征规律；第5章阐述了"行人—交通流—通信"集成仿真平台构建方法和步骤，通过仿真实验开展了技术效果评估分析；第6章进行了基于手机传感器数据的出行参数特征提取技术实证研究，运用多种数据挖掘算法结合实地测试数据给出了出行方式、出行转换点、出行时刻等微观出行链特征参数提取的具体过程说明与精度评估；第7章分析了本书重点研究的手机传感器数据提取技术的影响因素和敏感性分析，讨论了不同道路交通条件下的技术应用效果；第8章分析了精细化交通出行数据对于提升交通管理与规划的实践应用思考，例如对四阶段交通需求预测模型的改善，优化公交线路提升"最后一公里"接驳效率等；第9章进行了研究展望，对于未来个体交通数据提取以及交通大数据发展的重要问题进行了简要讨论。

本书在写作过程中得到了许多学者朋友和研究生的帮助，书中的部分重要成果来自于所指导研究生的研究和学位论文工作，包括博士生姚振兴持续在手机大数据提取方向的研究工作，硕士生曾大堃、赵瑜、韩旭、戴露的学位论文成果，感谢你们的努力付出为本书提供了坚实的成果积累。博士生姚振兴持续在该研究领域开展工作，紧密围绕基于神经网络、支持向量机、决策树等机器学习方法的手机轨迹数据挖掘算法，基于模极大值小波分析的交通方式识别算法等核心分析技术取得了突破性创新，以及在全书的统筹组织撰写工作方面的大量投入，成为本书的共同著作者。还要感谢研究生姜海航、周建尧、郑浩毅、卢泰宇、李玉、林园、王利雷、李琮等做出的工作，其中周建尧负责组织编写了第2章，李琮参与编写了第4章，姜海航主要负责编写了第5章，郑浩毅参与编写第8章，李玉参与编写了第9章。

由于笔者学术水平局限，交通大数据作为新兴的研究方向也正在经历不断探索和发展的阶段，本书难免存在疏漏和不足之处，敬请读者批评指正。

2017年3月

于西南交通大学，成都

目 录

CONTENTS

1 研究概述

1.1 背景与意义

既有的个体出行需求调查技术主要包括:①传统人工问卷调查;②逐步兴起的 GPS 出行轨迹追踪调查;③手机信令网络调查。三种主要的方法各有优缺点。从近年实践来看,传统人工问卷调查的问题突出集中在数据质量难以保证,大都依靠被访者主观回忆;欧美国家城市以及我国北京、上海等大城市,近年来积极探索运用 GPS 辅助居民出行调查,也存在 GPS 信号遮挡轨迹数据不完整、携带 GPS 设备不方便等问题,相应的 GPS 轨迹数据挖掘算法尚未有效研发以提取准确的出行链信息;依托手机信令数据进行出行需求分析,欧美国家已有相当的实践,目前也逐渐成为国内大城市交通管理部门的关注热点,但这种方法存在的主要问题,由于位置精度不高、在通信基站小区覆盖范围,该方法只能够探测宏观出行需求(例如交通大区出行 OD、职住分布),无法对微观层面的出行链特征进行有效提取。

目前不存在一种可以全面主导的调查方法,需要探索研究新的个体出行特征的调查方法,弥补既有方法的不足。从现状和趋势判断,调查数据精度将成为一个亟待回答的问题,个体出行特征调查急需一种较为可靠的参照数据,具备精细化、客观、准确的特点,能够用以衡量、判断和抽样检验各种调查方法提取的出行数据精度质量。本书尝试探索利用智能手机传感器数据的交通出行特征提取方法(智能手机内置 GPS、加速度仪等多种传感器,记录 GPS 位置时空轨迹数据、加速度数据、卫星数量、Wi-Fi 热点等传感器数据),走通技术流程,摸清数据规律,突破算法要求,能够提取该个体出行的全程特征信息,包括出行 OD、出行时刻、出行时长、出行方式、出行端点、停留时长以及出行目的等,并通过足量实证研究给出其提取数据精度,探索其作为出行特征调查参照校验数据的可行性。

1.1.1 个体交通出行活动分析技术缺陷

反映交通需求本源的个体交通出行活动特征是诊断交通现状问题、进行交通需求预测、制定交通政策的重要依据,既有的个体交通出行活动数据调查分析技术存在不足,尤其是数据质量的精准度方面,缺乏准确的数据源头,再精细的交通模型也可能无用武之地。当前急需对个体出行活动数据的精细化、客观化、高质量、动态化提取新技术的研究进行补充与提升,从而全面准确把握交通出行需求本源。

1. 传统的居民出行调查

传统居民出行调查是当前交通出行数据的主要来源,主要有问卷调查法、电话询问法、邮件访问几种方式,虽然传统居民出行调查方法在实际中使用较多,但随着居民出行活动频率及事件类型复杂程度的增加,其在调查数据精度、调查成本、数据更新周期等方面不足和缺陷日益突出,越来越难以满足现代交通规划、建设对数据精度、可靠性及实时动态性等方面的要求。

首先，回忆偏差、信息错误等现象普遍，数据精度难以保障。传统调查方法依靠被调查者回忆出行过程获取数据，如出行方式、出行的时间、出行目的地等，通常被调查者回忆负担较大，实施中往往存在信息记忆偏差、错误或不愿意配合等情形，严重影响了居民出行调查的数据质量。此外，传统居民出行调查方法更加无法获得用于完善交通模型的精细化交通出行数据，例如具体的出发时刻、到达时刻、交通方式、换乘时间等，数据瓶颈很大程度上制约了交通模型、交通规划方案的制定。

其次，调查成本高、组织实施难度大。全市范围内的大规模居民出行调查，需要政府高层行政职能部门牵头、多个城市及交通管理部门负责落实，且需各街道办事处协助入户调查，调查组织实施难度较大。此外，由于在调查中需要动用大量的人力物力，调查成本也不断增加，近年来很多大城市综合交通规划编制中仅用于交通调查的费用就高达几百万元。

最后，调查数据更新的实时动态性差。由于传统居民出行调查成本高、实施难度大，大规模的居民出行调查往往每隔 5～10 年才进行一次，北京、上海等特大城市新中国成立至今也就大概实施过 4～5 次，相当多的二线城市可能至今未实施过一次居民出行调查。在我国城市化进程加快、交通需求剧烈膨胀的背景下，传统调查数据根本无法及时、客观反映当前的居民交通出行规律，相当多的时候还在使用多年前的出行数据来进行交通需求预测，甚至有一些城市完全没有相关数据，仅通过小规模片段调查估算后就进行了交通规划。交通出行传统调查数据的客观性、动态性质量较差直接导致交通规划方案难以与现实需求有效匹配，规划实施效果也难以得到真正的保障。

2. 手持 GPS 终端设备调查

这是 2000 年左右国外开始探索的一种新型居民出行调查技术。在美国、英国一些城市开展了实际应用，获取个体出行数据以提高传统调查方法的数据质量并证实起到了较好的效果，但大多数主要是单一交通方式出行数据提取方法研究，对于我国城市普遍存在的多模式交通组合出行问题还缺乏适用性成果。除此以外，GPS 设备成本也是个不容忽视的问题。需要政府部门专门采购手持 GPS 终端设备，即使小样本抽样都可能导致较高的设备成本。例如，以人口达到 500 万的大城市而言，出行调查抽样率按照 2%计算，需要调查 10 万人口，GPS 设备成本单价按照 1 000 元估算，仅设备费就将高达 1 亿元，这对相当多的城市交通管理部门来讲都是一笔难以想象的财政花销，对国外大多数城市人口规模不大的情况还能够顺利开展，而且由于携带不便也难以要求大量出行者长期携带手持 GPS 设备以开展动态出行调查，因此，对我国城市人口规模偏大的现状来讲可能很难具有可行性。

3. 基于移动通信网络信令数据的个体出行活动调查

该方法是近几年国内外一些城市采用的新方法，属于一种集计的调查技术。例如，我国的上海、重庆、天津等为数不多的城市，开展了一些通过手机网络信令数据追踪手机的基站小区连续变化信息获取宏观层面的出行活动特征，包括居民职住地分布、出行主流向、交通大区出行 OD 等，在城市政府部门的宏观决策管理中发挥了较好的作用。但是，通信网络信令数据反映的位置数据的数量级是“基站小区”尺度，市区范围内基站半径在几百米，郊区通常在 1～2 km，这样的位置精度无法实现对个体出行活动链的精细化分析提取，对于交通模型精细标定、公交线网优化调整、轨道交通站点“最后一公里”的交通接驳需求、新型城镇化下的流动人口出行特征等城市交通的一些新时期深层次交通问题而言，这些宏观数据还不足够，传统的居民出行问卷调查也几乎无法获取，急需精细化、客观化、高质量、动态化的个体出行活动数据提取新技术作为支撑。

1.1.2 手机传感器调查技术优势

随着智能手机技术的快速发展，我国智能手机用户的数量迅猛增长，这为开展基于手机大数据的个体交通出行活动分析提供了重大契机，相对于传统居民出行调查等既有技术具有突出的技术优势，具有很好的行业应用前景。基于智能手机传感器数据的个体出行特征提取方法有望改善既有方法的不足。

1. 提升和校核传统居民出行人工调查质量

不仅仅依靠被访者的主观回忆，可以通过其客观记录的智能手机传感器数据运用数据挖掘算法分析提取出行链特征，还可以将二者进行比对回忆确认，有助于显著改善调查质量；或者也可以作为抽样校核人工问卷调查质量的参照比对数据。目前手机 APP 传感器数据调查方法处于快速发展阶段，当前主要目的致力于提升和改进现有技术方法，以便更好地探索整体上提取高精度、精细化交通出行特征的理论与技术，为交通需求分析理论提供更加可靠的数据基础。

2. 延伸手机出行调查应用全面性

能够弥补基于手机信令数据出行调查对于微观出行特征提取的不足，以个体智能手机为载体，通过互补有望将手机信令网络数据的大样本、宏观性优点与手机传感器数据的精细化、微观性相融合，增强手机调查出行特征的全面性，有助于用手机调查。

3. 拓展 GPS 出行调查可操作性

一方面，智能手机内置 GPS 芯片，避免给被调查者携带专用 GPS 设备造成不便，增强 GPS 轨迹追踪出行调查的可操作性。对于用户而言，只需要在手机上下载一个数据采集 APP，通过打开、关闭 APP 就能够完成数据采集，不需要复杂操作。另一方面，增加了手机加速度、手机服务基站等数据进一步关联分析个体运动状态，避免在室内 GPS 信号遮挡造成的位置轨迹数据缺失的缺陷，技术适用条件更具弹性。

总结来看，传统的出行人工问卷调查大多数时候可能属于“抽样的错误”，通信网络信令数据属于“大样的模糊”能够在宏观层面“模糊的正确”解释某些群体集计活动规律特征，个体智能手机传感器数据能够实现“抽样的精确”全息解析个体出行活动的详细信息，如果参与调查的个体手机样本足够大(例如 60%以上)将实现“大样的正确”，最终目标有望实现所有城市个体均参加手机 APP 调查，则有望实现“全样的正确”。

1.1.3 数据瓶颈制约交通需求分析与交通模型发展

当前交通需求分析技术主要还是基于20世纪50年代所建立的"四阶段"交通需求预测模型，其主要功能是当时为了满足大规模道路建设需要建立的预测模型。但在资源、环境矛盾日益突出的今天，道路设施的增长势必受到多方面的约束，很难有效、根本地解决不断出现的交通问题，四阶段模型本身的缺陷和局限性日益突出。在此背景下，我国多个交通问题严重的大城市应对交通问题的思路已经逐步由设施新建转向于综合运用交通需求管理政策手段进行调控。为了克服四阶段模型的缺陷，基于个体出行行为分析的方法日益受到重视，我国近年来也开始大量关注这方面的研究，例如，基于活动的交通需求分析成为一个研究热点，但这个技术方法的发展要想实现从理论到实践的跨越，必须有足够翔实、准确的个体出行活动特征数据作为支撑，包括具体的每次出行的出发时刻、到达时刻、驻留地停留时间等，这是传统调查方式几乎无法准确获取的。交通需求分析理论的演进需要以个体交通行为数据的精细提取为突破口，洞悉交通行为真实、详细特征，通过新的出行调查技术手段深层次、精确地理解交通行为，有助于推进交通需求分析技术和方法的发展。

1.1.4 "大数据"时代交通调查技术发展新机遇

"大问题"急需"大数据"。当前，我国的城市交通问题已经不是简单的两个交通小区是否需要道路连通的"小问题"，而越来越多的是从点线到面、由面至立体、三维升级多维的"大问题"，深入分析回答这些问题有赖于时间、空间、类别多维度的"交通大数据环境"作为基础，传统交通调查方法获取的"支离破碎"的交通片段数据，行政体制分割造成的"诸侯割据"式的信息孤岛，显然无法深入透析这些交通"大问题"的本源，更谈不上如何综合采用有效调控手段解决应对。

尽管过去十多年，多种交通数据采集技术快速发展和应用(线圈、视频、微波、浮动车、手机定位等)，在应用效果方面呈现出各有千秋的态势，而不可能有哪一种单一技术可以"一统天下"完全满足构建高效智能交通系统的需求，然而，根据上述大数据的一些特点，可以判断，当大数据时代来临时手机位置数据展现出显著的重要性，以手机位置数据为核心，融合线圈、视频、浮动车、问卷调查等传统常规方法获取的多源数据才有望真正意义上构建交通大数据。

依托交通大数据环境所累积的交通发展历史演化数据，能够从时空维度上连续揭示道路交通流状态演变规律；明确居民出行活动行为的特征、模式和规律，从出行本源视角揭示交通行为及其影响关联因素，为出行行为理论研究提供一定的实证论据；更新既有传统的交通分析方法论、交通模型和算法，例如，现有的交通定量分析方法主要通过建模，首先要搞清楚"为什么"这个问题，太多的模型假设势必降低其实用性和真实性，对于大量交通管理政策制定时很难有直接指导意义，然而在交通大数据时代可以通过判断"是什么"的基础上进而分析"为什么"。再如，改变传统按照道路围合范围的交通小区划分方式，而以通信基站小区（组群）为基本交通出行分析单元达到更加准确地把握出行OD需求的目的。以此为基础，有望更新和完善符合我国道路交通流特征和驾驶行为的交通流理论等方面的基础交通理论，进而归纳出一套有中国特色的交通理论与方法，从一定程度上逐步摆脱直接套用欧美国家交通经验理论方法的束缚。

1.2 研究目标

1.2.1 学术理论目标

在学术理论层面，致力推进精细化交通出行数据对交通模型与理论的本质提升与优化，保持和引领国际前沿热点。长期以来，我国交通理论的建立缺乏数据支撑，尽管近年来有所改善，但仍然不够，普遍存在数据精度不高、主观性强的缺陷，通过本书研究的交通出行精细化数据有望弥补这方面不足，对于从理论视角分析和观测个体出行行为模式特征和活动规律的演化及影响关联机理提供一项重要支撑，有望促进交通理论发展的重构与更新，建立与我国交通实际相符合的特色化交通理论体系。另一方面，当前我国已经建立了较多的交通模型，但长期存在“垃圾数据”尴尬问题显著制约交通模型的应用效果，本书研究的客观、精细、动态的个体出行精细化数据提取技术，可能从数据源头上进行“净化”，通过提升数据质量以及提供传统人工问卷调查无法获取的出行数据，提升改善四阶段交通模型标定精度，甚至还可能实现基于活动的交通需求分析模型的标定与校核理论实证，这是当前国际交通领域还未能较好开展研究的方向，本书力图从这样的交通理论与模型的重要方面实现提升目标，达到持续提升我国在该研究方向上的前沿影响力。

1.2.2 技术应用目标

在应用实践方面，力争构建一套完整的流程化、适用性较强的基于智能手机APP传感器数据为主导，融合3G/4G-LTE新一代移动通信网络信令事件数据的个体交通出行活动特征精细化调查提取新技术与新方法体系，研发智能手机APP应用程序、解析新一代移动通信网络信令事件数据流程原理，以及出行端点判定、出行方式切割和出行方式识别这三个关键的移动数据挖掘等，突破关键问题，打通技术实现瓶颈，提取得到客观、精细化、动态性的个体出行活动数据，依托研究成果申请国家发明专利和计算机软件著作权，提升研究成果的应用推广层次和能力，满足在新时期我国城市交通特殊问题困境下对于精细化交通出行数据的新需求，为城市交通规划管理提供辅助决策参考依据。

1.3 应用前景

本次研究成果具有较好的可复制拓展应用性，对基于手机传感器数据的交通出行参数提取技术剖析分解，建立起流程化的技术和实现框架体系。基于手机传感器数据的交通调查分析技术在实际中可以采取两种开展模式：

（1）居民出行调查应用。即与传统纸质问卷调查类似，通过政府牵头组织开展，但该调查技术开展更为便捷、低成本。牵头单位只需将数据采集APP挂放于政府调查网站，调查参与者通过网站或微信扫码的形式下载安装，调查过程中，参与者只需在规定时间打开APP，调查结束后关闭APP并上传数据即完成调查。

（2）企业商业应用。如公交公司、地铁公司、大型商城等单位/企业需要对客流量、出行OD、商铺热点、停留时间等特征进行分析时，可通过企业付费或赠送公交刷卡、上网流量等形式对客户进行APP数据采集，参与者完成一次数据采集则赠送相应奖励。该方法也可进行长期的数据积累分析。

1.4 主要内容

本书针对我国目前居民出行方式调查方法复杂、调查数据失真、调查费用高昂、数据更新耗时长等问题，提出一种基于手机传感器数据的新型个体交通出行参数采集方法。首先，尝试研发手机传感器数据采集APP采集个体多种交通方式组合出行的手机传感器时空轨迹特征数据；深入分析梳理不同采样频率、交通环境、出行模式条件下数据质量和数据特征，探索高效数据修复和数据预处理方法；在此基础上，突破个体出行链新型提取的详细思路和流程，探索小波分析、神经网络、随机森林等智能数据挖掘算法用于出行参数提取的可行性和有效性，通过理论剖析，进一步重点探索算法的优化和创新，提出一套更为高效、准确、适用于我国城市多种交通方式组合出行的出行链信息采集技术，能够对不同环境下居民多种交通方式组合出行进行准确的出行OD、出行时间、出行次数、交通方式、交通方式换乘时间、出行目的等精细化参数识别，从而切实提高居民出行调查数据质量。

1.4.1 个体出行手机传感器数据来源采集和解析

1. 智能手机APP客户端开发

根据手机操作系统构架（例如Android系统）研发智能手机传感器数据采集APP，通过编写程序连通智能手机GPS定位仪、加速度计、陀螺仪等手机传感器数据采集接口读出记录数据，能够实时采集手机GPS定位轨迹（位置点坐标、卫星数量、定位精度）、三轴加速度、手机转向角等数据；此外，当手机GPS卫星信号受屏蔽时（如地下或室内出行），APP能够及时补充采集手机用户当前服务基站小区编号、无线Wi-Fi接入等可以反映个体出行地点的网络信号数据。

APP开发需要综合考虑后数据提取内容、采集模式（定位频率、是否应用第三方接口）、数据存储格式、手机耗电量等多方面内容，避免长时间后自动关闭以及用户手机系统满载后溢出的影响，尽可能减少被调查者的交互和影响，确保该手机数据采集 APP 在实践中有较好的可操作性。

2. 微信公众号采集平台开发

除了手机数据采集 APP 研发外，同步研发微信平台的数据采集系统，以微信公众号的形式方便 APP 推广，用户只需扫描微信二维码关注公众号即可实现数据采集。同时，借助微信公司隐私保护信誉也能大幅提升居民使用意愿，方便在实践中的使用。

3. 后台数据库管理系统构建

数据管理系统采用 SaaS 构架规范设计，满足用户定制化数据采集需求（如时段、内容、频率定制）和多用户并行服务。同时，构建 Oracle 数据库管理系统，用户数据以“项目名＋个人编码”进行归类分区存储，建立广泛索引，建立数据缓冲机制，保证数据高效存储与读取。

1.4.2 基于手机传感器数据的个体交通出行特征精细化提取

智能手机中内置多种传感器，通过数据采集系统导出出行过程中记录的手机传感器数据，能够很好地反映手机用户的时空位置和运动状态变化信息，再融合 3G/4G-LTE 新一代通信网络信令数据反映的基站小区层面的手机位置变化信息，综合采用多样化的数据挖掘算法探究出行数据的精细化提取技术与方法。

基于手机传感器数据的交通出行特征精细化提取技术方法思路如图 1-1 所示，主要包括三个主要环节，即出行端点判定、出行方式切割和出行方式识别。

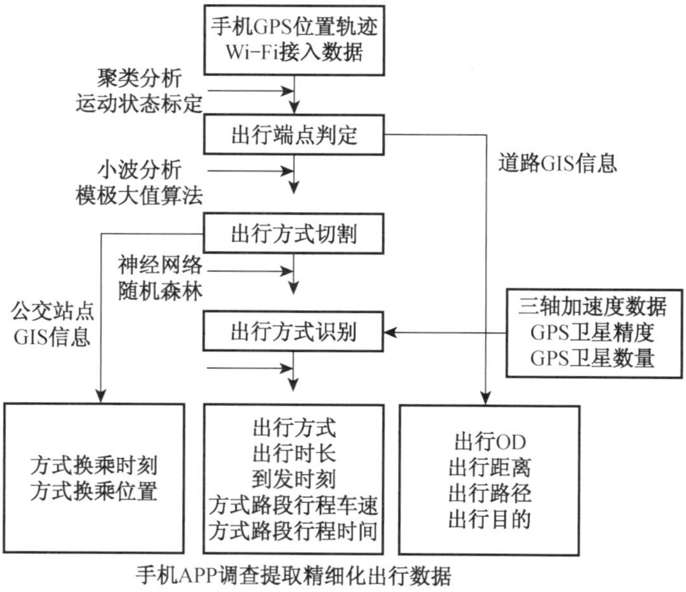

图 1-1 基于手机传感器数据的多模式出行特征精细提取技术路线

1. 出行端点判定

利用手机 APP 解析的手机 GPS 位置点轨迹数据，手机中存储记录的无线 Wi-Fi 热点接入位置和时长数据作为辅助，研究拟综合采用平面聚类算法和位置点运动状态标定算法判定出行端点。由于个体在出行过程中和出行端点停留时的 GPS 位置轨迹特征不同，出行过程中表现出沿路径的线性轨迹点分布，相邻连续位置点之间存在一定间距，机动化交通方式位置点间距较大，步行、自行车非机动化交通方式位置点间距较小；而在出行端点停留时，GPS 位置点由于定位误差会在真实位置点附近扰动，平面上呈现出位置点“团状”分布特征，其相邻连续位置点间距更小，这通常取决于定位误差精度的扰动程度。拟采用平面聚类算法将位置点根据相互间距的亲疏程度区分出属于出行端点的“团状”位置点群类别；同时，辅助手机 APP 解析的智能手机中存储的无线 Wi-Fi 热点接入位置和接入时长数据，以及结合移动通信网络中记录的该手机用户在基站小区停留时长数据作为出行端点驻留判断依据，最终有望判定一次或者多次出行的各个出行端点。

2. 多出行方式切割

单次出行 OD 通常包含多种交通方式组合，例如步行＋公交、小汽车、轨道＋步行，实际还有更加多样的交通方式组合换乘情况，出行方式段切割的结果是将出行轨迹中各个单一的交通方式分离出来，例如一次出行 OD 轨迹拆分成步行、公交、步行三部分轨迹数据，用于出行特征的深入提取。出行方式段的准确切割对于精细化提取个体出行特征极为重要，关键在于探索出合适的交通方式转换点的识别算法。

出行方式切割的主要思路是，主要通过手机 GPS 传感器记录的位置点速度波动变化特征进行区分，通常情况下，不同的交通方式的速度波动范围、幅度等特征有所不同。将 GPS 位置点速度的变化视为类似数字信号的波动，本研究拟采用小波分析中寻找“奇异点”的方法进行交通方式转换点识别。具体交通方式转换点识别算法将作为本书研究关键问题之一在后续进一步论述。

3. 出行方式识别

将不同交通方式出行数据的综合特征视为不同的“模式”，探索模式识别领域中的若干算法和手段，将不同出行方式进行分类。拟采用神经网络、随机森林等、贝叶斯网络等模式识别中高效分类方法进行研究，设计多种多模式组合出行试验场景，涵盖步行、公交、地铁、自行车、小汽车等我国城市中主要的交通方式，通过所研发的智能手机 APP 采集相应的传感器数据，经过反复试算和评估确定出行方式识别的较优算法。多模式出行方式识别算法是本书的关键问题之一，将在后文针对性开展论述。

实现出行方式识别后，可以提取得到的出行特征数据包括每次出行过程中的出行方式，结合第二个环节的转换点结果可以确定各个出行方式的出发时刻、达到时刻以及持续时间。另外，值得注意的是，进一步结合出行路径信息，对于采用公交、小汽车等机动化出行的个体，还能提取出行过程中相应的沿途出行路径经过的路段行程车速和行程时间数据，还能够对历史的道路交通运行特征提供采样样本，这通常是 GPS 浮动车采集技术实现的交通车速采集内容。

1.4.3 融合交通-通信集成仿真的个体出行活动仿真平台构建

构建仿真平台的优点主要在于能够实现在可控的系统状态参数环境下研究技术方法的效果，综合评估不同系统参数和影响因素的作用效果，有助于更加深入全面把握技术方法的适用性。本书拟构建融合行人仿真、交通流仿真和3G/4G-LTE新一代移动通信仿真的集成仿真平台，通过多场景的仿真出行试验，对个体出行精细化数据提取技术方法深入研究。主要包括4个模块，即交通仿真模块、手机传感器数据提取模块、移动通信网络信令事件仿真模块和技术评估分析模块。

1. 交通仿真模块

根据配置的出行个体真实数据，将个体出行活动借助既有的交通仿真模型和软件转化为多模式出行仿真轨迹数据。配置个体出行真实数据包括出行OD、出行方式、出行路径、出行时刻、停留时间等，对于其中步行出行部分通过行人仿真得到步行出行轨迹数据（出行位置坐标、加速度等），仿真结果能够反映行人相互间的作用以及行人与周围环境障碍物间的作用，通过寻找具有最小化可感知的目标费用函数实现行人位置运动；对于采用车辆交通方式出行部分借助交通仿真软件生成相应的车辆出行轨迹数据，其符合交通流运动参数特征。

2. 手机APP传感器数据提取模块

将交通仿真产生的个体出行完整轨迹数据进行位置点坐标加扰处理（由于实际中存在GPS定位误差），得到个体多模式出行仿真轨迹数据，这与真实环境中的出行轨迹具有较好的近似特征。进一步根据个体精细化数据提取方法，按照出行端点判定、出行方式切割和出行方式识别三个关键环节，将交通仿真模块中生成的个体多模式出行仿真轨迹数据进行处理，从而得到个体的出行OD、出行方式、出行时刻等特征数据，用于与真实出行数据、移动通信网络信令事件提取的出行数据进行对比评估技术效果和影响因素分析。

3. 移动通信网络信令事件仿真模块

该模块目的在于生成个体出行中包含发生手机信令事件的基站小区位置仿真数据，对这些数据进行挖掘分析得到的出行特征，实现基于手机信令数据的出行调查数据来源，这可与手机APP传感器数据提取出行特征结果进行对比校核，以及如何融合以提高出行特征数据精度。选择一定的城市区域范围，根据3G/4G-LTE新一代移动通信网络的布局规划原则进行网络构建，同时配置相应的通信网络参数。

4. 技术评估分析模块

在前三个模块基础上，可以通过设定不同的影响因素，例如出行轨迹定位频率、道路交通状态、多种交通方式组合、手机通信活动频率等，分别提取基于手机APP出行调查来源的行为特征与基于3G/4G-LTE移动通信网络信令事件分析的个体行为特征与配置的真实出行数据进行对比，分析不同影响因素下的精细化提取方法精度和敏感性效果，探索研究各自相适应的出行特征提取算法。同时，融合手机传感器数据和移动通信网络数据探索提高个体出行调查精度的方法等。

1.4.4 个体出行精细化数据在交通规划管理中的应用探究

尝试探索精细化交通调查数据在交通理论优化、交通规划实践与管理方面的应用。深入探讨精细化出行数据的价值，定量深入明确数据的作用，确保数据采集的有效性，在这个过程中，通过理论和实践的数据需求反馈于数据采集阶段，便于对数据采集提出新的要求，从而更好地满足理论发展和提高实践应用效果。主要集中在从精细化数据支撑交通小区细分为"交通子区"提升交通预测精度；精细化数据支持四阶段模型标定、校核；真实出行轨迹支持公交 OD 评估反推、公交线网优化、轨道客流来源去向分析；基于活动的交通模型构建等方面。

1.5 关键问题

根据上述研究内容，本书拟解决的关键技术问题主要包括以下四个方面：

1. 融合平面空间聚类分析和位置点驻留状态识别的交通出行端点判定算法

拟综合采用平面空间聚类分析和位置点驻留状态识别两种方法实现出行端点的判定关键问题。

1）平面空间聚类分析

手机 GPS 定位轨迹在一定程度上反映了个体出行活动模式，定位点的疏密度、点间距离等参数能够较好地应用于个体出行状态识别。应用平面空间密度聚类算法进行停留点识别的主要思路是，判断用户是否在一定的区域范围内定位点间距、停留时间达到规定阈值，通过比较定位点密度的差异，从而实现高密度区域（停留点）与低密度区域（运动点）的轨迹分割，如图 1-2 所示。

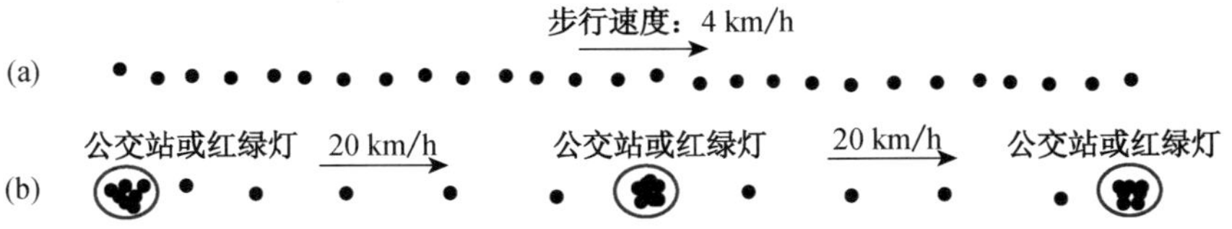

图 1-2 步行和公交车、小汽车出行方式位置坐标点轨迹亲疏密度特征

2）位置点驻留状态识别

位置点驻留状态识别主要根据连续时间内相邻两个 GPS 坐标位置的平面距离变化特征。在同一个真实位置上，由于定位误差影响 GPS 所记录的不同时刻定位位置都不尽相同，但相邻坐标位置间距变化通常不会太大；但是，在出行过程中，相邻位置点间距可能相对较大，机动化的出行方式的点间距大于非机动化方式，如图 1-2 所示。设 d

为连续时间序列内相邻坐标位置的空间距离，α 为临界状态特征阈值（结合定位精度根据 GPS 实测数据进行统计分析综合确定），在位置点状态标定时，当 d 足够小时，$d \leqslant \alpha$，则判定该位置点为停留状态。

2. 基于小波分析模极大值算法的交通方式换乘点标定关键算法

这是本书研究的重大关键问题和创新亮点之一，从国际研究前沿来看，近 10 年来一直未能找到有效的换乘点判定算法。小波变换模极大值算法在非结构数据的主要特征识别以及信号奇异点检测方面具备突出能力。由于手机 APP 传感器记录的个体出行连续变化速度数据与信号波动特征相似，而不同交通方式换乘点的数据特征差异突变与信号波“奇异点”特性也非常相似，因此，拟探索将小波变换模极大值算法应用于交通方式换乘点识别，突破即奇异点检测和优化除噪量大关键步骤。

3. 基于模式分类方法的交通出行方式识别算法

主要探索模式分类领域的相关算法用于实现多模式交通方式识别问题，例如神经网络、随机森林、支持向量机等。由于交通方式识别精度涉及算法本身效率、数据采集频率、交通方式计算属性选择、路段拥挤水平、数据质量等多方面的影响，因此该阶段难点在于综合探索不同条件组合下的交通方式数据特征，差异性数据处理流程，评估并提出适用于不同情况下的最优交通方式识别方法。同时，由于地下出行等 GPS 数据丢失时，也将需要结合手机在移动通信网络中的基站小区变化数据进行判定，如图 1-3 所示。

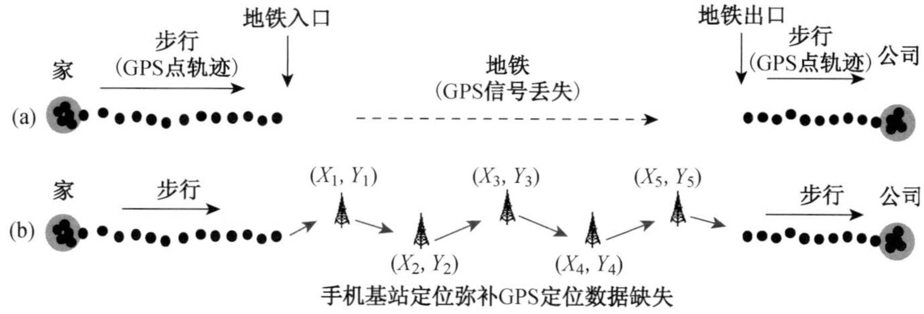

图 1-3　地铁出行中手机 GPS 数据与基站小区变化序列互补判定出行方式

4. 移动通信小区信号覆盖边界计算理论及其与交通小区空间映射关联

海量手机位置大数据在通信基站小区层面的移动变化情况能够反映出居民的出行活动特征，但由于通信小区与传统交通小区划分不一致导致这类潜力数据无法直接用于建模分析。由于基站信号强度波动，基站覆盖边界在一定范围内呈现动态波动特征，以及多个基站小区的信号重叠覆盖同一交通小区等，这些对准确建立与交通小区的映射关系造成困难。既有的移动通信领域尚未构建明确的基站小区边界计算方法理论体系，需要依托通信领域中信号强度传播和衰减理论，综合运用移动仿真和信号实测技术计算基站小区的稳定概率边界范围，融合学科交叉特色，建立基站小区覆盖范围与交通小区的空间映射关联，突破该关键问题是有效利用手机位置大数据构建交通模型进行出行需求分析的重要基础。

1.6 技术路线

本书围绕基于手机传感器数据为主导，辅助移动通信网络信令事件数据，聚焦研究个体交通出行特征精细化提取技术方法研究及其对理论模型的优化重构，采用的技术路线如图 1-4 所示，主要包括智能手机 APP 传感器数据采集、3G/4G-LTE 新一代移动通信信令数据解析、个体出行特征精细化挖掘算法、交通模型优化等内容。

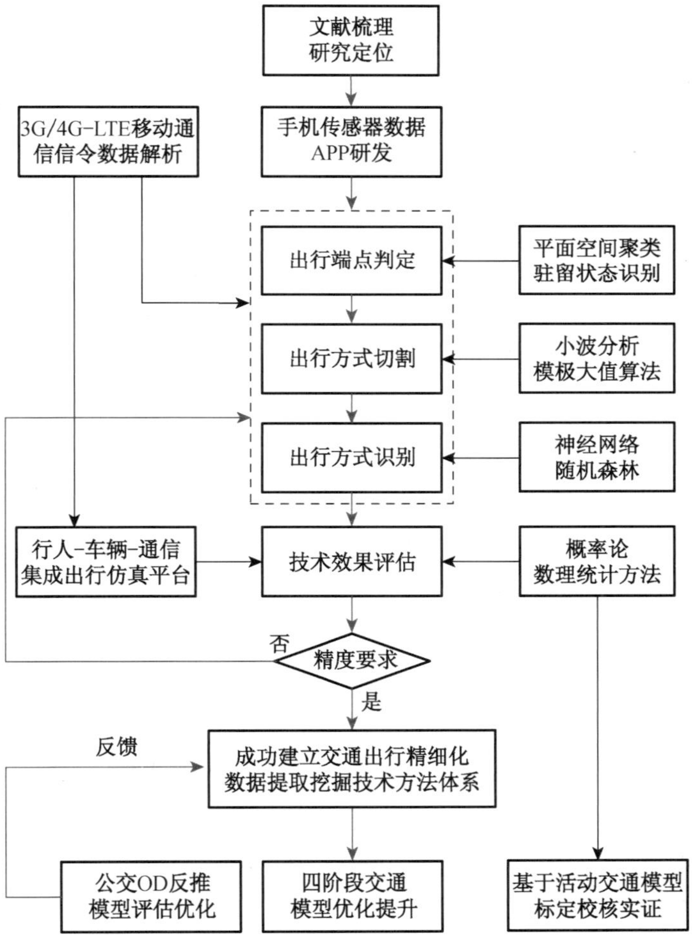

图 1-4 研究总体技术路线

具体的技术路线步骤环节和相对应的技术手段、研究方法为：

(1) 在梳理文献综述研究基础上把握研究定位，明确本书研究的主要思路、研究内容和关键问题等。

(2) 研发和调试智能手机传感器数据采集 APP，导出 GPS 位置点轨迹、速度、三轴加速度、卫星数量、定位精度、无线 Wi-Fi 接入数据等，用于后续个体出行特征的精细化提取挖掘的主要来源。

(3) 解析 3G/4G-LTE 新一代移动通信网络信令数据，包括软切换、位置区更新、短信、微信和 QQ 等上网事件，辅助融合用于后续个体出行数据挖掘以及构建个体出行集成仿真平台构建。

(4) 以手机数据来源为基础，综合采用模式识别领域的多种数据挖掘算法，探索个体出行精细化特征提取挖掘技术与方法，主要包括三个方面，试验平面空间聚类分析和驻留点状态判定算法等研究出行端点判定，利用小波分析模极大值法标定交通方式换乘点、完成出行方式切割，以及探索随机森林、神经网络等方法进行交通出行方式分类，实现个体出行特征的精细化提取。

(5) 融合行人仿真、交通流仿真和 3G/4G-LTE 新一代移动通信网络仿真构建个体出行集成仿真平台，分别生成行人仿真轨迹数据和不同交通方式的车辆在道路交通流中的运行轨迹数据，以及依托 Matlab 软件按照 3G/4G-LTE 新一代移动通信网络环境下不同手机通信事件的流程机理生成行人活动过程中的通信信令数据。结合概率统计方法，应用该“行人—车辆—通信”集成仿真平台可以辅助对前一步中提取的精细化出行数据精度进行仿真评估和影响因素敏感性分析。如果精度效果达到预期对既有出行调查方法的大幅改善、满足交通规划实践和理论模型的精细化数据需求，则表明成功建立个体交通出行特征精细化提取技术与方法；如果精度不满足要求，则需要返回到数据挖掘算法部分调整。

(6) 依托出行特征精细化数据反映的本质交通需求，研究传统的交通模型的提升优化。一方面，对于四阶段交通需求模型从交通小区细化、出行特征数据质量改善、出行路径与交通分配等方面探索精细化数据的改善优化可能效果与潜力；另一方面，针对公共交通的发展战略重点，同时提出研究公交 OD 反推模型评估与优化，公交 OD 小样本精确数据与公交 IC 刷卡大样本残缺数据融合修正问题，以及站间公交 OD 延伸到交通小区对应的公交 OD 对公交客流预测、公交线网优化的提升作用。

(7) 重点创新开展个体精细化出行数据对于新的基于活动的交通需求分析模型开展研究，突破长期以来缺乏准确、精细翔实的个体出行数据而无法实证标定活动模型的障碍，推进传统四阶段交通需求预测模型向新一代基于活动的交通需求分析模型演进。另外，还将结合概率统计方法，构建手机通话行为的概率模型、推导个体出行序列模式，研究建立基于活动交通需求分析模型的校核标准。这些问题在当前国际研究中都还未深入开展，也是本次研究重点之一和特色创新点之一。

(8) 注重突破已有将数据提取与理论模型应用分离研究的局限，还将根据理论模型应用中的数据需求反馈到个体出行特征精细化提取环节，对于在研究过程中新发展的数据应用需求，探索在数据提取阶段有无可能获得，建立互动反馈机制确保研究成果的有效性。

1.7 研究特色和创新

本书所做研究工作的特色和创新点如下：

(1) 依托 3G/4G-LTE 新一代移动通信网络环境构建和移动互联时代下智能手机用户激增，研发手机传感器数据记录 APP 应用软件，解析新一代通信网络信令事件参数，以手机传感器数据为主导融合移动通信网络信令数据，创新拓展数据来源，提出构建以手机位置数据为核心的交通大数据环境，研究个体出行活动特征精细化提取新技术与方法。

(2) 耦合行人仿真、交通流仿真和移动通信仿真三种理论原理截然不同的模型与技术，巧妙创新地构建"行人—车辆—通信"一体化的集成仿真平台生成个体出行活动轨迹，通过突破不同领域专业仿真的边界范围实现课题研究手段创新，丰富学科交叉的拓展创新应用。

(3) 综合探索模式识别领域中小波分析模极大值法、平面聚类、神经网络、随机森林、支持向量机等多种数据挖掘手段在个体出行数据中的适用性和有效性，实现经典方法对于新问题的应用创新，将交通大数据分析的理念和思路逐步落实到具体实践和实战，不仅仅停留在纸上谈兵的泡沫阶段。

(4) 研究特色：构建个体出行数据挖掘提取与理论模型应用的一体化互动反馈研究模式，有效弥补数据挖掘环节与应用环节各自单独分离研究的不足，不仅能够充分评估出行数据的实践和理论价值，同时还能够根据应用需求反馈引导数据挖掘。

2 基于手机定位的个体出行特征分析技术综述

2.1 手机数据分析技术类型与特征

利用手机定位数据进行居民出行特征分析，可以有效弥补传统居民出行问卷调查技术缺陷，所获数据更加客观、准确，调查成本更低，具有很好的行业应用前景。根据数据来源不同，基于手机定位数据的个体出行特征分析技术可大致分为三类：手机传感器数据分析技术、手机信令数据分析技术和手机互联网签到数据分析技术。

2.1.1 手机传感器数据分析技术及特征

手机传感器数据分析技术主要借助手机 GPS、加速度计、陀螺仪、Wi-Fi 等智能手机内置传感器芯片，通过开发专门数据采集 APP 软件进行个体出行基础信息的采集，主要包括手机 GPS 数据(出行时间、位置坐标、出行速度等)、三轴加速度数据、陀螺仪转向角数、Wi-Fi 连接信息等。在此基础上，融合应用多种数据处理和挖掘算法，从而提取精确个体交通出行特征信息。

手机传感器数据在交通出行分析中的应用目前还处于探索发展阶段，近年来随着智能手机定位性能和数据挖掘方法的发展，该领域技术研究成了国内外很多研究机构和学者的方向。目前，手机传感器数据分析技术在交通领域的应用主要集中于精细化个体交通出行链信息的提取，包括出行时间、出行距离、出行 OD(出行起终点)和出行方式等。数据提取精度相对于传统问卷调查方法有明显的提升，且该技术能够很好地弥补其他类型手机定位数据定位尺度较大的问题，对提取精细化交通参数具有更好的支撑。目前手机传感器对个体出行位置的定位精度基本达到了 10～20 m，一些高性能 GPS 芯片甚至可以达到 3～5 m。对于我国城市人口密集、交通环境复杂的现状来说，有必要进行多模式交通方式组合出行的信息识别和复合土地利用下的出行目的识别，以精细化交通数据支撑城市交通规划和管理。因此，结合我国城市居民出行特征，研发一套完整的适用于多样化交通出行环境的精细化交通参数提取分析技术具有很好的应用前景。

2.1.2 手机信令数据分析技术

通信领域中，当用户发生通话、短信等通信业务时，通信网络管理中心可以直接或间接记录手机用户实际路网中的位置变化信息。当前手机信令数据主要从移动通信运营商数据管理中心获取，主要包括手机用户编号、通信事件类型、时间戳、基站编号、位置区编号等信息，格式内容见表 2-1。

基于手机信令数据的交通调查技术在一定程度上能够弥补传统问卷调查数据缺陷，具有调查成本低、样本量大、覆盖范围广等优点。其数据精度与基站密集程度和基站覆盖范围大小有关，一般情况下城市内部定位精度为 50～200 m，郊区为 1 000～2 000 m，因此手机信令数据定位精度低于手机传感器数据。

目前，手机信令数据主要应用于中宏观交通出行特征和出行规律的分析。国内外很多研究实践证明，该技术在白天与夜间人口空间分布、居民职住分布、区域内客流流量及走向时变特征、区域间客流交换量分析等方面有良好的应用效果。随着3G/4G通信时代的到来，个体手机用户数量不断攀升，利用手机信令数据分析城市居民出行活动特征仍具备一定的交通行业应用前景。

表2-1　　手机信令数据内容及格式

序号	字段名称	字符数	描　述	类　型
1	MSID	32	用户唯一标识ID	IMSI或由IMSI单向加密的结果，唯一标识手机(TMSI)
2	TIMESTAMP	14	时间戳，信令成功的时间标记，精确到秒，GPS时间同步	YYYYMMDDHHMMSS，例如：20051125112203，14位
3	LAC	5	位置区编号(定期、不定期)	—
4	CELLID	5	小区编号	—
5	EVENTID	3	事件类型	包括主叫、被叫、短信发送、短信接收、上网、挂机等
6	AREA_CODE	4	手机所属归属地	以区号区分手机所属归属地
7	TOLL_TYPE	1	长途类型	—
8	ROAM_TYPE	1	漫游类型	—

2.1.3　手机社交网络数据分析技术

随着手机无线通信网络速度的提升，以及智能手机、网络社交软件、电商软件的快速普及，基于位置服务的社交网络(Location Based Services Network, LBSN)数据的个体交通出行行为分析技术逐渐成了一大前沿热点。

手机互联网签到数据，指用户通过移动设备在LBSN上记录当前位置、附言、图片等地理信息的“签到”行为而产生的带有位置的数据，包含了时间、空间和社交等多维度的信息。结合GIS技术，通过可视化处理、融合聚类、回归分析和重力模型等手段，目前已能够获取用户出行的移动轨迹、空间范围、位置分布规律、出行目的、活动类型等特征数据，通过数据挖掘算法，能够进一步获取时空轨迹、出行OD、区域人流密度、职住平衡等信息。

目前，有关手机签到数据的研究工作大部分处于探索阶段，在数据深度挖掘、数据融合分析等方面还有待深入研究。

2.2　基于手机位置数据的交通分析技术发展总结

一直以来，传统纸质问卷调查是一种应用广泛的个体交通出行信息调查方法，然而该方法存在数据质量低、调查成本高、组织难度大、更新周期长等多方面缺陷，从20世纪90年代开始，陆续有专家学者致力于利用手机信令数据提取和挖掘居民出行信息和特征规律。由于手机用户群体庞大、渗透率高、投资成本低以及数据实时动态，基于手机信令数据的中宏观交通出行特征和规律分析技术迅速发展。

根据近几年的研究和实践经验来看，手机信令数据的精度受基站密集程度和基站覆盖范围限制，比较适用于中宏观交通出行规律和数量级特征识别，对于交通精细化设计以及交通模型优化等所需的精细出行链信息提取，其数据精度不足。

利用手机传感器数据的个体交通出行信息提取技术，因其定位精度比手机信令的基站定位更高、成本较低、受访者负担较轻等优点逐渐受到国内外学者的重视。另一方面，伴随着智能手机和社交软件的普及，基于移动社交网络位置签到数据的个体交通出行特征分析技术也逐渐受到关注。此外，基于多源数据融合的个体交通出行信息提取技术，也是当前交通调查领域的研究热点。

基于手机位置数据的交通分析技术发展研究综述的汇总如表 2-2—表 2-5 所示。

表 2-2　　　　基于手机信令数据的居民活动规律分析案例总结

数据类型	研究内容	时间	地点	技术方式	主要成果
基于手机信令数据的个体活动规律分析	居民活动动态监测	2005	奥地利格拉茨	GIS 地图匹配	通过应用手机定位数据，提供了一种能够反映当今城市动态变迁量、自身重建和扩展本性的平台
		2006	意大利罗马米兰	聚类融合	探索了通信基站服务强度与区域居民密集程度的内在联系。研究表明，个体活动密集强度与该地区基站服务强度存在正相关性
		2008	美国	生物行为理论 数理统计学	根据时空定位数据，拟合出行距离的概率分布，发现居民在出行距离、出行目的地上都表现出很强的规律性。研究表明，集群化的个体手机位置时空定位数据能够为出行活动行为基础理论提供实证数据
		2010	爱沙尼亚	GIS 地图匹配	以爱沙尼亚首都塔林为例，通过实测手机定位数据研究了市郊居民通勤行为和游客的旅游行为。研究表明，基于手机定位数据能够更好地理解城市空间和出行行为与相关因素的关系，更优地配置公共服务设施
		2014	新加坡	基于规则的模式划分	探索了手机定位数据用于大规模城市居民日常出行活动分析的可行性并对比了行人出行模式与机动车出行模式的差异
		2014	中国北京	GIS 地图匹配 时空聚类	基于移动定位信息对交通需求时空分布进行分析，对轨道出行用户的职住分布特征、人口流动时空特性进行了分析
		2014	中国无锡	GIS 地图匹配 聚类分析	基于手机信令数据的出行调查，分析居民长期历史出行轨迹规律和空间活动范围，得到无锡市核心区的职住分布规律
		2015	中国上海	时间阈值方法 信息熵法 时间相对值判别法	利用手机信令数据，根据居民在白天和夜间时的活动状态不同，运用三种方法对居民居住地进行识别。识别结果显示信息熵法得到的效果较好，识别率较高
		2016	中国上海	GIS 地图匹配 聚类分析	利用移动通信数据进行了人口、职住分布分析；通勤与潮汐交通特征分析和轨道交通乘客换乘特征分析等
		2016	中国重庆	GIS 地图匹配 聚类分析	利用重庆主城区的手机信令数据，评价组团间职住平衡；研究不同区域、不同时间段内居民的出行情况

（续表）

数据类型	研究内容	时间	地点	技术方式	主要成果
基于手机信令数据的个体活动规律分析	区域及断面客流分析	2005	中国北京	聚类分析	运用手机话务量时间分布特征对城市活动及土地利用进行分析和划分，实现话务量到活动人口数量的定量转化
		2009	中国深圳	基于空间路网可视化	根据手机用户在基站范围内的位置变化映射到交通小区内，获取相应的OD数据。基于此可对城市交通、建设、规划管理等决策提供支持
		2013	中国天津	GIS地图匹配聚类分析	采用运营商提供的天津市手机数据提取居民的出行信息，分析了职住分布、通勤人群出行特征、大区间日出行OD分布，充分表明了手机数据作为交通调查的有效性和实用性
		2013	比利时	时空聚类	利用持续手机追踪数据分析了个体出行目的与交通行为决策之间的内在联系。基于手机定位数据的个体出行活动预测准确度能够达到70%左右
		2014	中国无锡	GIS地图匹配聚类分析	根据无锡市手机用户信令数据识别得到居民在城市中各区域范围之内的出行OD及客流走廊，从而得出无锡市客流出行特征
		2014	孟加拉国达卡	GIS地图匹配交通仿真	使用CDR生成复杂的OD矩阵并结合微观交通仿真平台确定与交通调查数据最佳匹配的比例因素
		2015	中国上海	GIS地图匹配可视化	以内环线为研究断面，得到早晚高峰进出断面的OD量，指出利用手机定位数据获取交通OD的可行性和适用性，可作为交通规划与管理的参考
		2016	中国重庆	GIS地图匹配聚类分析	利用手机信令数据得出的通勤出行OD矩阵分析各组团间的出行分布特征，体现了城市布局发展特点，并反映得到OD的准确性

表 2-3　基于手机APP传感器数据的个体出行行为特征分析案例总结

数据类型	研究内容	年份	地点	技术方式	主要结论
基于手机传感器APP数据的个体出行行为特征分析	交通方式识别	2004	丹麦	GPS数据挖掘分析技术	利用手持GPS定位仪器结合电子问卷探索了个体出行时空运动特征及行人出行特征，发现了由于建筑物遮挡导致的GPS定位点轨迹不准，不同交通方式GPS轨迹点密集情况不同
		2006	加拿大多伦多	基于模糊逻辑的方式识别算法、GPS+GIS地图匹配	GPS+GIS集成系统提高了多种交通出行方式识别准确率，虽然集成系统数据处理时间较长，但突出了交互式分析系统的优势
		2008	荷兰	数据采集方法网页信息交互	基于GPS的方法能够记录的数据量更多，网站交互式确认环节也能大大提高数据识别准确度
		2010	美国	基于手机GPS定位芯片的数据采集	研发了一款基于手机GPS定位芯片的数据采集软件，交通方式平均识别率达到82.14%，步行最高，达到95%，小汽车为91.25%，并评估了各种交通方式的碳排放
		2012	美国俄亥俄州克利夫兰	基于GPS的挖掘分析技术	通过网上出行日志的填写校核出行目的、方式识别结果，探索了GPS交通调查技术完全取代传统问卷调查的可行性

（续表）

数据类型	研究内容	年份	地点	技术方式	主要结论
基于手机传感器APP数据的个体出行行为特征分析	交通方式识别	2013	英国伦敦	贝叶斯网络	交通方式识别精度均达到90%以上，证明加速度数据能够较大幅度提高交通方式识别精度，不足在于只考虑单一出行方式，对多种出行方式组合研究不够
		2015	伊朗德黑兰	神经网络、决策树、随机森林等	算法机理、样本量大小、识别参数、模型假设条件4个因素对交通方式识别正确率影响最为显著；随机森林模型对公共汽车、小汽车和步行三种出行方式的识别精度最高，分别达到87.93%，97.68%和90.33%；速度相似时，识别率不高
		2015	荷兰	Move Smart智能手机APP	自动检测出发和到达时刻、起讫点、交通方式和出行目的；减少受访者记录负担，但有20%～25%的出行未能被检测，电量消耗大
	出行OD	2007	美国列克星敦	基于时间阈值、距离阈值、方向、路网匹配	平均识别正确率接近94%，相关参数、阈值设定会显著影响识别准确率
		2013	瑞士	概率地图匹配算法	说明了传统GPS概率地图匹配算法的局限，提出了融合手机蓝牙、无线基站以及手机内部陀螺仪、磁力计等其他类型的数据对居民出行链提取的构想
		2013	中国北京	基于阈值规则的个体出行状态识别方法	出行端点识别：随着时间阈值和距离阈值的增大，停留点识别的查全率下降而查准率上升；解决了手机定位数据的大范围(1～2 km)定位漂移和抖动问题
		2015	日本名古屋	C-DBSCAN算法(聚类与支持向量机结合)	第一步识别停留点时精度达到90%，第二步利用支持向量机判别出行活动点和停留点时精度达到96%，不能充分考虑车辆发生事故时造成的非目的性出行停留
	出行目的	2001	美国	GIS地图匹配	结合了GPS位置数据与空间准确GIS土地利用数据库获取出行目的；78%的调查案例识别效果良好
		2003	德国	多重分层匹配聚类	GPS数据集有助于出行行为分析，未来可提高挖掘算法复杂程度，以改进数据质量
		2007	美国加利福尼亚州	分类树法 判别分析模型	对5大类，共26个不同的活动类型样本进行识别，出行目的识别率为62%，总体平均识别精度为73%
		2009	荷兰	机器学习方法	出行方式识别：小汽车出行的识别正确率最高，为75%；其次是自行车(72%)和步行(68%)。 出行目的识别：以家为目的地的出行识别正确率最高，为74%；以商店为目的地被正确识别出的比例相对较低，为35%；其他目的的出行识别率很低
		2010	美国纽约	迭代分层匹配聚类MNL模型	模型中的独立变量分为时间，历史的依赖性和土地利用3种，基于家的出行和非基于家的出行匹配率分别为67%和78%
		2013	美国辛辛那提地区	地图匹配	仅用GPS数据来识别出行目的的准确性约为59%；添加附加信息进行修正后精度能够提高到67%

（续表）

数据类型	研究内容	年份	地点	技术方式	主要结论
基于手机传感器APP数据的个体出行行为特征分析	出行目的	2013	美国	机器学习方法	最终的分类器与所有三个输入模块最高达到73.37%的准确率；基于被调查者基本数据和出行历史数据以及出行历史数据和出行目的地的出行目的分类器准确率分别为60.57%和72.30%；出行端点的位置对出行目的修正的影响程度最强，分类器的准确率为20%以上
基于手机传感器APP数据的个体出行行为特征分析	出行目的	2014	瑞士苏黎世	随机森林算法	集合运行条件下，随机森林对出行目的的识别正确率为80%和85%
基于手机传感器APP数据的个体出行行为特征分析	居民出行调查实地应用	2003	美国加利福尼亚州	统计分析	针对居民出行调查中严重影响出行生成模型结果的旅行漏报，进行了旅行漏报对车辆行驶里程（VMT）和旅行时间估计的影响分析，分析表明，CATI明显要比GPS调查高估出行时间和出行次数
基于手机传感器APP数据的个体出行行为特征分析	居民出行调查实地应用	2007	澳大利亚悉尼	统计分析	基于GPS调查数据的分析结果与出行日记的相比，发现存在约7%的出行未被受访者报告
基于手机传感器APP数据的个体出行行为特征分析	居民出行调查实地应用	2010	美国丹佛	统计分析	基于GPS方法的居民出行调查数据，按照模型链接分类和区域型，描述了该地区的家庭出行特征，为堵塞管理方案补充区域性能数据
基于手机传感器APP数据的个体出行行为特征分析	居民出行调查实地应用	2011	以色列耶路撒冷	统计分析	验证基于GPS的PR调查方法能够满足出行数据无间断、无缺失、没有重叠、高水平空间和时间分配率等要求
基于手机传感器APP数据的个体出行行为特征分析	居民出行调查实地应用	2012	美国俄亥俄州克利夫兰	统计分析	通过网上填写出行日志来校核GPS得到的出行目的、方式识别结果。以此探索GPS交通调查技术完全取代传统问卷调查的可行性
基于手机传感器APP数据的个体出行行为特征分析	居民出行调查实地应用	2014	美国	统计分析	基于GPS数据的交通出行行为研究，总结了在数据质量评价、数据处理及保护隐私等最有价值的方法，为出行模式、目的识别和其他出行属性的识别提供了方法和技术性指导
基于手机传感器APP数据的个体出行行为特征分析	居民出行调查实地应用	2015	美国俄勒冈州	统计分析	验证了GPS调查对于解决在传统调查方法下年轻人和大家庭中出现的无应答现象很有效。基于GPS数据会识别出更高的出行率和平均车辆占用率及更长的出行时间

表 2-4　基于手机 Wi-Fi 数据的活动强度分析案例综述

数据类型	研究内容	年份	地点	技术方式	主要结论
基于手机Wi-Fi数据的个体活动特征分析	个体活动特征分析	2005	美国麻省理工校园	统计分析	绘制Wi-Fi介入频率等高线图和热力图，展示了校园内主要活动区域，可指导未来社区规划，55%的人在某特定的建筑内有笔记本电脑并使用无线网卡，平均25%的人在白天特定的时段内使用Wi-Fi，并可估计建筑物内人数
基于手机Wi-Fi数据的个体活动特征分析	个体活动特征分析	2005	美国达特茅斯校园	二阶回推的马尔科夫预测	该方法针对跟踪长度较长的用户有72%的平均精度，讨论了影响程度较大的影响因子，比如周围信息的老化
基于手机Wi-Fi数据的个体活动特征分析	个体活动特征分析	2012	葡萄牙	基于Wi-Fi数据的地图匹配	将GSM和Wi-Fi接入点动态映射数据叠加，即综合分析移动网络和距离地图比单独分析移动网络地图得到的信息更多
基于手机Wi-Fi数据的个体活动特征分析	个体活动特征分析	2012	葡萄牙米尼奥大学	基于Wi-Fi数据的地图匹配	精确分析出Wi-Fi使用者的时空集聚分布情况，以及不同校区间流动情况

表 2-5　　基于社交网络数据的居民出行特征分析案例综述

<table>
<tr><th>数据类型</th><th>研究内容</th><th>年份</th><th>地点</th><th>技术方式</th><th>主要结论</th></tr>
<tr><td rowspan="6">基于社交网络数据的个体活动规律分析</td><td rowspan="3">居民出行特征</td><td>2011</td><td>英国利兹城</td><td>Agent-based（基于代理）模型</td><td>探索了利用来自推特的新兴社会网络数据评测城市动态模型的效果，提出语义数据挖掘和基于动态社交数据的模型应用将是未来研究的重点</td></tr>
<tr><td>2012</td><td>意大利</td><td>地理可视化技术</td><td>揭示了城市的活动热点以及不同季节下城市与郊区的出行活动和变化特征，发现不同区域间联系</td></tr>
<tr><td>2015</td><td>中国台北</td><td>机器学习方法</td><td>语义数据不能对出行行为进行合理解释，需要结合用户照片进行可视化分析。SURF（加速特征提取）算法更易识别物体轮廓，有更好的计算效率，更适合大规模图像分析</td></tr>
<tr><td>OD估计</td><td>2014</td><td>美国芝加哥中心区</td><td>融合聚类、回归、重力模型</td><td>指出社交网络数据具有实时、动态的优势，数据质量高</td></tr>
<tr><td rowspan="2">职住空间特征</td><td>2015</td><td>中国上海</td><td>基于密度的空间聚类算法</td><td>分析了位置数据中蕴含的通勤出行和活动职住模式，“居住地”最佳识别效果为 88.3%，工作易与其他活动重叠，故识别难度大</td></tr>
<tr><td>2015</td><td>中国重庆</td><td>统计分析</td><td>利用大样、多量的公共开放数据可以解决职住分析中面临的现实问题</td></tr>
</table>

2.3　基于手机信令数据的个体活动规律分析

2.3.1　居民活动规律动态监测

2005 年，麻省理工学院和奥地利移动公司 Mobilkom 在格拉茨合作开展了实时项目，该项目通过完善的通信网络系统得到手机用户数量和地理位置分布信息。项目初步结果表明，手机数据的映射可以打开城市前所未有的视角，从而得到一个新的城市模式——实时的城市；其次，通过手机记录的用户移动特征，也可为信息和通信技术与当代城市间关系的思考上得到新的启发[1]。

2006 年，美国麻省理工学院 Ratti 等人与意大利电信运营商在米兰、罗马合作开展了实时项目[1-2]。该项目通过手机基站收集电话和文本消息数据，分析了城市居民活动强度分布特征，并将手机数据与 GIS 地理信息结合，探索了通信基站服务强度与区域居民密集程度的内在联系。研究表明，个体活动密集强度与该地区基站服务强度存在正相关性。

1）米兰市民活动模式

图 2-1 显示了米兰市区上午 9 点至下午 1 点之间不同区域的手机通话密度，红色和蓝色区域分别表示手机通话的高密度和低密度区域，该图通过高、低密度区域的转移可反映出米兰市人民的通勤情况，能有效地帮助决策者制定相应的交通政策[2]，不同颜色的区域区分可参见附图 A-1。

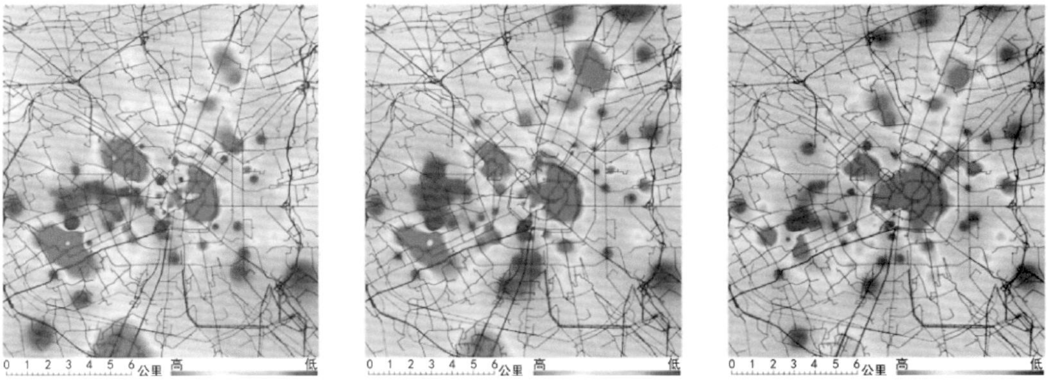

(a) 上午 9 点至 11 点

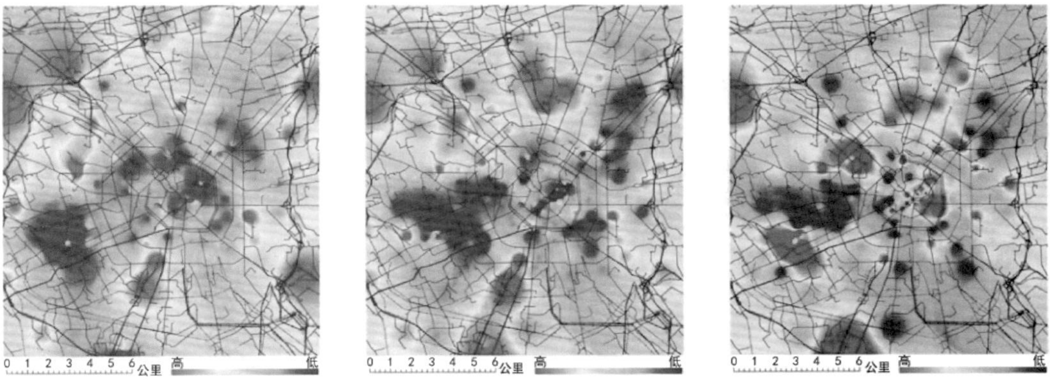

(b) 上午 11 点至下午 1 点

图 2-1　米兰市区不同区域的手机通话密度地图

2）热点事件期间罗马状态分析

在热点事件期间，项目通过展示罗马热点事件期间记录的手机用户移动信息，在罗马的特殊领域内不同的时间点，实现了通信强度的 3D 可视化连接，明确了居民在城市内的移动和分布情况[2]。

3）罗马地标客流吸引力分析

图 2-2 展示了罗马不同名胜古迹区域人群手机使用密度情况。图中最低端曲线表示为最热点区域与最冷门区域一周数据对比分析结果[2]。

2008 年，美国 Marta C. González 等人分析了 10 万个匿名手机、长达 6 个月的时空定位数据，运用生物行为理论已有研究成果、结合数理统计学，拟合出行距离的概率分布，发现人类活动规律在一起时期内具有高度的空间规则性，每个人在出行距离、出行目的地上都表现出很强的规律性。出行模式在空间上可用概率分布进行表征，这样个体出行的相似性对于交通规划等领域有重要影响，如图 2-3 为对于运用手机时空位置数据拟合的人类出行轨迹的空间概率分布模式，不同的参数对应出不同的概率分布[3]，

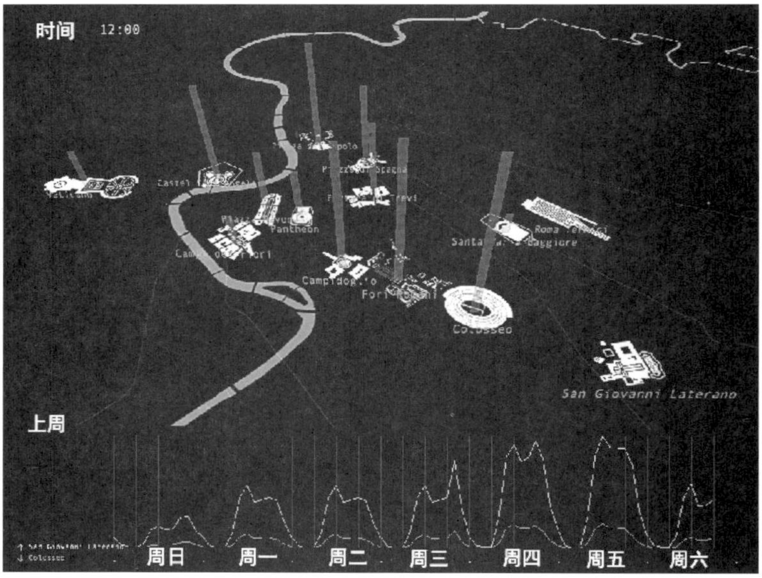

图 2-2　旅游地游客吸引力分析

相关研究成果发表在 2008 年 Nature 杂志。该项研究表明，集群化的个体手机位置时空定位数据能够为出行活动行为基础理论提供实证数据。

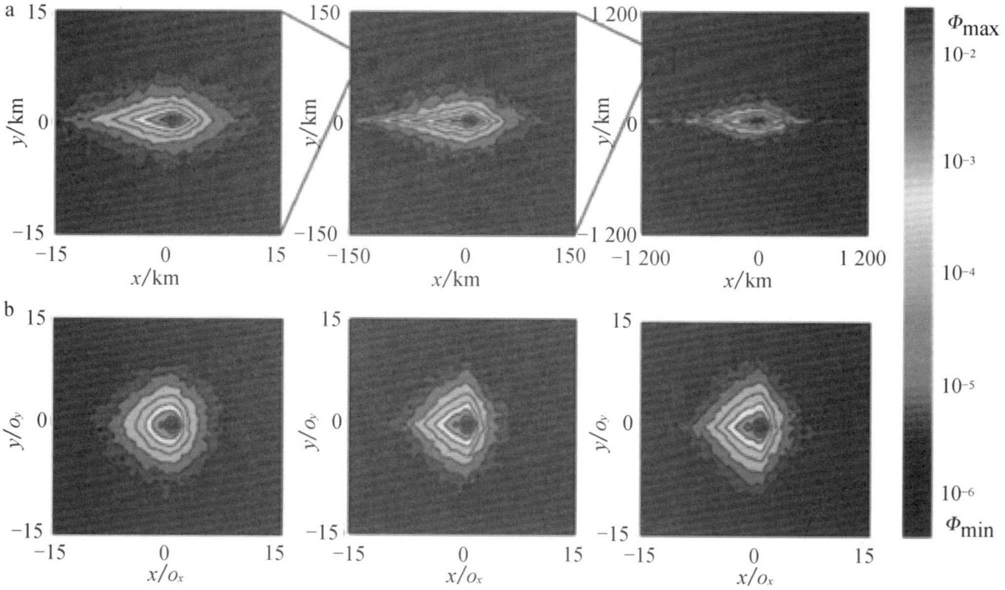

图 2-3　基于群体化手机位置时空数据的出行活动轨迹空间概率分布模式

2010 年，爱沙尼亚塔尔图大学的 Ahas 等意识到庞大的居民手机拥有量，广泛的网络覆盖，及手机定位精度已经达到较高标准完全可以用在结合地理信息的研究中。基于 GIS 技术的分析结果可用于理解城市活动规律以便更好地规划、设计城市空间和理解出行行为与相关因素的关系，更优地配置公共服务设施[4]。2007—2008 年期间，利用主动和被动两种方式定位数据分析了城市人口时空移动行为特征，将这种调查城市活动的方法定义为社会定位方法（Social Positioning Method，SPM），并以爱沙尼亚首都塔林为实践城市，通过实测手机定位数据研究了市郊居民通勤行为，包括：个人位置点时空分布；被调查者的主要出行起讫点、停留点（停留时间超过 2 小时）；被调查者距离城市中心的调查距离；被调查者的每日累计出行次数[5]。除此以外，爱沙尼亚还将手机定位技术应用于周边国家游客在塔林地区的旅游行为分析上[6]。

2014 年，美国 Calabrese 等通过对新加坡地区上百万手机数据进行长期定位追踪，探索了手机定位数据用于大规模城市居民日常出行活动分析的可行性。同时，该研究也对比了行人出行模式与机动车出行模式的差异性[7]。相对于传统调查方法，手机定位调查技术在动态数据获取、数据精度提升等方面都存在明显优势。如图 2-4 所示为基于出行距离分析的行人出行模式与机动车出行模式对比结果。

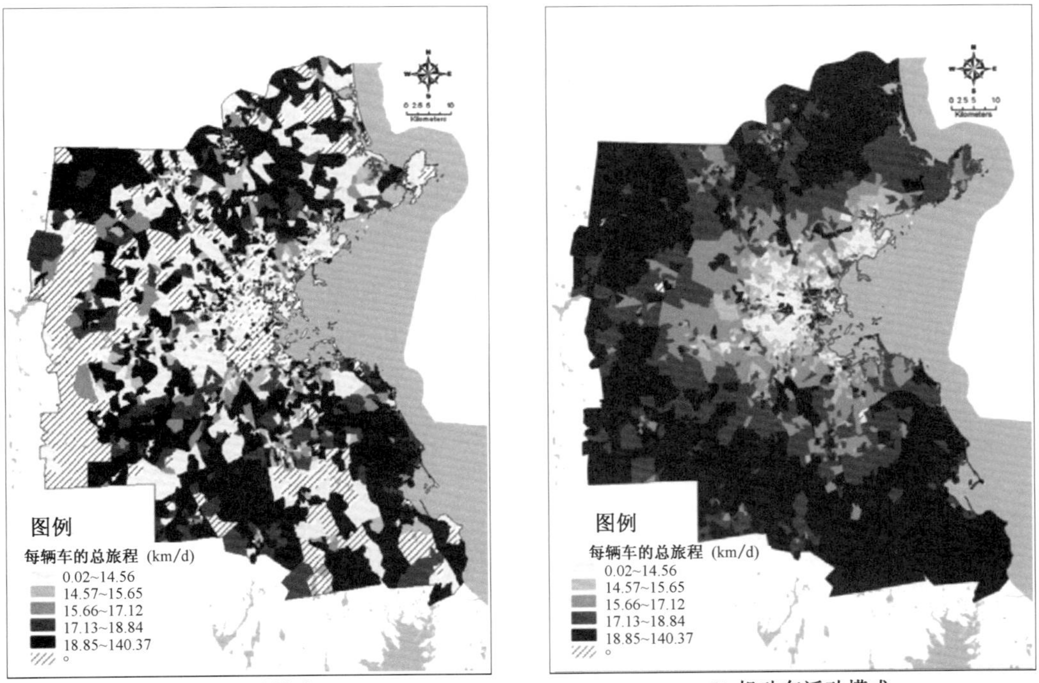

(a) 行人活动模式　　(b) 机动车活动模式

图 2-4　基于出行距离分析的行人活动模式与机动车活动模式对比结果

2014 年，北京工业大学赖见辉基于移动定位信息对交通需求时空分布进行分析，结合北京市移动手机用户周内工作日的数据，对轨道出行用户的职住分布特征、人口流动时空特性进行了分析[8]。

1）职住分布特征

利用移动数据对北京市居民居住地及就业地进行模糊识别，运用加权平均区域中心点的办法有效解决乒乓切换的问题。居住人口数量与就业人口数量在空间的分布关系如图 2-5 所示。

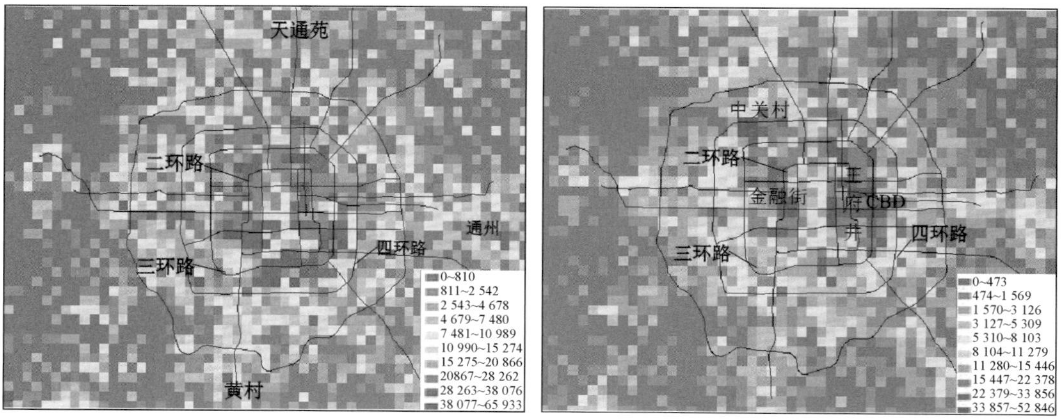

（a）北京居住地分布图

（b）北京就业地分布图

图 2-5　北京居住就业地分布图

2）人口流动时空特性

以北京 CBD 工作人员为研究对象进行分析，利用移动信息得出区域内人口数量变化值，通过对全局和局部 Moran's 指数的计算，得出区域人口流动的聚集特性。

2014 年，无锡市规划局任颐等开展基于手机信令数据的出行调查，分析得到居民长期历史出行轨迹规律和空间活动范围，以此来识别居民的居住地与就业地，得到无锡市核心区的职住分布规律，如图 2-6 所示[9]。

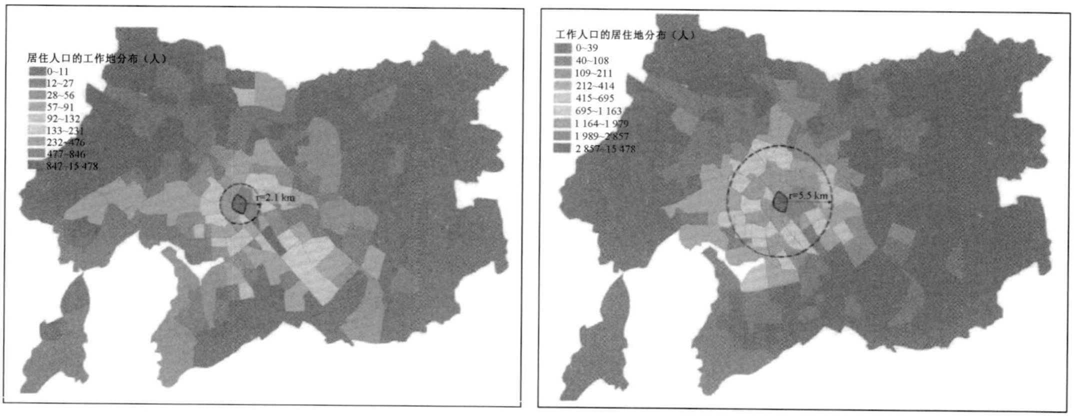

（a）核心区居住人口居住地分布

（b）核心区工作人口就业地分布

图 2-6　核心区人口居住地就业地分布

2015 年，同济大学杨东援等利用上海市手机信令数据，根据居民在白天和夜间时的活动状态不同，分别通过时间阈值方法、信息熵法、时间相对值判别法三种方法对居民居住地进行识别，对三种判别方法所得出的结果进行对比，发现信息熵法得到结果较好，识别率较高[10]。

2016 年，中国上海市城乡建设和交通发展研究院的陈欢等人结合上海市第五次综合交通调查，利用移动通信数据进行了人口、职住分布分析；通勤与潮汐交通特征分析和轨道交通乘客换乘特征分析等多项分析[11]。

1）人口分布与职住比分布

对在一定时间段内特定区域中移动通信手机通话强度进行分析，探索居民活动规律，得到用户日间和夜间的分布情况。该项目也进一步分析了城市中居民的职住分布特征，目前可以作为在调查期内人口统计及就业岗位分布情况调查的重要辅助手段，如图 2-7 所示。

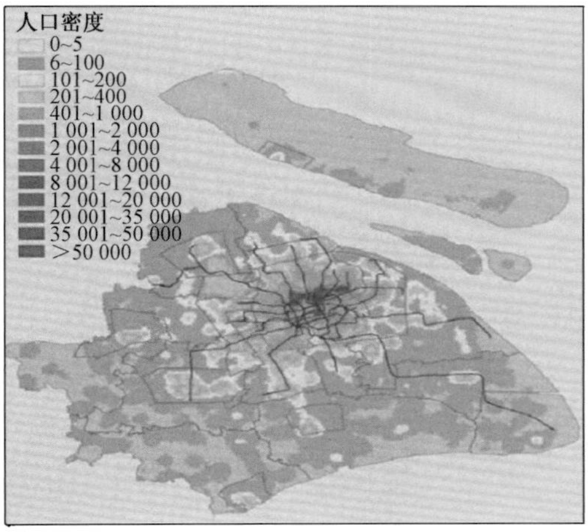

（a）手机用户夜间分布

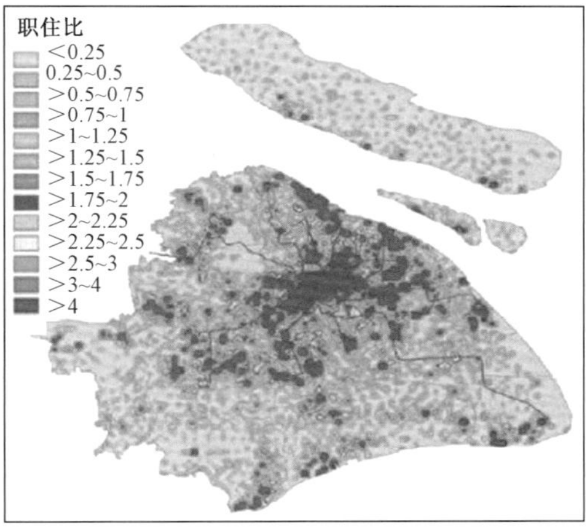

（b）手机用户职住比分布

图 2-7　上海市居民手机用户夜间分布、职住比分布

2）通勤与潮汐交通特征

在日间、夜间数据的基础上，考虑基站位置和实际道路的距离因素，得到工作人口出行距离。使用移动通信数据可以反映全部交通方式的潮汐交通特征，从而改善了传统调查方式中只能了解其中一种的不足，如图 2-8 所示。

3）轨道交通乘客换乘特征

利用乘客换乘时手机在跨越不同位置区时信令发生更新的原理，将手机切换序列与地铁手机编号匹配识别，通过模型算法，得到乘客在轨道线路之间的换乘信息。

2016 年，重庆市交通规划研究院周涛、唐小勇等结合重庆手机信令数据识别居民居住地与工作地，选取评价指标，从独立性、职住数量平衡、职住空间错配角度对重庆市各组团职住平衡进行了评价，给居民职住水平分析提供了一个可行的技术手段[12]。同年

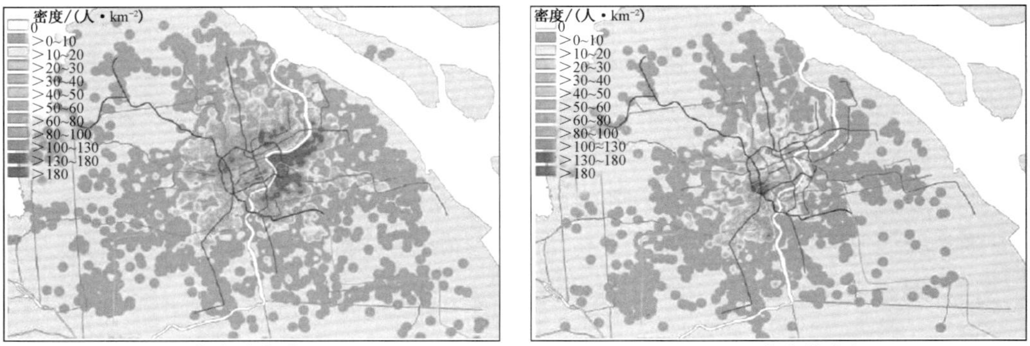

(a) 上海陆家嘴　　(b) 上海徐家汇

图 2-8　特定区域工作人口居住地分布

进行了不同区域不同时间段内居民出行特征的研究分析，在获取主城区的居住人口和就业岗位手机样本后进行扩样，图 2-9 为结合手机信令数据得到的重庆市主城区居住及就业人口密度分布情况[13]。

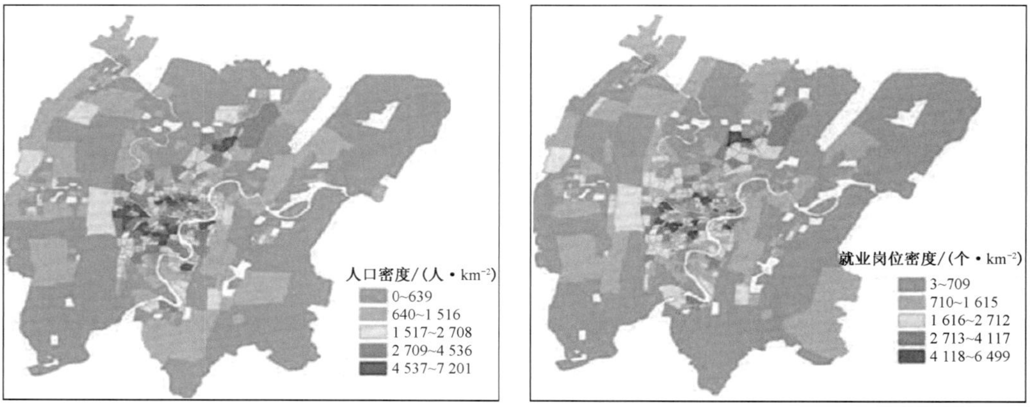

(a) 重庆市主城区居住人口密度　　(b) 重庆市主城区就业岗位密度

图 2-9　重庆市主城区居住人口就业岗位密度

2.3.2　区域及断面客流分析

1. 出行 OD

2009 年，深圳市城市交通规划研究中心林群等指出利用手机信令数据可对土地利用特性进行划分得到城市的交通小区，并根据手机用户在基站范围内的位置变化映射到交通小区内，获取相应的 OD 数据。基于此可对城市交通、建设、规划管理等决策提供支持[14]。

2013 年，比利时 Liu 等利用当地 80 名志愿者在手机保持通信模式的情况下、超过一年的持续手机追踪数据分析了个体出行目的与交通行为决策之间的内在联系。用户在完整的移动通信模式下，呼叫活动地点和时间均被记录，使研究能够重现用户的通信时间来分析通话位置轨迹。研究结果表明，基于手机信令数据的个体出行活动预测准确度能够达到 70%左右[15]。

2013 年，东南大学冉斌结合天津第四次综合交通调查，采用运营商提供的天津市手机话单数据提取居民的出行信息，分析了人口居住地分布、人口岗位分布、通勤人群出行特征、大区间日出行 OD 分布等内容。图 2-10 所示为天津市大区间出行 OD 调查结果示意图[16]。

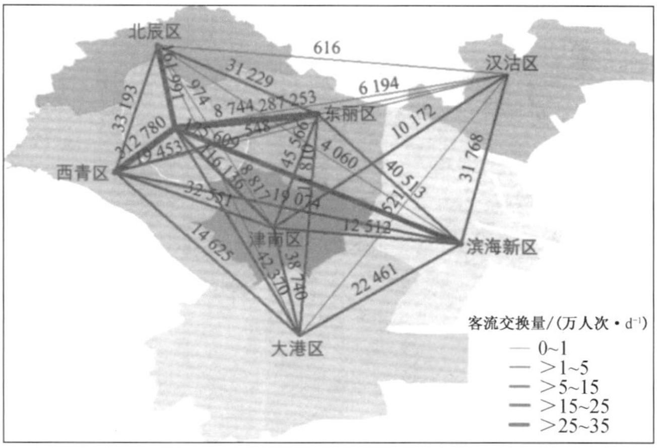

图 2-10　天津市交通大区间客流 OD 手机数据调查结果

2014 年，孟加拉国 Iqbal 等在运用孟加拉国达卡市 287 万用户超过一个月的手机呼叫详细记录(CDR)数据以及该市 13 个关键地区少量交通调查数据构建了居民出行 OD 矩阵。研究首先通过分析不同时间段特定时间窗的数据来建立“基站—基站”OD 矩阵，再将该矩阵结合交通路网节点将其转换为“节点—节点”OD 矩阵，最后将结果矩阵尺度化放大为实际 OD 矩阵。研究基于优化的方法，结合微观交通仿真平台来确定与交通调查数据最佳匹配比例因素，应用效果较好[17]。如图 2-11 为“节点—节点”OD 矩阵与实际 OD 矩阵对比结果。

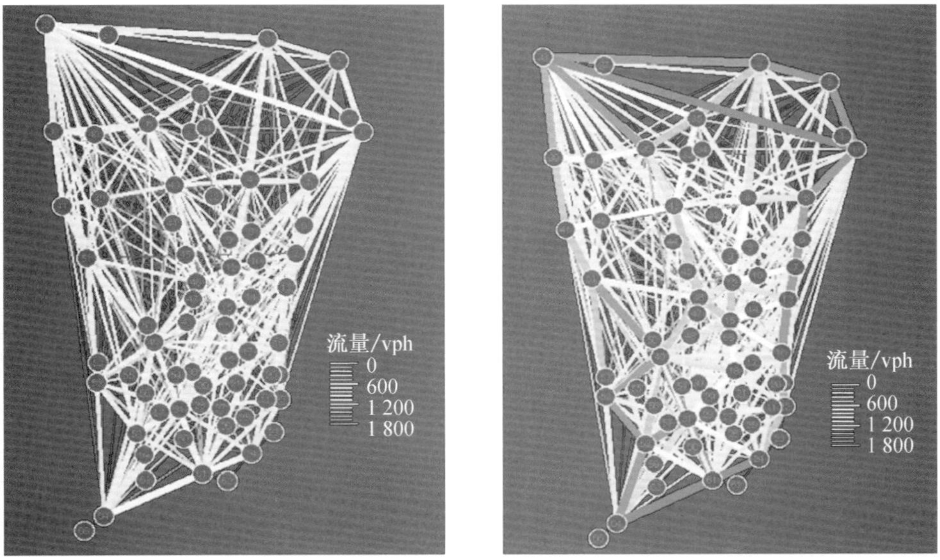

(a) “节点—节点”OD 矩阵　　(b) 实际 OD 矩阵

图 2-11　“节点—节点”OD 矩阵与实际 OD 矩阵对比结果

2014 年，无锡市规划局任颐等开展基于手机信令数据的出行调查，根据无锡市手机用户在不同地点的停留时间，从而分析出用户的停留点、驻足点和出行行为，识别得到居民在城市中各区域范围之内的出行 OD[9]，并通过将 OD 客流量分配到单元间的联系网络上获得 OD 客流走廊，从而得出无锡市客流出行特征，如图2-12所示。

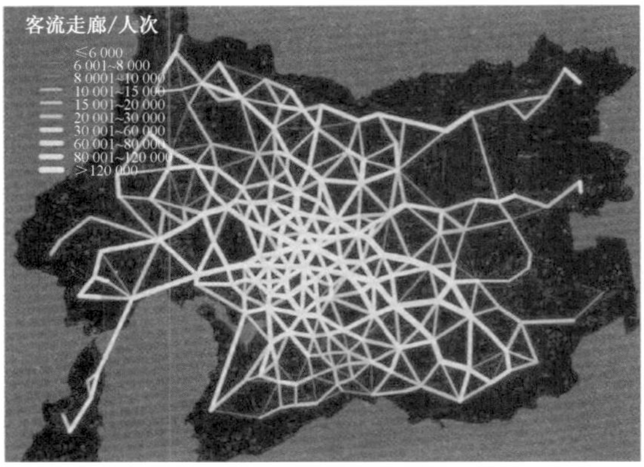

图 2-12　工作日市区管理单元间客流走廊

2016 年，重庆市交通规划研究院吴祥国等结合重庆市综合交通模型维护升级项目，通过分析重庆主城区手机信令数据得出通勤出行 OD 矩阵，从而分析出重庆市各组团之间出行分布特征。图 2-13 为重庆市主城区通勤交通出行期望线，从图中可看出通勤出行无明显射线向心特征，且大多出行分布在相邻组团间。体现出重庆市多中心组团发展的模式，并在一定程度上反映了手机信令数据得到 OD 的准确性[13]。

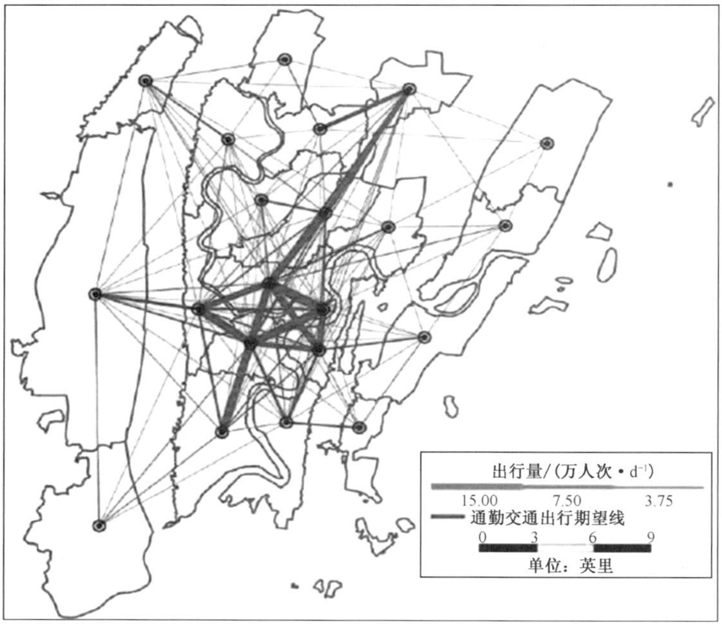

图 2-13　重庆市主城区通勤交通出行期望线

2. 断面流量

2005 年，清华大学李小鹏等人在对手机话务量进行聚类分析的基础上，利用 GIS

将聚类结果合并，运用手机话务量时间分布特征对城市活动及土地利用进行分析和划分，同时根据时空话务量可得出时空上人流量大小，实现话务量到活动人口数量的定量转化[18]，对于交通规划和评价、ITS信息采集有一定的意义。

2015年，东南大学宋璐利用上海市手机用户的手机信令数据，以内环线为研究断面，得到早晚高峰进出断面的OD量，研究结果显示工作日早晚高峰进出内环线的交通流量呈现出明显的潮汐现象[19]，并指出利用手机信令数据可作为交通规划与管理的参考。

2.4 基于GPS定位数据的个体出行行为特征分析

2.4.1 出行链信息精细化提取

1. 交通方式

2004年，丹麦科技大学的Nielsen等邀请了7位受访者进行为期一周的室外GPS数据采集，并填写了电子问卷。该研究利用手持GPS定位仪器结合电子问卷探索了个体出行时空运动特征及行人出行特征。研究发现定位标记会随建筑物的遮挡而缺失，不同交通方式的GPS定位轨迹存在差异性特征[20]。如图2-14、图2-15所示为自行车和小汽车出行真实路径与GPS轨迹对比样例，两种方式GPS定位点密集程度存在明显不同，与方式运行速度本身呈正比例关系。

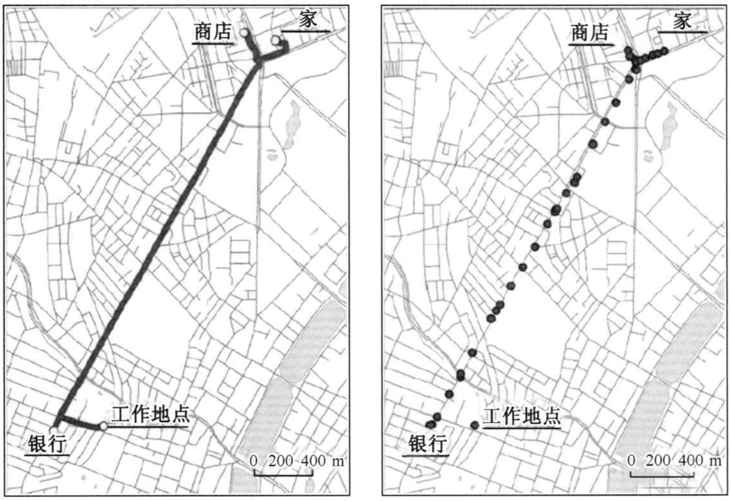

(a) 真实路径　　(b) GPS轨迹点

图2-14　自行车出行真实路径与GPS点轨迹对比结果

2006年，加拿大多伦多大学的Tsui等在多伦多地区开展了大量GPS实地测试和仿真试验，分析了9个志愿者在58天内的GPS出行数据，包括103次活动、109次出行

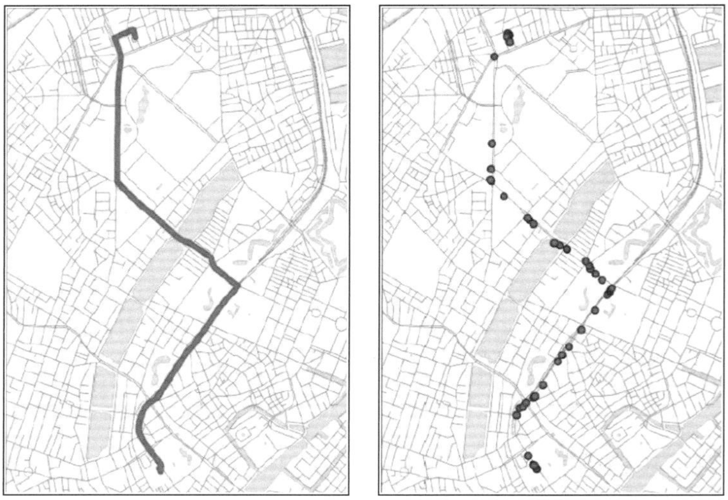

(a) 真实路径　　(b) GPS轨迹点

图 2-15　小汽车出行真实路径与 GPS 点轨迹对比结果

和 237 个交通方式区段。通过试验深入分析了不同交通方式的 GPS 数据特征，应用模糊逻辑算法分别检验了仅用 GPS 数据和 GPS+GIS 数据的交通方式识别效果。研究结论表明，相较于单独使用 GPS 数据，使用 GPS+GIS 数据能进一步提高步行、自行车和公交车等多种交通方式的识别正确率[21]，识别效果如表 2-6 所示。虽然 GPS+GIS 数据的处理时间相对较长，但是此研究突出了交互式分析系统的优势，为基于 GPS 的多模式出行调查提供了一种新颖的分析方法，也便于将来在这些系统上进一步开展诸如出行目的和活动调度等模型的分析和搭建。

表 2-6　　两种数据源的出行方式检测率对比

出行方式	GPS 数据	GPS+GIS 数据	
		平均检测率	
	平均检测率	类型Ⅰ	类型Ⅱ
步行	97%	98%	98%
自行车	86%	72%	86%
公交车	76%	80%	80%
小汽车	97%	97%	99%
有轨电车	—	88%	88%
总体	91%	91%	94%

2008 年，荷兰代尔夫特理工大学的 Bohte 等对荷兰阿默斯福特、费嫩达尔和泽沃德三个地区的 1 200 户居民进行了为期一周的 GPS 定位数据采集和分析。通过融合土地

利用性质数据、GPS 日志和 GIS 地理信息数据，探索了个体出行方式与出行目的识别流程和识别方法[22]。在此基础上，研究进一步开发了网站互动确认环节以提高数据识别准确度。如图 2-16 所示为项目开发的网页信息确认界面。

图 2-16　个体出行信息网页确认界面

2010 年，美国麻省理工学院的 Manzoni 等研发了一款基于手机 GPS 定位芯片的数据采集软件。该研究深入分析了不同交通方式出行数据特征，通过设计规则算法识别了步行、自行车、小汽车、公交车、地铁 5 种交通方式。该实验对于各种交通方式的平均检测识别率达到了 82.14%，其中步行的识别精度最高，达到 95%；其次是小汽车的识别精度，达到 91.25%[23]。在此基础上，研究进一步评估了不同交通方式出行的碳排放问题。如图 2-17 所示为项目开发的数据采集及显示界面。

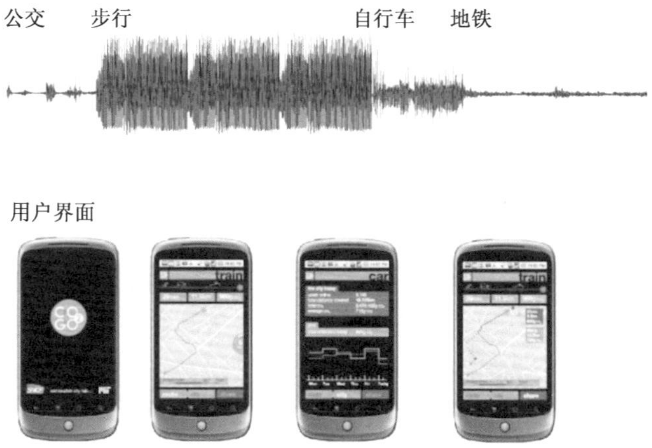

图 2-17　个体出行数据采集及出行轨迹显示界面

2012 年，美国 Ohio 交通部依托综合交通调查对俄亥俄州克利夫兰市 4 545 户家庭进行了 GPS 出行数据采集，并要求其中的 1 300 户家庭进行网上出行日志填写，这些出行日志信息主要用来校核出行目的、出行方式等识别结果[24]。克利夫兰的该次综合交通调查探索了 GPS 交通调查技术完全取代传统问卷调查的可行性。

2013 年，荷兰埃因霍温科技大学的 Timmermans 等在伦敦地区采集了 80 670 组个体出行数据和相关出行日志，研究了 GPS 数据和加速度数据对交通方式识别精度的影响。实验通过贝叶斯网络模型分别研究了仅使用 GPS 数据、仅使用加速度数据以及结合 GPS 数据和加速度数据三种情况下的交通方式识别准确性。对比研究结果发现，在 GPS 数据中加入加速度数据能使公交和火车的识别精度提高 10%～20%[25]，相较于其他交通方式更为明显。但实验只考虑了步行、公交车、小汽车、地铁等单一交通方式，对于多方式出行来说并不完全适用。

2015 年，伊朗阿米尔卡比尔理工大学的 Lari 等在德黑兰进行了超过 2 周的数据采集，共收集了 24 518 条 GPS 轨迹来对比分析神经网络、决策树、随机森林等算法的应用效果。研究指出，用于 GPS 定位数据进行个体出行方式识别时，算法机理、样本量大小、识别参数、模型假设条件四个因素对交通方式识别正确率影响最为显著[26]。该实验下，随机森林模型对公共汽车、小汽车和步行这三种出行方式的识别精度最高，分别达到了 87.93%，97.68%和 90.33%，但对某些速度相似的交通方式(如步行和高峰时期的小汽车)检测准确度不高。

2015 年，荷兰特温特大学的 Geur 等进行了为期三年的智能手机测试，开发了一款名为 Move Smart 的智能手机 APP，该应用软件利用手机后台的传感器模块(GPS、Wi-Fi、重力感应和小区 ID 信息)，通过出行数据检测、出行特征更新和互联网反馈调查三个阶段来检测用户的出发和到达时刻、出行起讫点、交通方式和出行目的。研究结果表明，Move Smart 能正确检测出大多数出行长度和时空分布，其作为传统日志调查方式的替代，能减少受访者的记录负担并提高测量的准确度[27]。但该 APP 中有 20%～25%的出行未能被检测出，对手机的电池电量消耗也比较大。故出行方式检测率和电池消耗效率仍有待改善。

2. 出行 OD

2007 年，美国康涅狄格大学的 Du 等人在美国东部列克星敦市采集了 12 组 GPS 出行数据集(以 10 天为一周期)，尝试结合轨迹方向改变、停留时间、GPS 点位置与路网匹配关系进行出行端点识别分析，有效提高了基于 GPS 数据的出行端点识别的精度。研究指出，相关参数的设定可能会显著影响出行信息估算的准度，该方法还存在优化的可能性[28]。如图 2-18 为三种某一出行端点可能发生的方向变化示意图。

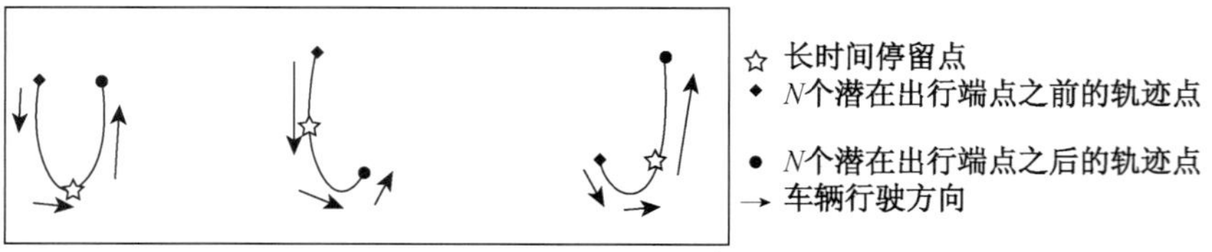

图 2-18　出行端点可能发生的三种方向变化

2013 年，瑞士洛桑联邦理工学院的 Bierlaire 等融合了 25 个用户的手机 GPS 轨迹数据，提出了基于 GPS 稀疏定位数据的概率地图匹配算法，并进一步提出了融合手机蓝牙、无线基站、手机内部陀螺仪以及磁力计等多种类型的数据对居民出行链提取的构想[29]。图 2-19 为此方法得到的出行轨迹与真实轨迹的对比。

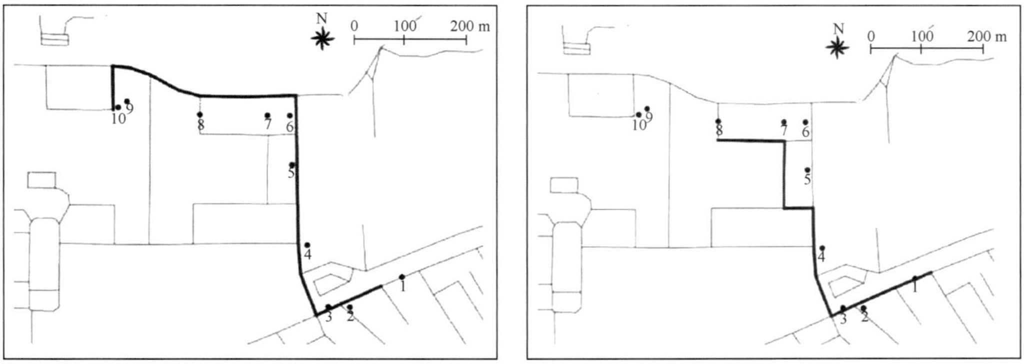

(a) 真实路径　　　　(b) 匹配算法得到的路径

图 2-19　传统匹配算法得到的路径与真实路径对比结果

2013 年，北京建筑工程学院的张健钦等采集了 8 位志愿者共 20 天的手机定位数据，提出了基于阈值规则的个体出行状态识别方法，解决了手机定位数据的大范围(1～2 km)定位漂移和抖动问题[30]。该研究为进一步挖掘分析常住居民出行链信息，包括出行次数、出行距离和出行时间等奠定了可靠的基础。

2015 年，日本名古屋大学的 Lei 等融合 30 名志愿者连续五周的出行数据，提出一种两步骤识别活动点和停留点的方法，相比以往的基于密度的空间聚类法，精确度进一步提升。该研究以改进的空间聚类算法识别运动点和停留点，加入了时间序列限制和轨迹点前进方向限制，利用支持向量机进一步区分活动停留点和非活动停留点，有效识别出行端点[31]。该方法在 GPS 数据多元化、GPS 数据特性不足或缺项的情况下仍保持良好的识别精度。如图 2-20 显示了轨迹点在支持向量机设定的三种特征向量坐标系上的分布。

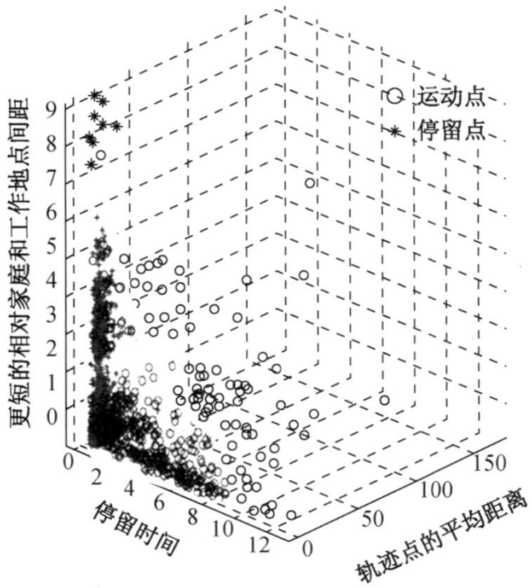

图 2-20　轨迹点在支持向量机设定的三种特征向量坐标系上的分布示意图

3. 出行目的

2001 年，美国佐治亚州统计局 Wolf 等提出了结合出行终点位置和 GIS 数据来识别基础出行目的的观点。该研究筛选出

19名被调查者的GPS出行数据和出行日志用作分析，该研究结合了GPS位置数据与空间GIS土地利用数据获取出行目的，测试了用GPS数据记录器收集个人车辆出行数据来替换传统出行日志的可行性。研究表明，通过GIS与传统的出行日志相结合的GPS数据的处理方法，获取的数据精度高于传统居民出行调查。新的出行数据元素的集合(路线和速度)，使交通分配模型的验证、校准、更新更加准确，可以改进现有需求模型的准确性和完整性。除此之外，在考虑了一些诸如因GPS定位精度造成的数据误差、数据缺失和过度简化行程检测逻辑等问题的情况下，实验还论证了出行目的的识别效果，结果表明，78%的调查案例识别效果良好[32]。

2003年，德国德累斯顿科技大学Schönfelder等通过交通安全项目获取到车辆的GPS数据，使用多重分层匹配程序来识别出行目的[33]。其中最主要的是识别被调查者的出行端点与人口统计资料间的确定性关系，对应出行产生的时间段等信息，综合识别出行目的。研究将调查者的出行活动按时间和频次上的规律进行划分，进而利用GIS对出行停留点进行聚类，初步将聚类中心定为可能的出行目的地，在此基础上，结合聚类中心的土地利用性质和预定义的活动目的进行分析，其中预定义的出行目的主要通过辅助信息进行定义，如职业、工作日/双休日、出行开始的时间、活动持续时间等信息。结果表明，某些种类的出行目的(如私人商务、工作、购物以及休闲娱乐)可以被有效识别。

2007年，美国蒙大拿州立大学波兹曼分校McGowen等人将基于GPS出行数据的有关活动地点的信息与GIS数据信息相结合来预测活动类型。该研究分析的数据为2000—2001年加利福尼亚州全州居民的出行调查数据集，它包括17 000个家庭为期两天的出行日志。这些数据主要包括对个人或车辆收集的GPS数据、土地使用数据(地理位置类型)和人口统计数据。本研究利用分类树法和判别分析模型，识别了可能性最大的出行目的，在结合地理编码数据的基础上，形成了识别模型。该模型利用大数据集，可确定每个位置的类型。研究选取了五大类，共26个不同的活动类型样本进行识别。结果表明，在选取的26种类型的活动中出行目的识别率为62%，总体平均识别精度为73%[34]。

2009年，荷兰代尔夫特理工大学Bohte等提出一种基于GPS的出行数据调查方法，将GPS数据、地理信息系统(GIS)以及交互式的网页程序相结合，改进了传统的基于GPS出行调查方法，并在荷兰进行了大规模实践，总共有1 104名受访者参加了为期一周的调查[35]。结果表明，出行方式识别中小汽车出行的识别正确率最高，为75%；其次是自行车(72%)和步行(68%)。在出行目的识别中，由于家的位置已知，以家为目的地的出行识别正确率最高，为74%。以商店为目的地被正确识别出的比例相对较低，为35%，这主要由于商店位置的列表较为复杂。对于以社交、访友为目的的出行，虽然朋友、同事或客户的住址未知，但是通过之前出行的数据训练和学习，这些出行有11%可以被识别。

2010 年，美国华盛顿大学 Chen 等在居民出行调查中使用了 GPS/GIS 技术，并研究了使用这种技术的可行性[36]。研究人员让被访者身着附有 GPS 采集器的衣服进行日常活动，并采用基于 GIS 的数据收集方法收集其出行路径及出行目的地位置。首先建立了一个纽约市的空间多模式交通网络数据库，然后采用迭代的方法，将多个标准算法结合使用以减少由于城市峡谷效应的影响。接着利用分层匹配聚类，根据 OD 将出行目的进行聚类。最后，开发了两个 MNL 模型，一是针对基于家的出行，另一个针对非基于家的出行。通过以上方法，将研究的模型中的独立变量分为时间、历史的依赖性和土地利用三种，得出基于家的出行和非基于家的出行其匹配率分别为 67%和 78%。

2013 年，澳大利亚悉尼大学的 Stopher 等利用美国大辛辛那提地区的 GPS 调查数据，通过常出没地区、活动发生时间和活动持续时间等附加信息来对出行目的的识别进行修正，提升了出行目的检测的精度[37]。该研究在大辛辛那提地区开展了为期 1 年的数据采集工作，调查数据共分为回家、工作、教育、购物和其他五类。通过分析数据库中的 4 133 个 GPS 出行数据结果后发现，仅用 GPS 数据来识别出行目的的准确性约为 59%，添加附加信息进行修正后精度能够提高到 67%。由此可见，当考虑常出没位置和出行时间等更多的附加信息时，能提高出行目的的识别精度。

2013 年，美国马里兰大学的 Lu 等提出了利用机器学习的方法对 GPS 数据进行出行目的识别的方法[38]。该方法结合 GPS 个人出行路径的调查记录、GIS 数据和交通网络信息来识别个人出行目的。研究主要通过对比分析不同类别的输入变量的影响，不同的土地利用编码方法和不同的出行目的分类对出行目的识别的影响，探索了使用机器学习方法来自动识别出行目的的可行性。研究将出行目的五大类别：基于家的工作出行，基于家的购物出行，基于家的社交娱乐出行、基于家的其他出行，和非基于家的出行。细分成了 10 类，包括家庭出行、工作出行、购物出行、托儿所出行、餐饮出行、驾驶人出行、服务出行、学校出行、社会出行和娱乐出行。

在从明尼苏达大学获得的基于车载 GPS 采集的数据中包括了一个具有 3 188 次出行目的样本学习决策树，最终的分类器与所有三个输入模块最高达到 73.37%的准确率，其中基于被调查者基本数据和出行历史数据准确率分别为 60.57%，而基于出行历史数据和出行目的地的出行目的分类器准确率为 72.30%。

2014 年，瑞士联邦理工学院 Montini 等对苏黎世的 156 名受访者进行了为期 1 周的出行数据调查，根据受访者多日的 GPS 轨迹和加速度数据，研究了随机森林算法在出行目的识别中的应用。该研究通过提取活动及其位置、聚类位置、计算特征、学习和应用分类器四个阶段，发现在集合运行条件下，随机森林对出行目的的识别正确率为 85%。研究显示训练集和其输入变化特性十分重要，不同的分类器设置可能得到不同的结果[39]。如图 2-21 所示为集外误差参数 m 选取对随机选择特性的不同影响。

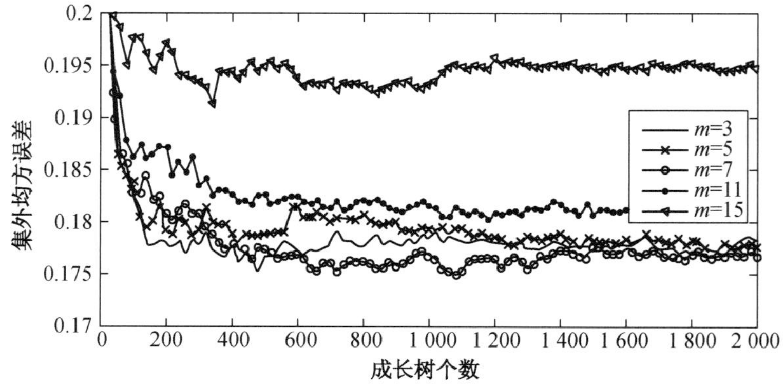

图 2-21　集外误差参数 *m* 选取对随机选择特性的不同影响

2.4.2　基于 GPS 轨迹数据的居民出行调查实地应用

2003 年，美国 Wolf 等针对居民出行调查中严重影响出行生成模型结果的出行漏报，使用 2001 年在加利福尼亚州三个地区的居民出行 GPS 调查中收集到的样本数据，比较同一家庭的计算机辅助电话调查数据和 GPS 出行数据，进行了出行漏报对车辆行驶里程和出行时间估计的影响分析。分析显示计算机辅助电话调查明显要比 GPS 调查高估出行时间和出行次数[40]。

2007 年，澳大利亚悉尼大学的 Stopher 等研究了基于 GPS 数据的居民出行调查精度评估[41]。在此之前的相关研究表明：美国传统的计算机辅助电话调查方式会导致 20%～25%的出行信息被遗漏，GPS 数据可以辅助提高调查精度。作者抽取 50 户家庭，获取这些家庭的出行 GPS 数据和出行日志信息，以及利用 GPS 数据结合地图或者表格来辅助完成的居民出行问询调查。将调查结果与出行日志信息进行对比发现：被调查者会遗漏约 7%的出行信息，相比于美国传统的计算机辅助电话调查方式有了较大的改进。但仍会存在一些问题：遗漏出行距离或夸大出行次数等。

2010 年，美国 Bachman 等使用了基于 GPS 方法的居民出行调查数据（437 户），建立了自由流动和拥堵的速度矩阵。居民出行调查数据或研究小组取得的 GPS 调查数据可以描述该地区的家庭出行特征，为拥堵管理方案补充区域经验性、宜居性和流动性数据，也可以给规划者和决策者提供建议，还可以指导拥堵缓解战略[42]。

2011 年，美国佐治亚州统计局的 Oliveira 等为了支持基于活动模型的发展，在以色列耶路撒冷进行了基于 GPS 的提示召回调查[43]。基于活动模型的发展要求全天的出行信息是无间断、无缺失且不重叠的。传统的居民出行调查并不能满足这些要求，目前基于 GPS 的提示召回调查方法被认为是能满足这些要求的最有前景的方法。2010 年以色列耶路撒冷进行的传统居民出行调查证实了基于 GPS 的提示召回方法的可行性。调查结果表明基于 GPS 的提示召回方法能够提供完整的、正确的个人日常出行记录并减少传统居民出行调查中未如实报告出行信息的问题。

2012 年，澳大利亚悉尼大学的 Stopher 等在俄亥俄州与当地的交通部在州内开展了两次大规模的基于 GPS 的居民出行调查，探索了 GPS 调查完全替代传统问卷调查的可行性[44]。第一次是由 Stopher 与 Collins 在俄亥俄州的辛辛那提地区开展了一次完全基于 GPS 的家庭出行调查。此次调查涉及 2 000 多个家庭，其中 601 个家庭完成了 1 天的提示召回研究，研究结果表明仅使用 GPS 的居民出行调查是可行的。第二次调查由 GeoStats 在俄亥俄州克利夫兰收集了近 4 000 户家庭使用 GPS 提供的出行信息，其中大约 1 300 户家庭以电脑辅助填报或电话辅助调查方式参与了提示召回访问。研究表明，提示召回样本有助于校准和验算需要输入关键行程属性的算法模型。

2014 年，美国佐治亚州统计局的 Wolf 等详细整理了美国各地区基于 GPS 的居民出行调查技术的推进过程，以及各州基于 GPS 的居民出行调查项目，提出了基于智能手机 GPS 居民出行调查的优势，如调查成本低、数据采集方便。该报告系统地总结了自 20 世纪 90 年代以来，基于 GPS 数据的交通出行行为研究，涵盖了数据获取、数据形式、相关算法评价等多个方面，包括 GPS 硬件、软件，数据形式、数据导入和处理，GPS 设备及相关产品；总结了目前在数据质量评价、数据处理(多元数据融合、出行 OD、出行方式、出行目的、职住分析等)及保护隐私等最有价值的方法，为出行模式、目的识别和其他出行属性的识别提供了方法和技术性指导[45-46]。

2015 年，美国的 Bricka 等在俄勒冈州与当地交通运输部利用 GPS 进行了居民出行调查[47]。299 户家庭被分为三组随机选择纳入研究，第一组是传统居民出行调查，第二组是 GPS 数据辅助回忆的居民出行调查，第三组是仅采集 GPS 数据代替居民出行调查。实验表明，传统居民出行调查在大家庭、低收入家庭与年轻人中出现了明显的无应答现象。GPS 组中的年轻人和非少数民族有较高的参与率，实验数据证实 GPS 能够有效解决在年轻人中出现的无应答现象，但少数民族的无应答现象因为 GPS 的使用而增加，应使用其他更加合适的方法。与此同时，安装 GPS 组的成本会更高，但这些成本会随着研究的标准化和新技术的引用而降低。

2.5 基于手机 Wi-Fi 数据的活动强度分析

2005 年，美国麻省理工学院的 Sevtsuk 等人进行了一项名为 ISPOTS 的项目。这个项目借助麻省理工学院内 2 800 多个 Wi-Fi 接入点的动态映射来描述麻省理工学院内人员的活动情况。借此可以发现校园内主要的活动区域，并对未来的社区规划起到一定的指导作用[48]。如图 2-22 显示了校园内使用无线网络的情况，根据 24 小时内每个地点每隔 15 分钟接入设备的个数，绘制出了热力图，借此可以直观地显示设备接入频率较高的地点。研究人员通过数据分析得出，校园中 55%的人员有固定的 Wi-Fi 使用点，25%的人员在白天特定的时段内使用 Wi-Fi，某个建筑物内的总人数可以通过这一概率计算得到。

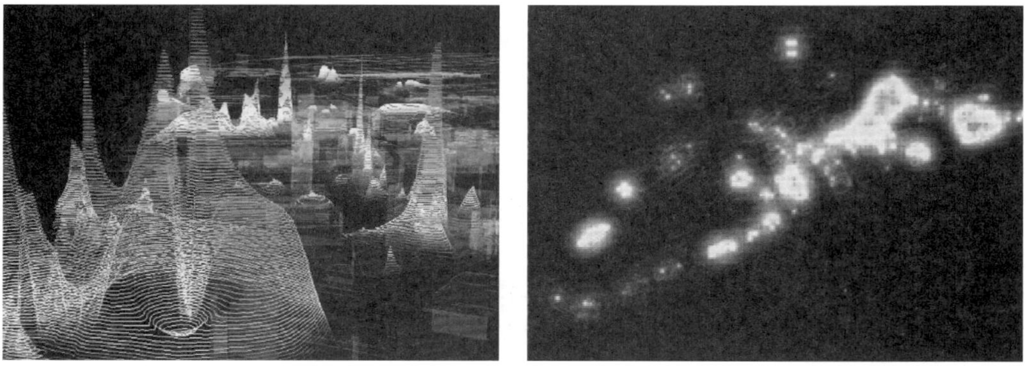

(a) 不同地点Wi-Fi接入频率等高线图　　(b) 不同地点Wi-Fi接入频率热力图

图 2-22　接入点频率分布图

2005 年，美国达特茅斯大学的 Song 等认为定位是许多无线网应用中的一个重要方向。研究人员首次利用无线网络对用户位置进行预测，并利用达特茅斯校园近 6 000 个 Wi-Fi 用户数据评估了预测效果。该研究在对用户位置进行预测时，比较了马尔科夫模型、压缩模型等方法，发现二阶回推马尔科夫模型是相对预测效果较好的模型，这一方法针对跟踪长度较长的用户有 72%的平均精度[49]。

2012 年，葡萄牙米尼奥大学 Conde 等提出了一种基于智能手机移动网络符号信息的方法来研究人的时空活动[50]。该研究通过向空间地图中导入用户手机 APP 中记录的 GSM 信息、Wi-Fi 数据和个人移动地图信息，来分析用户一段时间内的移动状况。研究表明，将空间背景导入移动网络地图能够更好地了解用户日常移动方面的特点，综合分析移动网络和距离地图比单独分析移动网络地图得到的信息更多。如图 2-23 所示，GSM 和 Wi-Fi 的位置点及连接线为灰色，个人移动地图中的节点和边为黑色。

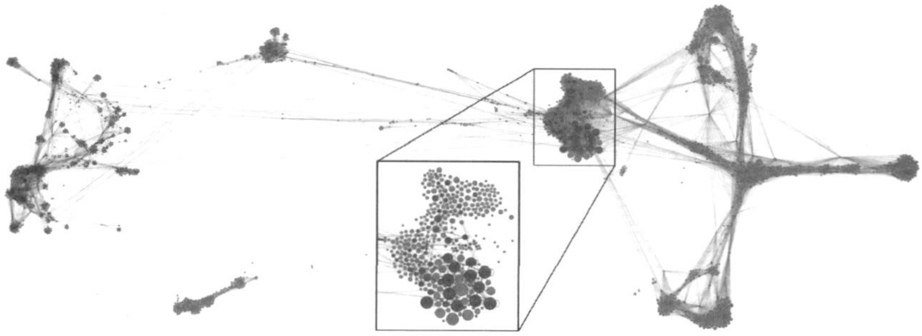

图 2-23　个体移动路线图与 Wi-Fi 和 GSM 的叠加图

2012 年，葡萄牙米尼奥大学 Meneses 通过使用校园内超过 550 个 Wi-Fi 接入点来跟踪每个接入用户的流动性，并借此研究了用户在两个校区和市中心建筑间的移动状态[51]。该研究通过时间曲线分析了校园内一天不同时段的网络使用者数量变化情况，并对比了两个校区之间及校区与校外各区域之间的流量出入情况，借用不同建筑物或区域间的用户流动数量来描述建筑物或区域之间的联系紧密程度。

2.6 基于社交网络数据的居民出行特征分析

传统的交通规划主要基于人口规模和功能分区进行道路选线与建设，更多考虑的是城市规划层面的空间布局规划，忽视了居民个体对交通条件的实际需求，灵活性较差，易造成交通资源的分布不均和交通拥堵等问题。随着信息化技术和智能手机的快速发展，用户在使用手机进行娱乐、服务的过程中产生了大量社交网络数据、签到数据，这些数据蕴含着大量地理位置、活动目的等重要信息。利用数据挖掘及可视化技术对海量社交网络数据进行挖掘，对居民出行、活动等进行深入分析和研究，从而为城市交通规划和交通管理提供有力支撑，可能成为未来交通领域研究的新趋势。

2.6.1 居民出行特征

2011 年，英国利兹大学的 Birkin 等抽取利兹城 9 223 个用户为期 4 个月的 290 215 条推特数据，构建了基于代理的模型（Agent-based）来判断城市居民的基本活动和与之紧密联系的出行模式，将用户行为分类并给出每类行为占比。如图 2-24 显示了基于推特“推文”信息和位置点簇的判断用户基本活动行为的方法[52]。该研究结合了 GIS 技术将用户分析的数据进行了可视化处理，并提出展望，认为语义数据的挖掘和基于动态社交数据的模型应用将是未来研究的重点。

图 2-24　基于推特关键词搜索的单个用户行为划分

2012 年,德国海德堡大学的 SAGL 等采集了用户产生的移动网络流量数据(定向切换的矢量和整体网络流量数据)以及相应的社交网站数据(Flickr),采用空间分析方法揭示了城市的活动热点以及不同季节下城市与郊区的出行活动和变化特征[53]。如图 2-25 为南提洛尔不同季节出行活动特征密度分布图,点簇密集表示出行活动频繁。该研究对基于社交数据的个人出行特征的深入分析提出了展望,例如,结合个人社会地位数据和手机数据进行的综合出行行为分析。

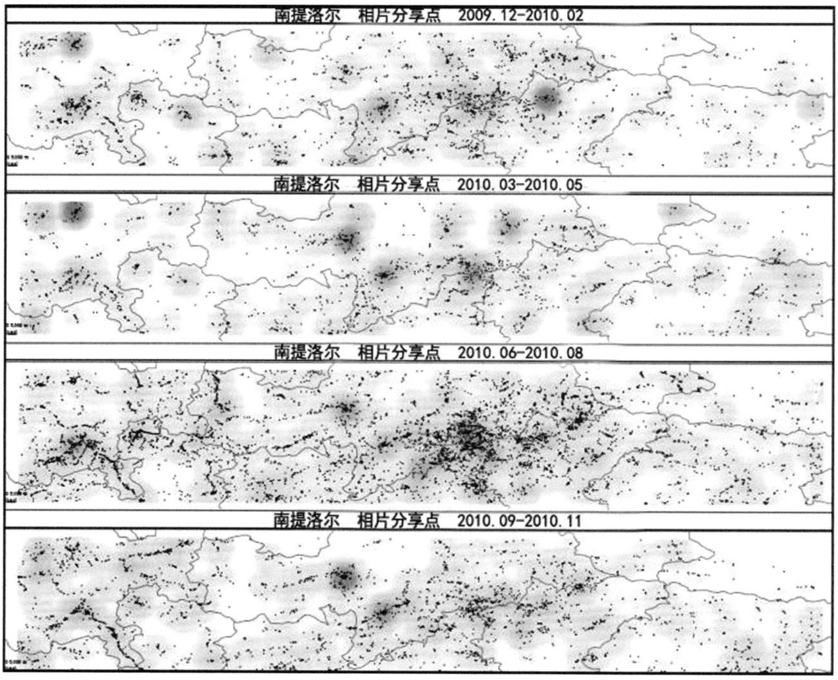

图 2-25 不同季节下南提洛尔旅游者出行活动密度分布

2015 年,中国台北的 Lin 等选取台北市中山地铁线作为研究背景,抓取该线路线两周的包含用户语义和地理信息的社交软件数据,并使用机器学习方法以及计算机图像分析技术进行深度挖掘,进而得到各个站点的活动强度。该研究认为,社交软件用户所上传的照片、语义以及地理位置信息将成为分析出行特征的重要因素[54]。图 2-26 为中山地铁线基于时间序列的站点活动分析情况。

2.6.2 OD 估计

2014 年,美国罗格斯大学的 Peter 等利用一款基于签到的社交平台“Foursquare”抓取的签到数据,融合了聚类、回归和重力模型等方法估计非通勤类的出行 OD[55]。该研究将芝加哥中心区的 GIS 数据、CMAP(芝加哥规划局)获得的 OD 数据以及“Foursquare”收集到的签到数据进行了对比。同时指出,在进行交通需求分析,尤其是

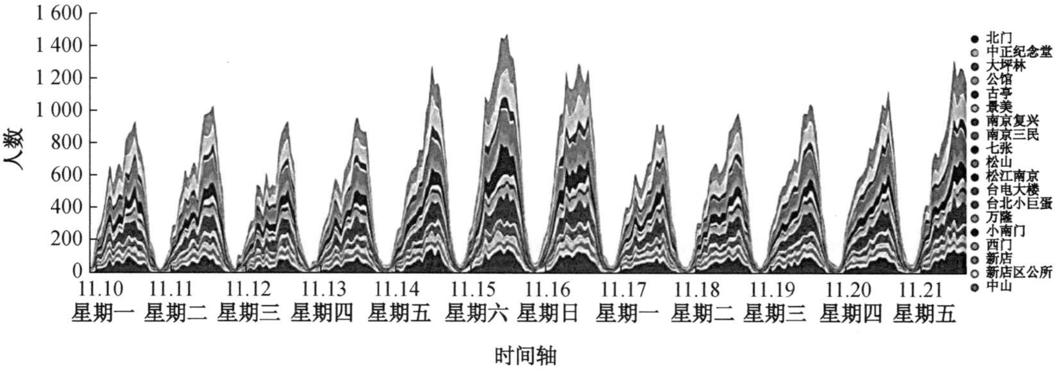

图 2-26　基于时间序列的站点活动分析(台北中山地铁线为例)

OD 估计时,社交网络数据相比传统数据具有实时、动态等优势,并且精确度更高。图 2-27 为真实 OD 和基于签到数据分析得到的 OD 对比示意图。

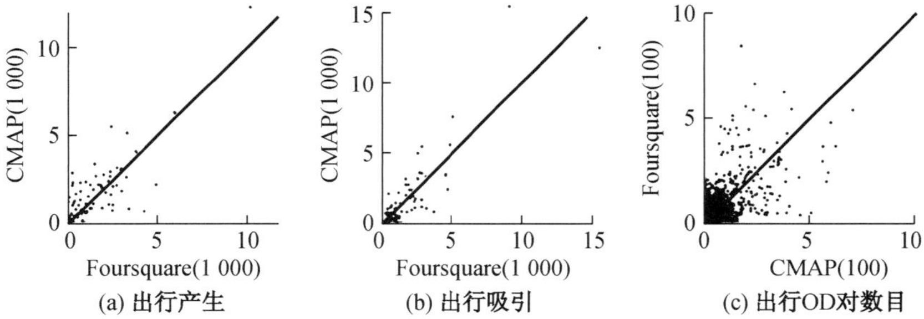

图 2-27　真实数据与 Foursquare 签到数据对比

2.6.3 职住空间特征

2015 年,华东师范大学的毛峰利用新浪开放 API(应用程序编程接口)采集了上海市 6 个月共 65 477 位微博用户的微博数据,采用空间聚类算法,对每个用户发布的所有位置进行空间聚类,找到发布者的常驻区域,通过模糊识别方法分析了位置数据中蕴含的通勤情况和活动职住模式[56]。研究表明,从海量社交网络数据中能够提炼出有价值的职住信息。

2015 年,重庆市规划设计研究院的冷炳荣等利用百度地图热力图数据进行重庆市活动人口数量估测,并进一步研究了职住关系。证明了重庆的“多中心组团式”发展富有成效,组团内的职住平衡缩短了通勤时间。该研究指出:大数据时代下利用大样、多量的公共开放数据可以解决职住分析中面临的现实问题[57]。

2.7 研究总结与发展趋势

综上所述,根据国内外诸多国家近 10 年来的持续研究来看,应用移动定位数据有助于提取交通出行参数，仍然是国际交通领域的一大前沿热点。

目前国内外学者已对基于GPS定位数据、移动通信定位数据及社交网络数据的居民出行信息提取方法有了一定的研究成果。然而，由于手持式GPS调查技术设备昂贵以及信号容易受屏蔽的制约，目前还难以在城市居民出行调查中得到大规模的应用，而手机通信调查技术则受通信基站定位精度制约，通常市区定位精度为几十米，郊区定位精度为几百米至几千米，比较适用于中宏观交通出行特征和规律的采集，对于交通方式、交通方式换乘点、短暂停留等微观出行链信息提取，识别效果还不够理想。

另一方面，由于我国人口众多、交通环境复杂，居民日常出行经常由多种交通方式组合完成，国外已有的数据提取算法对我国城市难以完全适用，并且对于一些关键处理环节，如交通出行端点、交通方式换乘点识别等，国外算法大多利用简单出行时间、距离阈值进行判别，经验性较强，不同研究中阈值差异明显。例如，对于出行端点判别，不同研究分别采用了120 s，180 s和300 s等作为时间阈值[23, 35, 41]；对于地下出行段识别，分别采用了150 m，200 m或500 m作为距离阈值[21, 58, 59]，这些经验阈值通常只是对研究所在的特定地区有效，当交通环境发生变化时，方法普适性不太理想。行业内对数据精度更高、挖掘方法更加完善的交通参数提取技术的需求愈加迫切。

近年来，随着手机制造行业的快速发展和手机内置GPS、加速度仪、陀螺仪等传感器芯片的发展，同时由于现代智能手机能够实时获得通话、短信、上网、Wi-Fi等丰富的通信网络事件数据，使其集成了GPS、加速计、通信网络等多种定位技术功能。随着新一代3G/4G-LTE通信时代的到来，该技术能够更加全面准确地把握居民出行特征。手机定位数据与公交刷卡、用地性质、GIS地理信息等多种数据的融合应用必将成为未来交通出行参数采集技术发展与交通模型革新的关键，具有很好的专业研究和行业应用前景。

参考文献

[1] Ratti C, Sevtsuk A, Huang S, et al. Mobile landscapes: Graz in real time[M]// Location Based Services and Telecartography, 2007: 433-444.

[2] Ratti C, Frenchman D, Pulselli R M, et al. Mobile landscapes: Using location data from cell phones for urban analysis[J]. Environment & Planning B Planning & Design, 2006, 33(5): 727-748.

[3] González M C, Hidalgo C A, Barabási A L. Understanding individual human mobility patterns. [J]. Nature, 2008, 453(7196): 779-82.

[4] Ahas R, Aasa A, Silm S, et al. Daily rhythms of suburban commuters' movements in the Tallinn metropolitan area: Case study with mobile positioning data[J]. Transportation Research Part C Emerging Technologies, 2010, 18(1): 45-54.

[5] Ahas R, Aasa A, Ülar Mark, et al. Seasonal tourism spaces in Estonia: Case study with mobile positioning data[J]. Tourism Management, 2007, 28(3): 898-910.

[6] Ahas R, Aasa A, Roose A, et al. Evaluating passive mobile positioning data for tourism surveys: An Estonian case study[J]. Tourism Management, 2008, 29(3):469-486.

[7] Calabrese F, Diao M, Di Lorenzo G, et al. Understanding individual mobility patterns from urban sensing data: A mobile phone trace example [J]. Transportation research part C: emerging technologies, 2013, 26: 301-313.

[8] 赖见辉. 基于移动通信定位数据的交通信息提取及分析方法研究[D]. 北京:北京工业大学,2014.

[9] 任颐,毛荣昌. 手机数据与规划智慧化——以无锡市基于手机数据的出行调查为例[J]. 国际城市规划,2014,29(6):66-71.

[10] 宋少飞,李玮峰,杨东援. 基于移动通信数据的居民居住地识别方法研究[J]. 综合运输,2015(12):72-76.

[11] 陈欢,薛美根. 大数据环境下上海市综合交通特征分析[J]. 城市交通,2016,14(1):24-29.

[12] 唐小勇,周涛,刘晏霖. 基于手机信令的重庆主城职住关系评价[J]. 城乡规划:城市地理学术版,2016(4):10-15.

[13] 吴祥国,余清星,韦翀. 大数据背景下重庆市综合交通模型维护升级[J]. 城市交通,2016,14(2):51-58.

[14] 林群,关志超,杨东援,等. 基于手机数据的城市交通规划决策支持系统研究[C]//第五届中国智能交通年会暨第六届国际节能与新能源汽车创新发展论坛,2009.

[15] Liu F, Janssens D, Wets G, et al. Annotating mobile phone location data with activity purposes using machine learning algorithms [J]. Expert Systems with Applications, 2013, 40(8): 3299-3311.

[16] 冉斌. 手机数据在交通调查和交通规划中的应用[J]. 城市交通,2013,11(1):72-81.

[17] Iqbal, Choudhury, Wang P, et al. Development of origin-destination matrices using mobile phone call data [J]. Transportation Research Part C: Emerging Technologies, 2014, 40: 63-74.

[18] 李小鹏,杨新苗,曹瑾鑫. 基于手机话务量的城市活动及土地利用特性分析[C]//中国智能交通年会,2005.

[19] 宋璐. 基于手机定位数据的交通 OD 分布研究[D]. 东南大学,2015.

[20] Thomas S. Nielsen, Henrik Harder Hovgesen. GPS in pedestrian and spatial behavior surveys [C]//The Fifth International Conference on Walking in the 21st Century, June 9-11, 2004.

[21] Sheung Yuen Amy Tsui, Amer S. Shalaby. Enhanced System for Link and Mode Identification for Personal Travel Surveys Based on Global Positioning Systems[J]. Transportation Research Record: Journal of the Transportation Research Board, 2006, 1972(1): 38-45.

[22] Wendy Bohte, Kees Maat. Deriving and validating trip purposes and travel modes for multi-day GPS-based travel surveys: A large-scale application in the Netherlands [J]. Transportation Research Part C Emerging Technologies, 2009, 17(3):285-297.

[23] Vincenzo Manzoni, Diego Maniloff, Kristian Kloeckl, et al. Transportation mode identification and real-time CO_2 emission estimation using smartphones [R]. SENSEable City Lab. Massachusetts Institute of Technology, Cambridge, Massachusetts, USA, Technical

Report，2010.

[24] U. S. Bureau of Transportation Statistics. BTS Statistical Standards Manual[M]. 2012.

[25] Tao Feng, Harry J. P. Timmermans. Transportation mode recognition using GPS and accelerometerdata[J]. Transportation Research Part C Emerging Technologies，2013，37(3)：118-130.

[26] Ansari Lari Z，Golroo A. Automated transportation mode detection using smart phone applications via machine learning：case study mega city of tehran[C]. The 94th Transportation Research Board Annual Meeting，Washington D. C.，2015.

[27] Karst T. Geurs，Tom Thomas，Marcel Bijlsma，et al. Automatic trip and mode detection with MoveSmarter：first results from the Dutch Mobile Mobility Panel[J]. Transportation Research Procedia，2015，11:247-262.

[28] Jianhe Du，Lisa Aultman-Hall. Increasing the accuracy of trip rate information from passive multi-day GPS travel datasets：Automatic trip end identification issues[J]. Transportation Research Part A，2007，41:220-232.

[29] Michel Bierlaire，Jingmin Chen，Jeffrey Newman. A probabilistic map matching method for smartphone GPS data[J]. Transportation Research Part C，2013，26:78-98.

[30] 张健钦，仇培元，徐志洁，等. 一种基于手机定位数据的出行行程识别方法[J]. 武汉理工大学学报，2013，37(5):932-938.

[31] Lei Gong，Hitomi Sato，Toshiyuki Yamamoto. Identification of activity stop locations in GPS trajectories by density-based clustering method combined with support vector machines[J]. Transport，2015，23(3):202-213.

[32] Wolf J，Guensler R，Bachman W. Elimination of the travel diary：Experiment to derive trip purpose from global positioning system travel data[J]. Transportation Research Record：Journal of the Transportation Research Board，2001(1768)：125-134.

[33] Schönfelder S，Ethz I，Samaga U. Where do you want to go today? —More observations on daily mobility[J]. 2003.

[34] McGowen P，McNally M. Evaluating the potential to predict activity types from GPS and GIS data[C]//Transportation Research Board 86th Annual Meeting，Washington，2007.

[35] Bohte W，Maat K. Deriving and validating trip purposes and travel modes for multi-day GPS-based travel surveys：A large-scale application in the Netherlands[J]. Transportation Research Part C Emerging Technologies，2009，17(3):285-297.

[36] Chen C，Gong H，Lawson C，et al. Evaluating the feasibility of a passive travel survey collection in a complex urban environment：Lessons learned from the New York City case study[J]. Transportation Research Part A Policy & Practice，2010，44(44):830-840.

[37] Li Shen，Peter R. Stopher. A process for trip purpose imputation from Global Positioning System data[J]. Transportation Research Part C Emerging Technologies，2013，36(36):261-267.

[38] Lu Y，Zhu S，Zhang L. Imputing trip purpose based on GPS travel survey data and machine learning methods[C]//Proceedings of the 92nd Annual Meeting of the Transportation Research

Board. Washington D C,2013.

[39] Lara Montini, Nadine Rieser-Schüssle, Andreas Horn, et al. Trip purpose identification from GPS tracks[J]. Transportation Research Record Journal of the Transportation Research Board, 2014, 2405(—1).

[40] Jean Wolf, Marcelo Oliveira, Miriam Thompson. Impact of underreporting on mileage and travel time estimates, results from global positioning system-enhanced household travel survey [J]. Transportation Research Record,2003(1854):189-198.

[41] Stopher P, Fitzgerald C, Xu M. Assessing the accuracy of the sydney household travel survey with GPS[J]. Transportation, 2007, 34(6):723-741.

[42] Bachman W, Oliveira M, Xu J, et al. Household-level global positioning system travel data to measure regional traffic congestion [J]. Transportation Research Record: Journal of the Transportation Research Board, 2012(2308): 10-16.

[43] Marcelo G. Simas Oliveira, Peter Vovsha, Jean Wolf, et al. Global Positioning System-Assisted Prompted Recall Household Travel Survey to Support Development of Advanced Travel Model in Jerusalem, Israel[J]. Transportation Research Record: Journal of the Transportation Research Board, 2011.

[44] Stopher P, Wargelin L, Minser J, et al. GPS-Based Household Interview Survey for the Cincinnati, Ohio Region[R]. Cincinnati, Ohio: Abt SRBI, Incorporated, 2012.

[45] Wolf J, Bachman W, Oliveira M S, et al. NCHRP Report 775: Applying GPS Data to Understand Travel Behavior, Volume I: Background, Methods, and Tests[R]. Transportation Research Board, Washington D C, 2014.

[46] Wolf J, Bachman W, Oliveira M S, et al. NCHRP Report 775: Applying GPS Data to Understand Travel Behavior, Volume II: Guidelines [R]. Transportation Research Board, Washington D C, 2014.

[47] Stacey Bricka, Johanna Zmud, Jean Wolf, et al. Household Travel Surveys with GPS-An Experiment[J]. Transportation Research Record: Journal of the Transportation Research Board, 2015.

[48] Andres Sevtsuk(coordinator), Sonya Huang, Daniel Gutierrez, et al. How Wireless Technology is Changing Life on the MIT Campus[EB/OL]. http://senseable. mit. edu/ispots/,2005.

[49] Song L, Kotz D, Jain R, et al. Evaluating Next-Cell Predictors with Extensive Wi-Fi Mobility Data[C]// IEEE Transactions on Mobile Computing, 2004:1633-1649.

[50] Carlos Pérez-Penichet, Ângelo Conde, Adriano Moreira. Human mobility analysis by collaborative radio landscape observation [C]. Proceedings of the AGILE'2012 International Conference on Geographic Information Science, Avignon, 2012: 24-27.

[51] Filipe Meneses, Adriano Moreira. Large scale movement analysis from Wi-Fi based location data [C]. International Conference on Indoor Positioning and Indoor Navigation, 2012:13-15.

[52] Mark Birkin, Nick Malleson. Microscopic simulations of complex metropolitan dynamics[C]. Presented at the Complex City workshop, 5th-6th, 2011, Amsterdam.

[53] Günther SAGL, Bernd RESCH, Bartosz HAWELKA. From Social Sensor Data to Collective Human Behaviour Patterns—Analysing and Visualising Spatio-Temporal Dynamics in Urban Environments[C]. Geovizualisation, Society and learning, 2012:54-63.
[54] Lin Chuan-Heng, Albert Y. Chen. Trip Characteristics Study through Social Media Data[C]. Civil Engineering, 2015.
[55] Peter J. Jin, Meredith Cebelak, Fan Yang. Location-Based Social Networking Data: An Exploration into the Use of a Doubly Constrained Gravity Model for Origin-Destination Estimation [J]. Transportation Research Board, 2014.
[56] 毛峰. 基于多源轨迹数据挖掘的居民通勤行为与城市职住空间特征研究[D]. 上海:华东师范大学,2015.
[57] 冷炳荣,余颖,黄大全,等. 大数据视野下的重庆主城区职住关系剖析[J]. 规划师,2015,31(5): 92-96.
[58] Sarembaud A. A Trip Reconstruction Tool for GPS-based Personal Travel Surveys [J]. Transportation Planning & Technology, 2005, 28(5):381-401.
[59] Chen C, Gong H, Lawson C, et al. Evaluating the feasibility of a passive travel survey collection in a complex urban environment: Lessons learned from the New York City case study [J]. Transportation Research Part A Policy & Practice, 2010, 44(10):830-840.

3 基于手机传感器数据的挖掘算法理论与应用方法

手机传感器可以记录较为准确的用户出行信息，如位置、时间、GPS 经纬度、速度、加速度、基站通信数据等。海量、翔实的手机传感器数据可以为交通规划和管理决策提供较为精确的居民出行信息来源，然而，居民个体出行信息（包含出行端点、交通方式、出行时间以及出行距离等信息）的获取无法直接由手机传感器数据得到，原始手机传感器数据需要借助相应的数据挖掘算法处理才能提取出个体的出行链信息。因此，数据挖掘算法的合理选取是本章节所需介绍的关键问题。

基于手机传感器数据的个体出行链信息提取主要的研究内容为出行端点、交通方式、出行时刻、出行距离等识别，需结合模式识别算法来进行处理[1-2]。模式识别中常见的数据挖掘算法包含统计分析、聚类分析、机器学习、图像识别等。本章综合运用聚类分析，机器学习以及图像识别等较为常见识别的数据挖掘算法来处理手机传感器数据提取精确的个体出行链信息，并对这些算法的适用性进行分析。

3.1 个体出行链信息精细化提取技术思路

个体手机传感器数据无法直接显示个体出行链信息，需要相应的数据挖掘算法来进行解读[1]。个体出行链信息主要包含出行端点，出行时所采用的交通方式以及出行时刻、出行距离信息等[3]。如何通过数据挖掘算法来提取个体出行链信息是实现手机精细化交通调查的关键问题。目前不少学者不断尝试着处理高效、提取精度高的算法来识别出行端点、交通方式以及出行时刻、出行距离等：①对于出行端点的识别，主要运用基于密度的空间聚类的算法来识别聚集密度较大的出行端点；②交通方式的识别，主要基于速度、加速度等出行特征数据变化特性运用小波分析与机器学习算法结合地理信息技术来进行识别；③出行时刻、出行距离等识别，主要基于个体出行习惯结合数理统计算法来进行识别。通过个体手机传感器数据的个体出行链信息精细化提取，能有效地弥补传统居民出行调查存在的调查对象回忆不清、调查数据质量不高等问题。

个体手机定位出行链数据往往是完整一天或者多天的出行位置数据，其中包含了个体的多次出行信息，每次出行又包含了多种交通方式信息。因此，如图 3-1 所示，本章节对于个体出行链信息提取思路如下：首先，运用基于密度的空间聚类算法识别出出行端点信息，依据出行端点将个体手机定位出行链数据切割成多条一次出行数据；其次，针对每一次出行手机传感器数据，运用小波分析算法识别出一次出行中交通方式转换点，将一次出行按照转换点切割成不同交通方式数据；最后，运用机器学习算法（神经网络、支持向量机、贝叶斯网络、随机森林）结合 GIS 地理信息数据（站点匹配算法）依据不同交通方式的数据特性识别出步行、自行车、小汽车和公交车等交通方式[4]。结果证明本章节提出的出行链信息提取方法流程具有良好的可操作性和较高的识别精度。

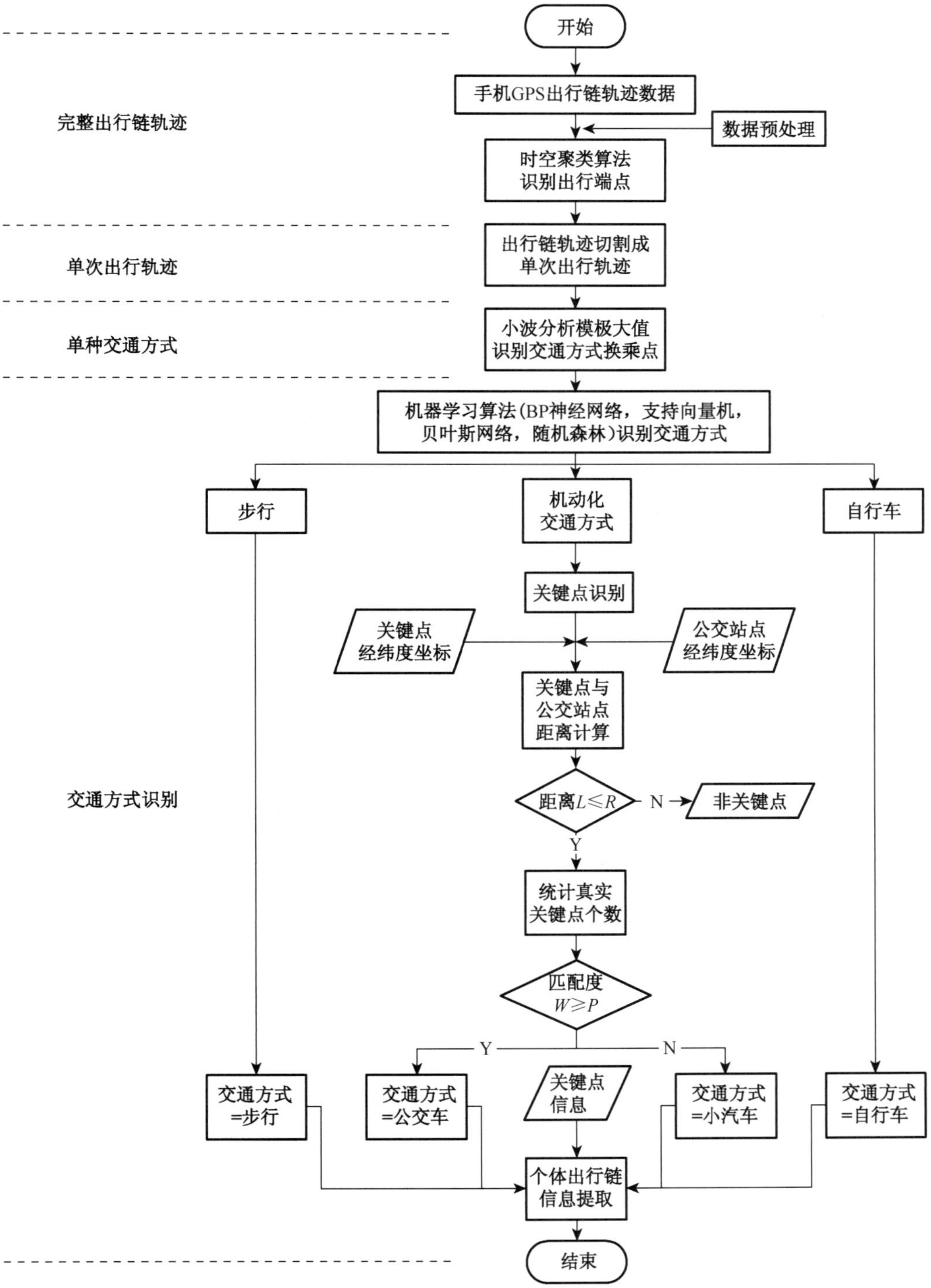

图 3-1　个体出行链信息精细化提取技术路线图

3.2 基于空间聚类算法的出行端点识别

依据出行端点信息可以将个体一天的手机传感器数据切分成各个单次出行来进行研究。在交通领域里，对于一次出行的定义主要包含三个特征：①具有至少一个明确的出行目的；②占用了街道或公路资源；③出行时长和出行距离需超过一定值[5]。由于居民在每一次出行的出行端点会进行特定目的的活动，即进行了较长时间的停留。相应的手机位置轨迹会形成密度较大的点簇，与出行途中的较为稀疏的散点存在较大区别，运用基于密度的空间聚类算法可以针对性地将轨迹点聚集现象明显，点空间密度较大的出行端点以点簇的形式识别出来；而轨迹点分散分布，点空间密度较小的出行途中则会以噪声点的形式识别。因此，通过轨迹点空间密度的大小可以较好地区分个体手机定位出行链数据是属于出行途中还是出行端点。目前，基于密度的空间聚类算法主要有 DBSCAN(Density-Based Spatial Clustering of Applications with Noise)，OPTICS，DENCLUE 等[6]，聚类效果如图 3-2 所示，这些聚类分析算法的核心思想都是依据轨迹点的空间密度从而对所有数据点进行聚类，若聚成点簇则识别成出行端点，若未聚成点簇则识别成出行途中。

图 3-2　DBSCAN 空间点簇聚类效果图

1. 空间聚类算法基本原理

基于密度的空间聚类算法是通过定义核心点的密度，以核心点为发起点，不断按照密度要求向四周拓展最终形成点簇的过程。点簇的形成意味着出行者在此处小范围内存在着较长时间的停留，轨迹点较为密集，一般情况下可视为出行端点。传统的基于密度的空间聚类算法 DBSCAN 是有效识别点簇的经典方法[7]，但由于算法对于核心点的定义未考虑轨迹点的时间属性见图 3-3(1)，从而对于 GPS 信号缺失导致数据缺失，重复路径以及多个出行端点在同一处这三种情况的识别效果不理想。因此，考虑点簇中轨迹点的时间序列可以较好地用于识别出行端点信息。ST-DBSCAN(Spatial-Temporal DBSCAN)综合考虑了轨迹点之间的时空距离，从而对核心点的定义进行改进，增加了时间距离参数，将聚类形成的轨迹点类簇作为出行端点，即密度相连的轨迹点的最大集合。具体定义如下。

E 邻域：目标 GPS 轨迹点的平面距离半径为 Eps，时间差为 ΔT 的区域成为该轨迹点的 E 邻域。

核心点：如果给定目标轨迹点 E 领域内的轨迹点数大于等于 $MinPts$，则称该目标轨迹点为核心点，见图 3-3(2)。

直接密度可达：对于轨迹点集合 D，如果轨迹点 q 在 p 的 E 邻域内，同时 p 为核心点，那么目标轨迹点 q 从目标轨迹点 p 直接密度可达，见图 3-3(3)。

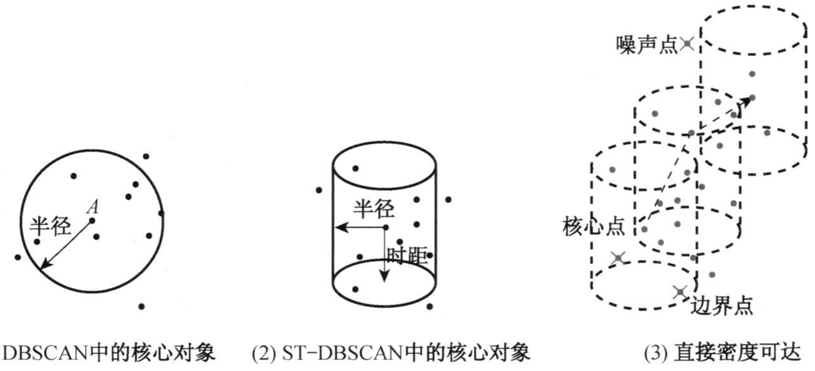

图 3-3　核心对象、边界对象和噪声

密度可达：若针对轨迹点集合 D，存在连续的轨迹点 p_1，p_2，…，p_n，$p = p_1$，$q = p_n$，若目标轨迹点 p_i 从 p_{i-1} 直接密度可达，则目标轨迹点 q 从目标轨迹点 p 密度可达。

密度相连：存在轨迹点集合 D 中的一点 o，若目标轨迹点 o 到目标轨迹点 p 和目标轨迹点 q 都是密度可达的，则 p 和 q 密度相连。密度相连是对称关系，ST-DBSCAN 目的是找到密度相连目标轨迹点的最大集合。

利用 ST-DBSCAN 来处理个体出行 GPS 轨迹数据，主要需定义三个参数 Eps，ΔT 邻域以及该邻域相应的 GPS 轨迹点数大于等于 $MinPts$，三个参数的确定则确定了核心点的时空密度以及相应的点簇拓展条件。

2. 基于空间聚类算法的出行端点识别与出行轨迹切割

运用基于密度的空间聚类分析算法处理手机 GPS 定位数据提取出行端点信息需进行三个步骤：①数据预处理；②聚类分析，出行端点识别；③出行行程整理。首先，由于 GPS 信号遮蔽或手机性能存在问题等原因，原始手机 GPS 定位数据需进行除噪，为出行端点识别提供正确的数据；其次，运用基于密度的空间聚类算法来进行空间聚类，聚类点簇，识别出行端点；最后，完成出行链的切割。

1）数据预处理

由于城市峡谷效应和建筑物遮挡时手机 GPS 信号会较弱，在较弱条件下，GPS 轨迹点往往会发生较大的位置偏移，4 颗可见卫星是准确定位的前提条件，删除可见卫星数少于 4 颗的定位记录；其次，设定轨迹点的速度阈值和相邻点间距阈值（如路段限速值），删除瞬时速度和相邻点间距大于所设阈值的定位记录，减少手机运行问题造成的误差；最后，由于信号缺失数据较为常见地发生于进入室内、高架桥下、地下隧道等，可以设定规则补充 GPS 信号缺失条件下的数据：①计算信号缺失前后时间轨迹点的距离，若距离大于设定值，可视为信号缺失时存在较长一段位移，多为隧道、地铁、高架下等出行，这段数据较少存在出行端点（若存在出行端点，仅利用手机传感器数据难以识别），不考虑补点；②若距离小于设定值，信号缺失多为短时缺失或者进入室内，可根据信号缺失前后点的位置按照数据时长均匀补点。

2）出行端点识别

运用基于密度的空间聚类算法来识别出行端点，首先需要进行相应参数 Eps，ΔT，$MinPts$ 标定。首先，对各种出行目的类型的采样出行链数据的出行端点停留时长做累计概率分布分析，以累计概率值达到特定百分比的出行端点停留时长为 $MinPts$。其次，统计每个轨迹点第该 $MinPts$ 值的临近距离，并绘制成折线图，找出折线图中存在的拐点（拐点前后的曲线曲率差异较大），以此拐点的距离作为 Eps 的参数标定值。考虑到定义核心点时的时间序列，即核心点拓展的条件是满足空间距离的同时也满足时间距离，因此，取值 $\Delta T = MinPts$。

完成聚类算法的参数标定后，运用该算法来对其他的出行链数据进行聚类分析，识别的点簇即作为出行端点，点簇中包含的点即为出行端点停留点，起止跨越时长即为出行端点停留时长。

3）出行轨迹切割

若两个出行端点的间隔时长小于特定值，说明个体并未进行一次出行，需进行出行端点的合并。在整理好出行端点信息的基础上，以“每个出行端点的结束时刻是上一次出行的终止时刻，即下一次出行的开始时刻”为原则，将完整的手机 GPS 出行链轨迹进行切割，形成多条单次出行的轨迹。

3.3 基于小波变换模极大值算法的交通方式换乘点识别

小波分析模极大值算法常用于非线性结构数据的特征识别，同时也较适用于检测信号奇异点，是一种功能强大的信号数据处理算法[8]，它可以通过展现信号的局部信息从而很好的描述信号的奇异性。

在我国城市，尤其是诸如北京、上海、成都等大型城市，由于城市面积较大，出行距离较远，单一交通出行方式覆盖范围有限，居民通常会采用多种交通方式组合出行，例如公交换乘地铁，自行车换乘公交车等，因此交通方式换乘点识别是居民出行数据采集的一个难点问题。手机 GPS 技术能够记录居民出行过程中连续变化的时空轨迹、速度等数据，其数据连续变化特征(如连续变化的速度数据)与信号波非常相似，而不同交通方式换乘点数据特征(如速度突变)则与信号奇异点特性非常相似，因此将小波变换模极大值算法应用于交通方式换乘点识别具备很好的适用性。

1. 小波变换模极大值算法原理

数学领域对信号数据的奇异性已有了较详细定义[9]。若信号在一处有奇异性，通常表现为该处的信号 $f(x)$ 有突变或者某阶导数不连续。Lipschitz 指数(简称 Lip 指数)使用来描述信号奇异性的常见指标，设有非负整数 n，$n \leqslant a \leqslant n+1$，如果存在常数 $A > 0$ 以及 n 次多项式 $P_n(t)$，对于 $t \in (t_0 - \delta, t_0 + \delta)$ 使得

$$|f(t) - p_n(t - t_0)| \leqslant A \mid t - t_0 \mid^{\alpha} \tag{3-1}$$

则称 $f(t)$ 在t_0 是 Lipα 的。如果 $f(t)$ 在t_0 的 Lip 指数 $\alpha < 1$，则t_0 为 $f(t)$ 的奇异点，此时，在该点的小波变换系数可以取得模极大值。因此，小波变换系数模极大值点也能够反映出检测信号的奇异性，尤其适合处理非平稳信号，模极大值点同信号奇异点之间的关系如下：

在某一尺度 a_0 下，如果存在一点(a_0, b_0)使得

$$\frac{\partial W_{\mathrm{f}}(a_0, b_0)}{\partial b} = 0 \tag{3-2}$$

则称(a_0, b_0)是局部极值点。如果对 b_0 的某一领域内的任意点 b，有

$$|W_{\mathrm{f}}(a_0, b)| \leqslant |W_{\mathrm{f}}(a_0, b_0)| \tag{3-3}$$

则称(a_0, b_0)为小波变换的模极大值点。尺度空间(a, b)中所有的模极大值点的连线称为模极大值线。理论上讲，利用正负模极大值线在低尺度上的交点来确定奇异点的相对位置。

2. 交通方式换乘点识别方法与流程

运用小波变换模极大值算法进行不同交通方式换乘点识别时需进行两大步骤：第一，奇异点识别；第二，识别结果除噪。首先，由于不同交通方式之间具有较为明显的数据特征，因此，两种不同交通方式发生换乘时便产生了奇异点；其次，对于部分含有噪声的数据信号，根据模极大值算法的识别结果中可能含有大量的非换乘奇异点，因此，需通过除噪步骤减少换乘点的识别误差。

1) 奇异点识别

对于交通方式换乘点的识别，当居民出行交通方式发生变化时，GPS 仪器记录的速度等信号将大幅波动而产生奇异点，该时刻对应的小波变换系数具有模极大值，当小波变换尺度连续变化时，交通方式突变点在时间尺度平面上会产生至少一条垂直于时间轴的模极大值线。

由小波变换原理可知，当分析尺度较小时，母小波高速振荡并快速衰减，时间定位

能力最强，而随着分析尺度增加，小波将发生自身膨胀，母小波振荡频率减慢，时间定位能力变差[10]。因此，小尺度上小波变换模极大值点对居民交通方式换乘时间定位是最准确的，本研究的交通方式换乘点识别即可通过最小尺度上小波变换模极大值对应的时间点来精确提取，即模极大值线与时间轴的交点为交通方式换乘时间点。

合适的小波函数选择将对奇异点的识别效果产生重要影响。对小波函数 $\psi(t)$，若对于所有的 $k < n$，有

$$\int_{-\infty}^{+\infty} t^k \psi(t)\mathrm{d}t = 0 \tag{3-4}$$

则称小波函数 $\psi(t)$ 具有 n 阶消失矩。模极大值线的条数随着消失矩阶数的增加呈线性增加。因此，选择小波函数的原则应是在满足能够检测到最大 Lip 指数值的前提下，选择具有最少消失矩的小波函数。

对于居民多种交通方式组合出行，交通方式换乘通常可以认为在某地点瞬时完成的，因此选择小波函数时，函数消失矩应尽量小一些，最好为一阶消失矩函数，同时小波函数的选择应当兼顾奇异点时间识别的准确性。

2）识别结果除噪

小尺度上，经小波模极大值算法识别的交通方式换乘点是最准确的，但当背景噪声较强时，如车辆在交叉口停车或拥堵等，该算法容易错误地将这些现象判别为小汽车方式向步行方式转变，这类 GPS 轨迹点与信号波中次要特征信号或噪声信号非常相似，因此，有必要应用小波多尺度变换下模极大值变化性质来进行降噪。

刻画信号奇异性的 Lip 指数 α 与小波模极大值 $|W_a f(x)|$ 间存在如下关系：假设 $\alpha \leqslant 1$，函数 $f(x)$ 在 $[a, b]$ 上有一致 Lip 指数，则存在一常数 $k > 0$，使 $x \in [a, b]$，小波变换满足

$$|W_a f(x)| \leqslant k a^{\alpha} \tag{3-5}$$

对式(3-5)两边取对数，得

$$\lg|W_a f(x)| \leqslant \lg k + \alpha \lg a \tag{3-6}$$

式中，α 为小波变换尺度。

由式(3-6)可知，若 Lip 指数 $\alpha > 0$，则该函数的小波变换模极大值将随着尺度的增大而增大；若 $\alpha < 0$，则函数的小波变换模极大值将随着尺度的增大而减小。

因此，将小波变换模极大值算法用于交通方式换乘点识别时，应首先将小波变换尺度设置为某一较大值，以便准确获得交通方式变化点奇异性及模极大值线，同时消除交叉口停车及速度波动等次要特征或噪声造成的干扰；在此基础上，应进一步将小波变换尺度选为某一较小值，由于小尺度下模极大值对奇异点时间定位最准确，因此，此时原模极大值线对应的时间点（或模极大值线与时间轴交点）即为居民出行交通方式换乘时

间点，从而实现数据降噪。

3.4 基于机器学习算法的个体出行方式识别

机器学习算法是一种模拟人类学习的算法，通过归纳、综合等方式不断改善内部结构和功能，从而获取新知识和技能。目前，机器学习算法已经得到了广泛的应用，尤其是在人工智能领域，同时，机器学习算法也作为一种强大的数据挖掘算法在交通领域得到相应的应用[11]。

机器学习算法是一种重要的模式识别方法，用它来识别交通方式一直是国内外学者所关注的热点[12]。居民日常出行方式主要包括步行、自行车、公交车、小汽车、地铁等，并且每种交通方式都有其相应的出行特征，比如：步行速度一般在 5～10 km/h，自行车则稳定在 10～20 km/h，小汽车和公交车的出行特征较为相似，但公交车出行途中停靠次数一般比小汽车多（公交车在公交站点、交叉口等处停车，而小汽车则主要在交叉口停车），地铁由于其在地下通道出行，卫星信号难以覆盖，因此不能采集到 GPS 信号，出行段中只有进站口和出站口两处的经纬度坐标，出行特征区别也非常明显。这样，不同的出行方式能够呈现出不同的特征，只要找到合理的机器学习算法的输入属性，就能够运用机器学习算法自动判读识别出不同的交通方式及组合信息。

3.4.1 基于神经网络算法的个体出行方式识别

BP 神经网络是一种常见的模式识别算法，它能够将一个有意义的手机 GPS 数据输入矢量与特定的交通方式输出联系起来，通过寻找不同交通方式出行数据与输出交通方式的关系，从而进行网络训练，训练好后可以用于模式的自动识别。BP 神经网络共包含三个部分：输入层、隐含层和输出层。它可以在输入和输出数据对中的隐藏层不断地学习训练二者间的潜在联系。在随后的反馈中，已训练好的网络就可以根据新输入的手机 GPS 测量值来预测出输出值（交通方式）[13-14]。

1. 神经网络算法基本原理与结构

利用 BP 神经网络来处理手机传感器数据的基本原理是：输入手机传感器数据特征属性向量，通过中间的隐含层进行一定的非线性变换，输出对应的交通方式向量。其中，网络训练主要是通过一定的样本数据来进行操作，即输入 GPS 数据属性向量和期望输出交通方式值，网络输出交通方式值与期望输出值之间的偏差，结合输出偏差来进行各层之间、各节点之间连接强度的调整，反复训练直至满足最小误差要求。经过训练的 BP 神经网络即能处理 GPS 轨迹数据自动输出误差最小的交通方式值[14]。

BP 神经网络三层中每一层里面的神经元没有连接，每一层与相邻层的神经元相互连接，各层神经元之间无反馈连接，这样的层次结构可以较好地适用于手机传感器数据的交通方式识别。

2. 基于神经网络算法的交通方式识别方法

运用神经网络算法进行交通方式识别时需进行三个步骤：①模型建立；②训练层数设置；③交通方式识别。首先，对神经网络模型的输入层，隐含层，输出层分别进行设置，建立模型的联系关系；其次，依据训练识别精度和效率，设置神经网络层数和神经元个数；第三，运用训练好的神经网络输入手机 GPS 数据进行交通方式识别。

1）模型建立

（1）输入层

对于神经网络的属性设置来说，在不同交通出行方式条件下点速度是最基本的区分属性，并且每分钟的最大速度也是很重要的区分点，尤其在区分机动车与步行或自行车时非常明显。不仅如此，因为在交通拥堵条件下，机动车相比较其他出行方式来说更容易受影响，所以在交通拥堵的条件下不同出行方式的速度每分钟变化的幅度也显示出很大的差异性。最后，加上由 GPS 设备采集的单位位移数据，这四个属性用来作为神经网络的输入层属性。具体数学式描述如下：

$$\boldsymbol{X}_i=\begin{bmatrix}x_1(i)\\ \cdots\\ x_N(i)\end{bmatrix}=\begin{bmatrix}\boldsymbol{v}(i)\\ \boldsymbol{s}(i)\\ \boldsymbol{p}(i)\\ \boldsymbol{d}(i)\end{bmatrix} \tag{3-7}$$

式中，$\boldsymbol{v}(i)$ 代表出行 i 的平均速度矢量；$\boldsymbol{s}(i)$ 代表这次出行的最大分钟速度矢量；$\boldsymbol{p}(i)$ 代表这次出行的速度方差矢量；$\boldsymbol{d}(i)$ 代表由 GPS 设备采集到的合加速度方差矢量。

$$\boldsymbol{v}(i)=\begin{bmatrix}v_1(i)\\ \cdots\\ v_n(i)\end{bmatrix},\ \boldsymbol{s}(i)=\begin{bmatrix}s_1(i)\\ \cdots\\ s_n(i)\end{bmatrix},\ \boldsymbol{p}(i)=\begin{bmatrix}p_1(i)\\ \cdots\\ p_n(i)\end{bmatrix},\ \boldsymbol{d}(i)=\begin{bmatrix}d_1(i)\\ \cdots\\ d_n(i)\end{bmatrix} \tag{3-8}$$

神经网络模型里输入神经元的个数为

$$N=n\times m \tag{3-9}$$

式中，n 为样本出行次数；m 为输入属性个数（本模型取值为 4）。

（2）隐含层

$$\boldsymbol{H}(i)=\begin{bmatrix}h_1(i)\\ \cdots\\ h_m(i)\end{bmatrix}=\begin{bmatrix}\varphi\left[\sum_{j=i}^{N}\omega_{j,1}x_j(i)+b_1\right]\\ \cdots\\ \varphi\left[\sum_{j=i}^{N}\omega_{j,m}x_j(i)+b_m\right]\end{bmatrix} \tag{3-10}$$

这里 $h_m(j)$ 表示 m^{th} 隐含神经元的值；$\omega_{j,m}$ 表示从 j^{th} 输入神经元到 m^{th} 隐含神经元

的联系权重；h_m 表示 m^{th} 隐含神经元与精确值的误差；φ 具有换算功能。本研究中，使用了收敛速度较快的双曲正切功能，如下：

$$\varphi(y)=\frac{1-\exp(-2y)}{1-\exp(-2y)} \tag{3-11}$$

（3）输出层

$$Y(i)=TT(i)=\varphi\left(\sum_{k=1}^{m}\omega_k h_k(i)+b\right) \tag{3-12}$$

式中，$Y(i)$ 和 $TT(i)$ 表示出行 i 的预期交通方式；ω_k 表示k^{th} 隐含神经元与输出神经元的联系权重；b 代表输出误差；φ 有换算功能且输出单元常使用线性函数。

2）训练层数设置

建立 BP 神经网络模型，并将交通方式数据化转换后就可以开始运用神经网络模型进行交通方式识别。进行交通方式识别首先需要确定神经网络层数和神经元个数设置，根据神经网络训练原理，增加训练层数时，神经网络训练误差将会减小，模式自动寻找到的输入输出属性间的关系更加接近真实情况，因此，模式预测准确率也将大幅升高。但是当训练层数超过一定数值时，神经网络训练过程将变得十分复杂，训练时间不断增大，同时训练结果反而会出现过度拟合现象。

3）交通方式识别

运用训练好的神经网络模型，输入手机 GPS 数据的四个特征属性值，记录神经网络输出层的输出结果作为交通方式识别结果。

3.4.2 基于支持向量机算法的个体出行方式识别

支持向量机（Support Vector Machines, SVM）作为一种机器学习方法，是应用非常广泛，综合效果也十分理想的模式分类技术[15]。支持向量机在模式识别范畴具有较好的适用性，而基于手机定位数据的交通方式识别正属于该类情况。在高维空间里寻找一个超平面，该平面可以对两类样本进行分割，并高效准确地实现两类样本分类是支持向量机的基本思想。相比于其他分类算法，其独特的优势就是能够很好地区分线性不可分的数据集[16]。由于手机 GPS 定位数据（包含速度、加速度、速度方差、定位精度等）与交通方式并非线性对应关系，如相同类别的交通方式和相同的速度值并非一一对应，因而交通方式识别不能很好地使用 logistic 回归等常见的线性分类算法进行识别。支持向量机的方法则可较为有效的解决此类非线性分类问题[17-19]。

1. 支持向量机算法基本原理与结构

支持向量机的基本思想是在高维空间中构建一个超平面，以便在不同的类别间找出最大间隔，超平面根据输入数据线性或非线性来决定其自身是否线性[16]。由于个体出行各种交通方式在多个方面（速度、加速度、速度方差、定位精度等）存在差异，因此，主要使用非线性支持向量机来识别交通方式。支持向量机的基本原理是通过对输入向量特征维度上的转变，使得在低纬度上不容易区分的特征变成高维度上容易区分的特征，从而实现有效的分类。常运用于将非线性可分问题映射到高维空间，使之成为线性可分问题，如图 3-4 所示。支持向量机算法实现的关键在于如何将输入向量的纬度进行提升，当今国内外相关学者主要通过引入核函数来实现这一转变[20]。

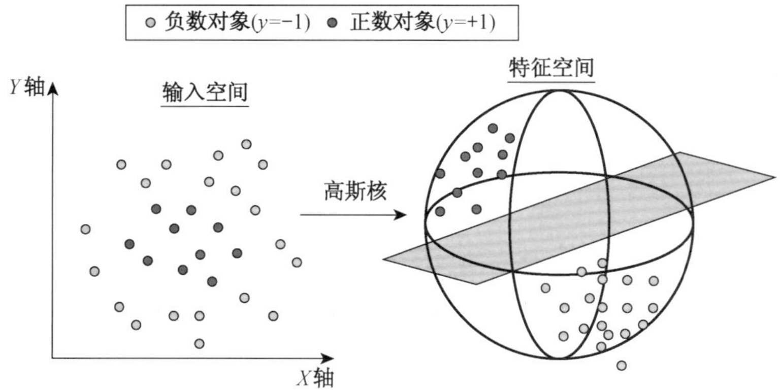

图 3-4　支持向量机高维特征空间线性可分示例图

将非线性分类问题转化为高维特征空间下的线性可分问题，从而求得最优分类面的映射，其关系可以描述为

$$x \rightarrow \Phi(x) = (a_1\Phi_1(x),\ a_2\Phi_2(x),\ \cdots,\ a_n\Phi_n(x)),\ a_n \in R,\ \Phi_n \in R \quad (3\text{-}13)$$

通过核函数 $K(x_i,\ x_j) = \Phi(x_i) \cdot \Phi(x_j)$ 可以实现该映射过程。

2. 基于支持向量机算法的交通方式识别方法

运用支持向量机进行交通方式识别需完成三步：①特征向量，核函数选取；②惩罚系数 c 与核参数 γ 参数标定；③交通方式识别。首先，由于不同交通方式之间具有较为明显的数据特征差异，可以此数据特征作为特征向量，同时，核函数是将特征向量映射到高维特征向量空间的必备工具需进行选择；其次，标定惩罚系数 c 与核参数 γ 参数，使之获得全局最优的支持向量机；最后，将手机 GPS 定位数据输入在训练好的支持向量机中，从而识别交通方式。

1）特征向量，核函数选取

根据不同交通方式的 GPS 数据的特征差异，选取平均速度矢量，最大分钟速度矢量，速度方差矢量，合加速度方差矢量这四个属性值作为输入特征向量；高斯核函数，由于其灵活性高，常用于将输入参数映射到高维或无限维平面中。高斯核函数的数学表达式如下：

$$K(x_i,\ x_j) = \exp(-\parallel x_i - x_j \parallel^2 / 2\sigma^2) \quad (3\text{-}14)$$

2）惩罚系数 c 与核参数 γ 参数标定

惩罚系数 c 的作用为通过调节支持向量机学习机器置信范围和经验风险之间的比例关系，从而可以使得算法的拓展能力达到最佳；高斯核参数 γ 的作用为通过改变映射函数，从而使得支持向量机的性能满足要求。对于交通方式识别问题，如果核参数 γ 取值不合适，支持向量机就无法达到预期的学习效果。

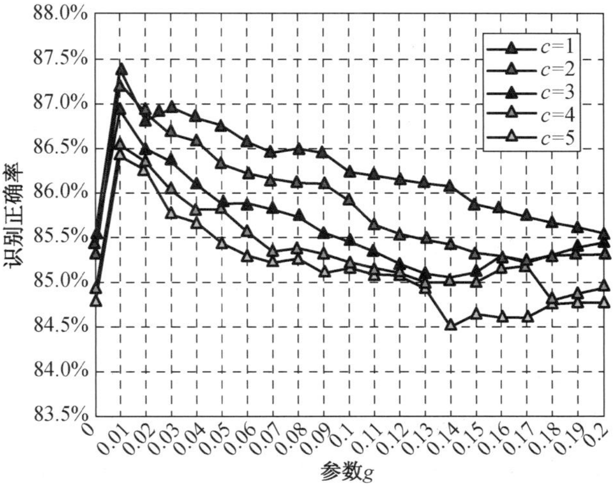

图 3-5 网格选优法参数标定

惩罚系数 c 与核参数 γ 参数的标定原则为结构风险最小化原则，进行同时优化，达到全局最优。风险上界的估计方法为：选取一定比例的样本 GPS 数据（如 1/10）运用网格训优法（图 3-5）在每一种参数 c 和 γ 的组合上均能求得交通方式识别正确率的估计，通过比较不同参数组合时的交通方式识别正确率，就可以找到适合手机 GPS 数据最好的支持向量机。该参数标定方法效果较好，具有很好的适用性。

3）交通方式识别

在上一步训练好的支持向量机的基础之上，以手机 GPS 数据四个特征向量作为输入数据，进行分类，以数字 1，2，3，4 分别表示步行、自行车、公交车、小汽车四种交通方式，将分类识别结果汇总统计。

3.4.3 基于贝叶斯网络算法的个体出行方式识别

贝叶斯网络，是一种概率图模型，又称信念网络、有向无环图模型[21]。通过模拟人类推理过程中因果关系，解决不确定性问题，其网络拓扑结构是一个有向无环图[22]。基于手机 GPS 数据的交通方式识别可以演化为这样一个从 GPS 数据特征推理出最大概率发生交通方式的过程，由于数据特征与交通方式的关系的不确定性以及概率性，运用贝叶斯网络来分析手机 GPS 数据进行交通方式的概率推理是合理的，且具有一定的推广性。

1. 贝叶斯网络算法基本原理与结构

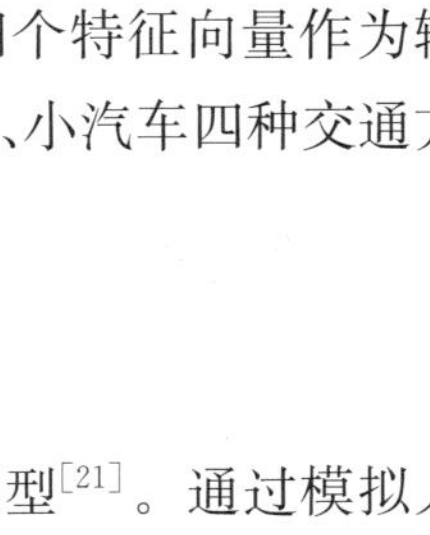

图 3-6 贝叶斯网络有向无环图

贝叶斯网络是由变量节点与连接的有向边所组成的有向无环图，如图 3-6 所示。变量节点意味着随机变量，节点间的有向边则意味着变量节点之间的联系关系（由父节点指向其子节点），由相应的条件概率值来衡量，若无父节点，可使用一个先验概率来表达信息。

若假设 $G=(I,E)$ 为有向无环图，E 代表该图中的有向连接线段，I 代表该图中的节点。同时令某一节点 i，$X=(X_i)(i\in I)$ 代表随机变量，则贝叶斯网络的联合概率分配公式如下：

$$
\begin{aligned}
&P(X_1=x_1,\ \cdots,\ X_n=x_n)\\
&=\prod_{i=1}^{n}(X_i=x_i \mid X_j=x_j\ \text{对每个相对于}X_i\text{的“因变量”}X_j\ \text{而言})
\end{aligned}
\tag{3-15}
$$

贝叶斯网络方法具有优势如下：节省存储空间，较为容易获取各变量之间的相依性或者条件独立性[23]。

2. 基于贝叶斯网络算法的交通方式识别方法

基于贝叶斯网络算法的交通方式识别过程主要包含两个步骤：①贝叶斯网络构建；②交通方式识别。首先，依据手机 GPS 数据与相对应的交通方式来构建贝叶斯网络，关键点是网络拓扑结构的构建以及条件概率表的形成；然后，在第一步所构建的贝叶斯网络基础上，输入手机 GPS 数据，推理各种交通方式的发生概率，以概率最大者为识别结果。

1）贝叶斯网络构建

构建贝叶斯网络，主要包括两大步骤：确定随机变量间的拓扑关系，形成有向无环图 DAG；训练贝叶斯网络，即完成条件概率表的构造。

（1）确定拓扑关系，形成有向无环图。需通过迭代和改进来构建相对最优的拓扑网络。

（2）训练贝叶斯网络。即构造条件概率表，由于平均速度，最大分钟速度，速度方差，合加速度方差可直接观察，那么这一步的训练是直观的，方法类似于朴素贝叶斯分类[24]。

由于所采集到的手机 GPS 数据是完整的，但网络的结构未知（无领域专家完成），则需要搜索整个模型空间，同时由于 GPS 数据种类较为单一，找出满足参数收敛的一般网络结构即可。在此网络结构的基础上，利用所观测到的手机 GPS 样本数据来进行各个节点的条件概率的评估。一般采用随机推理（蒙特卡洛方法）来求解条件概率：首先固定已给定数值的变量，将未给定数值的其他变量附初值，进入迭代，当迭代退出后，删除前面若干尚未稳定的数值，求出近似条件概率分配。

2）交通方式识别

在运用手机 GPS 样本数据训练好的贝叶斯网络的基础之上，输入其余手机 GPS 数据，计算各种交通方式的发生概率，以发生概率最大的交通方式作为识别结果进行记录统计。

3.4.4 基于随机森林算法的个体出行方式识别

随机森林是一种机器学习算法，常用于模式识别。其内部包含的决策树是实现分类的关键，其算法构造结构使得其相比较于决策树分类效果更好[25-26]。基于手机 GPS 数据的交通方式识别是典型的分类过程，因此，运用随机森林算法来处理 GPS 数据对各种交通方式进行分类是合理的。

1. 随机森林算法基本原理与结构

随机森林是由很多的决策树所组成，这些决策树的生成方式相对随机化，通常是通过随机使用变量(列)和数据(行)，从而生成很多的决策树，依据一定的方式汇总输出决策树的结果。因此，随机森林算法的模式识别效果好于决策树算法。随机森林算法结构和决策过程如图 3-7 所示。同时，正是由于随机森林在变量和数据的使用上进行随机化，从而并不容易陷入过度拟合问题，因此具有较好的抗噪声能力。同时，它能够处理很高维度(特征很多)的数据，不用做特征选择，对数据集的适应能力强，这些优点可以保证随机森林在处理手机 GPS 数据识别交通方式时具有良好的适用性。

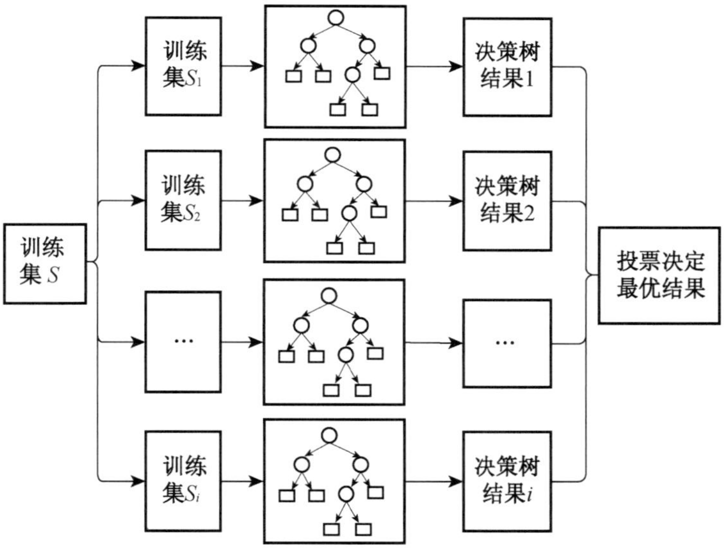

图 3-7 随机森林结构

2. 基于随机森林算法的交通方式识别方法

运用随机森林算法进行交通方式识别时需进行四个步骤：①GPS 定位数据的随机选取；②特征向量的随机选取；③构建决策树；④随机森林投票分类。首先，对所用的 GPS 数据集进行随机选取，并作为生成决策树的训练集；其次，随机选择一定量的特征向量(速度，加速度等)用于确定最佳的分裂点；之后，按照决策树的一般构造方法来构造多个决策树；最后，将生成的多棵决策树组成随机森林，进行交通方式的分类识别。

1）GPS定位数据的随机选取

假设用于训练的GPS数据集合中的轨迹点个数为N，随之有重置的重复多次抽样来收集这N个样本，将采集样本将作为生成决策树的训练集。

2）特征向量的随机选取

如果有M个输入变量（本章节一般选取4个输入变量：平均速度，最大分钟速度，速度方差，合加速度方差），每个节点都将随机选择$m(m<M)$个特定的变量，然后运用这m个变量来确定最佳的分裂点。在生成决策树时，m的值是保持不变的。

3）构建决策树

通过前面的步骤获取样本集，构建决策树。值得考虑的是，在分析节点最优分类特征时，需结合随机选择特征方法。本模型中采用基尼指数确定每个节点的最佳属性判定，分裂属性选择规则：选择具有最小基尼指数的属性为分裂属性[27]。

$$gini(T)=1-\sum_{j=1}^{N}P_j^2 \tag{3-16}$$

式中，P_j是指交通方式j在结点T的分类比例。

4）随机森林投票分类

经过以上步骤获得一棵决策树。可以重复这样的过程多次（重复次数即为决策树个数），将生成的多棵决策树组成随机森林，用随机森林分类器对新的数据进行判别与分类，按决策树的投票多少来确定分类结果。即选取投票最多的交通方式（步行、自行车、公交车、小汽车）为随机森林识别结果。

3.5 基于GIS地图匹配的个体出行链信息提取结果优化

GIS地理信息系统，它是一种特定的十分重要的空间信息系统。它是在计算机硬、软件系统支持下，对整个或部分地球表层（包括大气层）空间中的有关地理分布数据进行采集、储存、管理、运算、分析、显示和描述的技术系统[28-29]。GIS可以让居民出行路径与交通道路网络相匹配，可以更加直观地分析出居民交通行为模式，同时对于校核GPS数据的有效性也是不可或缺的。

基于手机GPS定位数据的交通方式识别方法中，机器学习算法能够较好地识别步行、自行车和出行车出行方式，但难以精确地区分公交车和小汽车。这是由于公交车和小汽车的出行特征非常相近，例如二者的出行平均速度、最大速度和单位时间位移等都很接近，而且公交车和小汽车在出行时常常出现跟驰排队等现象，这也进一步增加了两种交通方式的区分难度。考虑到公交车和小汽车之间存在着一个较为明显的不同点：公交车在公交站点和信号交叉口停靠，而小汽车一般只在信号交叉口停靠。因此，本书通过结合GIS地图匹配来识别两种交通方式，提出了基于匹配轨迹关键点和公交车站台的站点匹配算法。

以下主要介绍机动车（公交车、小汽车）出行方式识别结果优化。

城市居民采用机动车（公交车、小汽车）交通方式出行时，会在道路网中进行停留，如小汽车会在信号交叉口等待红灯停留，会较少在公交站点停留；而公交车不仅会在信号交叉口等待红灯停留，同时也在相应的公交线路上公交站点进行停留。运用 GIS 匹配技术（站点匹配算法）将出行停靠点与公交站点和交叉口进行匹配，根据历史经验与实验效果设定站点范围阈值与停靠百分比阈值，当停靠点离公交站点距离在范围阈值内，可认为车辆在公交站点停靠；统计车辆在各公交站点停车的比例，达到设定的停靠百分比阈值后，可认为车辆为公交车，反之则认为是小汽车。据此可以通过 GIS 地理匹配技术将两种交通出行方式进行准确划分[30]。

1. 站点匹配算法基本原理

站点匹配算法的核心思想是把机动车出行轨迹的关键点位置数据与相同轨迹中公交站点位置数据进行匹配，以匹配的程度高低来区分公交车和小汽车。因此，机动车出行轨迹中关键点的定义，关键点与站点匹配是本算法的关键问题[4]。

对机动车出行轨迹中的关键点进行定义：关键点，也就是不同交通方式发生转换的时间点，多种交通方式组合出行过程中当一种交通方式的结束与另一种交通方式开始的时刻称之为关键点。同时，由于公交车和小汽车的出行过程中会在公交站点以及交叉口发生停车现象，这些时刻的出行速度基本为零，而机器学习算法由于暂时还无法达到高效人工智能识别效果，公交车和小汽车在这些停车时刻很容易会被错误地识别成自行车或者步行方式，这些停车时刻的位置也被称为关键点。因此，经过机器学习算法识别交通方式过程中的关键点中包含了两大类关键点：其中一类为真实出行方式发生转变的关键点；另一类是由于停车等原因被错误识别成的关键点。在后面的模式识别过程中，需要将两类关键点区分出来，从而得到真实关键点信息，为模式判别以及交通方式发生转变的时间点识别作保障。图 3-8 为关键点的示意图，图中交通方式由 1 步行方式转变成 3 公交方式，在这些十字点的交通方式发生了突变，称这些点为第一类关键点；在星形的点发生了停车等事件，称这些点为第二类关键点。

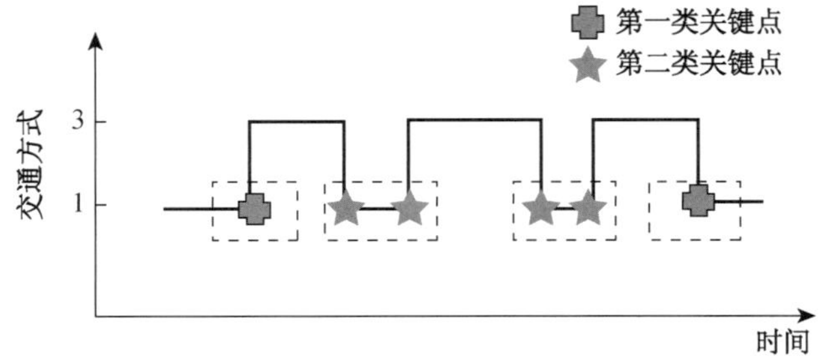

图 3-8　关键点分类图

关键点与公交站点匹配：计算关键点与各公交站点之间的距离 L_i，如图 3-9 所示。如果二者的距离小于一定的阈值 R，那么就认为车辆的停车现象是在公交站点进行的，同时当出行路径沿线的所有公交站点中发生停靠过的站点占出行路径沿线所有站点的

比例 W 超过了一定的比例 P，那么就认为该阶段的交通方式为公交车，否则为小汽车。区分公交车和小汽车的主要思想为：公交车辆会在出行路径沿线的所有公交站点逐个停靠，停靠的站点比例会大于某个百分比值，但是小汽车则不可能发生逐个停靠现象，依据公交车与小汽车这一不同出行特征，就能够准确地识别出公交车和小汽车两种方式。

$$L_i = \sqrt{(x_i - \hat{X}_k)^2 + (y_i - \hat{Y}_k)^2} \tag{3-17}$$

式中，$(x_i,\ y_i)$ 代表关键点 i 的坐标；$(X_k,\ Y_k)$ 代表实际公交车站 k 的坐标。

$$W = \frac{\sum_i n_i}{N} \tag{3-18}$$

式中，$n_i = \begin{cases} 0 & (r_i \geqslant R) \\ 1 & (r_i < R) \end{cases}$，$n_i = 1$ 代表该车辆在公交站 i 处停车；N 代表该次出行该车辆沿途经过的公交车站总数。

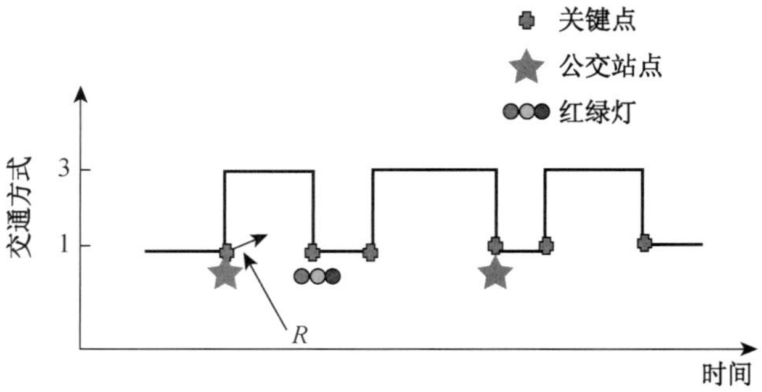

图 3-9　公交站点匹配原理图

2. 基于站点匹配算法的机动车出行方式识别结果优化方法

运用站点匹配算法来优化机动车出行方式识别结果主要有三个步骤：①机动车数据预处理；②站点匹配；③机动车识别结果优化。首先，在运用机器学习算法识别交通方式的基础上，将识别成机动车交通方式的 GPS 数据截取出来，为站点匹配提供数据基础；其次，结合出行轨迹中关键点与公交站点匹配算法，有效区分公交车和小汽车；最后，将优化结果分段进行模式结果输出。

1）机动车数据预处理

运用机器学习算法识别交通方式，将其识别结果进行保存。在此基础上，对初步识别结果进行模式数据化整、异常点修正、模式转变过渡段修正、不合理模式修正等数据处理过程。具体方法为：

（1）化整处理：由于经过机器学习算法识别交通方式得到的数据中包含小数数据，而定义的交通方式都是整数数据（如步行为 1，自行车为 2，公交车为 3，小汽车为 4），所以需要先将小数进行化整工作。这里方法是将 0.5～1.5 的数据转化为 1，将 1.5～2.5 转化为 2，将 2.5～3.5 转化为 3，将 3.5～4.5 转化为 4。

(2) 异常点修正：对于上一步处理的结果，大部分数据都能够转变到其真实的目标方式，但少数边缘数据比如 1.4，2.6 等，可能真实情况都是自行车，但可能将其错误地转化为步行和公交车，因此，这里需要对这类数据进行修改，具体方法为：根据出行时间先后，连续取 15 个模式识别结果点为一个处理单位，将 15 个点中出现次数最高的模式作为第一个点的交通方式，依次类推，处理得到全部出行时间的交通方式，存储处理结果。

(3) 模式过渡段修正：经过上述处理后，可以消除交通方式频繁突变的现象，各交通方式都会运行相对较长的一段时间后才发生变化。但是此时的数据仍然存在问题，在交通方式过渡段，如从步行到小汽车的转变，速度逐步增大，机器学习算法很容易将其中速度高于步行低于小汽车的时间段识别成自行车方式，需要将这类错误模式进行修正。根据实际交通方式过渡段的速度变化特征以及多组数据试验结果，将此类不合理的交通方式统一修正成速度较高一端的交通方式。

(4) 不合理模式修正：经过上面两步处理后能够得到一个波动次数有限的模式识别结果，但是这样的数据还是存在着一定的不真实数据，因此仍需要调整修改这类数据，总结各种交通方式的最短出行时间和距离，设定一定的阈值进行修改，将交通方式还原到真实情况。

2) 站点匹配

出行者在关键点发生了交通方式的变化，即车辆在关键点发生了停车的现象。根据前面得到的关键点信息从原始数据中导入关键点的经纬度坐标。同时导入出行路径沿线所有公交站点的最终坐标，并计算关键点与各公交站点之间的距离 L_i。如果二者的距离小于一定的阈值 R，那么就认为车辆的停车现象是在公交站点进行的，同时当出行路径沿线的所有公交站点中发生停靠过的站点占出行路径沿线所有站点的比例 W 超过了一定的比例 P，那么就认为该阶段的交通方式为公交车，否则为小汽车。

3) 识别结果整理输出

根据上述步骤，能够准确地判断出了公交车和小汽车两种方式，接下来需要分段进行模式结果输出，具体方法是：重新识别关键点信息，记录并保存关键点信息，根据关键点的信息将出行过程分成不同交通方式出行的出行时间段，再将模式识别结果是 3 或者 4 的方式分段输出为公交车和小汽车结果，同时根据关键点的信息输出交通方式变化的时间点、地理位置等信息。

步行换乘公交的真实关键点应该在公交站台处，但由于 GPS 定位误差以及神经网络识别误差，关键点将偏离公交站点。因此，匹配距离 R 以及阈值百分比 P 的大小设置将会影响到最后的公交车模式识别结果，为尽量提高模式识别正确率，同时减小交通方式转变时间点的误差，需要进行不同的阈值设定下的模式识别试验，以确定合适的匹配

距离 R 以及阈值百分比 P。

3.6 本章小结

本章通过分析手机传感器数据的数据特征、与个体出行链信息之间的对应关系，总结出一套完整的基于手机传感器数据的个体出行链信息提取方法：即针对个体完整的出行链手机定位轨迹数据，运用基于密度的空间聚类算法来识别出行端点信息，依据出行端点将个体出行链切割成多条单次出行；在此基础上，运用小波分析模极大值算法识别出每次出行中不同的交通方式，综合运用机器学习算法（神经网络、支持向量机、贝叶斯网络、随机森林）结合 GIS 地理信息数据（站点匹配算法）精确的识别步行、自行车、小汽车和公交车等交通方式。结果表明本章提出的出行链信息提取方法流程具有良好的可操作性和较高的识别精度，为后续的实证分析提供了正确的理论基础。

参考文献

[1] YAN Z, PARENT C, SPACCAPIETRA S, et al. A hybrid model and computing platform for spatio-semantic trajectories[C]//Proceedings of the International Conference on the Semantic Web: Research and Applications, F, 2010.

[2] 张治华. 基于 GPS 轨迹的出行信息提取研究[D]. 上海：华东师范大学，2010.

[3] 王潇. 基于 GPS 数据的出行——活动识别方法研究[D]. 长春：吉林大学，2015.

[4] YANG F, YAO Z, CHENG Y, et al. Multimode trip information detection using personal trajectory data [J]. Journal of Intelligent Transportation Systems, 2016: 1-12.

[5] 魏丽华. 青岛市城市交通现状分析及交通对策研究[D]. 青岛：青岛理工大学，2006.

[6] 杨建红. 基于密度的聚类算法研究[D]. 长春：长春工业大学，2010.

[7] ESTER M, KRIEGEL H P, SANDER J, et al. A density-based algorithm for discovering clusters in large spatial databases with noise [C]// Proceedings of the 2nd International Conference on Knowledge Discovery and Data Mining, 1996:226-231.

[8] YANG F, YAO Z, JIN P J. GPS and Acceleration Data in Multimode Trip Data Recognition Based on Wavelet Transform Modulus Maximum Algorithm [J]. Transportation Research Record Journal of the Transportation Research Board, 2015, 2526(2526): 90-8.

[9] 徐丙莲，羿旭明. 基于小波变换的信号奇异性分析[J]. 数学杂志，2004，24(6)：661-664.

[10] HEYDT G T, GALLI A W. Transient power quality problems analyzed using wavelets [J]. IEEE Transactions on Power Delivery, 1997, 12(2): 908-915.

[11] MITCHELL. Machine Learning [M]. McGraw-Hill, 2003.

[12] DENG Z, JI M. Deriving Rules for Trip Purpose Identification from GPS Travel Survey Data and Land Use Data: A Machine Learning Approach[C]//Proceedings of the International Conference on Traffic and Transportation Studies, F, 2010.

[13] GERBER P. Prediction of individual travel mode with evidential neural network model [J].

Transportation Research Record Journal of the Transportation Research Board, 2013, 2399 (-1): 1-8.

[14] XIAO G, JUAN Z, GAO J. Travel Mode Detection Based on Neural Networks and Particle Swarm Optimization [J]. Information, 2015, 6(3): 522-535.

[15] 张浩然,韩正之,李昌刚. 支持向量机[J]. 计算机科学,2002,29(12):135-137.

[16] 丁世飞,齐丙娟,谭红艳. 支持向量机理论与算法研究综述[J]. 电子科技大学学报,2011,40(1): 2-10.

[17] LIANG Y, REYES M L, LEE J D. Real-Time Detection of Driver Cognitive Distraction Using Support Vector Machines [J]. Intelligent Transportation Systems IEEE Transactions on, 2007, 8 (2): 340-350.

[18] BOLBOL A, CHENG T, TSAPAKIS I, et al. Inferring hybrid transportation modes from sparse GPS data using a moving window SVM classification [J]. Computers Environment & Urban Systems, 2012, 36(6): 526-37.

[19] GUO L, GE P S, ZHANG M H, et al. Pedestrian detection for intelligent transportation systems combining AdaBoost algorithm and support vector machine [J]. Expert Systems with Applications, 2012, 39(4): 4274-86.

[20] FENG T, TIMMERMANS H J P. Transportation mode recognition using GPS and accelerometer data [J]. Transportation Research Part C Emerging Technologies, 2013, 37(3): 118-30.

[21] 林士敏,田凤占,陆玉昌. 贝叶斯学习、贝叶斯网络与数据采掘[J]. 计算机科学,2000,27(10): 69-72.

[22] CHENG J, GREINER R. Learning Bayesian Belief Network Classifiers: Algorithms and System [M]. Springer Berlin Heidelberg, 2001.

[23] 韩磊,吴树芳,王子贤. 贝叶斯网络[J]. 电脑知识与技术:学术交流,2009,5(21):5867.

[24] 刘颖超,张纪元. 梯度下降法[J]. 南京理工大学学报自然科学版,1993,(2):12-16.

[25] 李欣海. 随机森林模型在分类与回归分析中的应用[J]. 应用昆虫学报,2013,50(4):1190-1197.

[26] SURHONE L M, TENNOE M T, HENSSONOW S F, et al. Random Forest [J]. 2010, 45(1): 5-32.

[27] 胡祖光. 基尼系数理论最佳值及其简易计算公式研究[J]. 经济研究,2004,(9):60-69.

[28] 李英姿,张飞舟. 智能交通系统中地理信息系统的研究[J]. 中国公路学报,2000,13(3): 97-100.

[29] 徐鹏刘. 交通地理信息系统[M]. 北京:人民交通出版社,2007.

[30] CHENG Y, QIN X, JIN J, et al. An Exploratory Shockwave Approach to Estimating Queue Length Using Probe Trajectories [J]. Journal of Intelligent Transportation Systems, 2011, 16 (1): 12-23.

4 手机传感器数据采集 APP 开发与数据解析

已往应用手机数据进行交通出行特征分析的研究较多集中于应用手机信令数据进行宏观出行特征提取，即通过移动运营商记录的手机用户发生信令事件（位置更新、通话与收发短信等）时的所在的基站小区（cell）位置信息，来分析交通出行者的宏观出行特征。而手机传感器数据在个体出行链微观出行特征提取方面具有优势。基于手机传感器数据的交通信息采集方法是交通出行者通过手机传感器数据采集 APP 实现出行全过程中的传感器数据采集。通过将采集的传感器数据上传至云端数据库，由交通数据分析师进行个体交通出行信息与规律的提取。当前手机传感器数据已全面包括了手机 GPS 数据（出行时间、用户位置与出行速度等）、加速度计数据（三轴加速度数据）、手机服务基站、Wi-Fi 等传感器数据。

由于在不同交通方式、不同采集频率、不同交通状态等出行条件下，个体出行传感器数据特征规律存在明显的差异，对出行链信息的识别与参数提取起到关键影响。因此，有必要对不同条件下的数据特征进行深入解析，探索出较为准确、高效的个体出行特征信息提取算法，能够为基于手机传感器数据的新一代交通出行调查技术应用铺垫坚实的基础。

本章将重点介绍多源手机传感器数据采集 APP 开发及基础数据特征解析。4.1 节介绍手机传感器数据采集 APP 开发方法与功能，该 APP 可以实现对 GPS 数据、加速度数据以及服务基站等传感器数据的采集；4.2 节介绍建立网络数据库管理系统，对被调查者上传的数据进行分类存储与高效管理；4.3 节介绍通过数据加密等保护手段，防止出行者的个人信息被泄露，保证数据安全；4.4 节从定位精度与质量、出行时空停留特征与 OD 特征、个体出行移动轨迹点密度特征、个体出行瞬时速度数据特征、加速度数据特征五个方面进行研究。研究根据现阶段我国居民多种交通方式组合出行的出行习惯，在不同交通方式组合、不同采样频率以及不同交通状态下进行了多情景组合出行实验。在此基础上，分析不同情景组合下，手机传感器数据特征的规律解析与差异性分析，从而实现准确提取居民完整出行链中出行 OD、交通方式、交通方式换乘时间与地点等关键出行信息，获得精细化的居民出行特征。

4.1 数据采集 APP 开发

随着智能手机技术的快速发展，目前智能手机已集成多种智能传感器，如 GPS 传感器、重力传感器、加速度传感器、磁场传感器、陀螺仪与 Wi-Fi 传感器等。研究者可以从部分传感器数据中提取有效信息，进行用户出行行为特征的研究与分析。本研究研发了一款多源手机传感器数据采集 APP 用于个体出行过程中的传感器数据采集，开发平台为 Android 手机系统平台，并开发了后台网络数据库管理系统，能够对用户上传的手机传感器数据进行分类存储与管理。

出行者在出行前需要打开 APP，APP 会自动记录时间、经纬度等各传感器数据。在出行结束后，出行者可使用蜂窝移动数据或者 Wi-Fi，将今天出行中采集的传感器数据上传到数据库管理系统中，完成一天的出行信息采集与上传过程。本 APP 的开发是后续数据分析与实践应用的基础。

4.1.1 APP 详细功能

本 APP 基于 Android 手机系统平台获取手机传感器数据，其详细功能包括以下几点。

1. 传感器数据采集功能

本 APP 基于手机内各传感器模块，能够实时采集包括手机 GPS 数据、运动加速度在内的一系列手机传感器数据。其中，手机传感器中的 GPS 模块能够连续采集日期、时间、经纬度、卫星数、水平定位精度(HDOP)；手机加速度计能够连续记录运动过程中手机三个平面方向的三轴加速度数据；当手机 GPS 卫星信号受屏蔽时(如高大建筑物遮挡或在室内、地下出行)，APP 能够及时补充手机用户当前服务基站小区编号、Wi-Fi 接入等可以反映个体出行位置信息的传感器数据。表 4-1 为多源手机传感器数据采集 APP 采集的数据内容。

表 4-1　多源手机传感器数据采集 APP 采集的数据内容

用户名	日期	时间	定位类型	经度/(°)	纬度/(°)	海拔/m	速度/($m \cdot s^{-1}$)	定位精度	卫星个数
13	2016/6/28	8:10:08	61	30.707 78	104.058 9	388.8	3.75	18	9
13	2016/6/28	8:10:09	61	30.708 12	104.058 6	413.8	0	16	9

X 轴加速度/($m \cdot s^{-2}$)	Y 轴加速度/($m \cdot s^{-2}$)	Z 轴加速度/($m \cdot s^{-2}$)	X 轴陀螺仪/(°)	Y 轴陀螺仪/(°)	Z 轴陀螺仪/(°)	行进方向/(°)	MNC	LAC	CID
1.72	5.09	8.27	−0.007 3	0.001 22	0.002 44	62.95	0	33 040	31 543
1.10	5.43	8.64	−0.008 5	0.001 56	0.002 59	65.48	0	33 040	31 543

2. 用户个人信息定制化采集功能

APP 还可以采集用户出行者的个人基本信息，包括姓名、昵称、性别、身份证号、生日、电话、学历、个人收入等信息。随着传感器数据采集技术的推广，个人基本信息可以相应增加更多个人属性与家庭属性，以接近居民出行调查问卷登记信息的完整程度。用户在注册采集信息用的账户时，只需要在信息采集界面填写一个基本的用户 ID 即可，这个 ID 可以是手机号，也可以是邮箱。其余的用户信息根据实际情况进行填写，采集信息的具体内容可以根据用户的实际出行情况和实验需求进行调整和修改，不会影响到注册账户的使用。APP 的各功能模块操作界面清晰直观，数据采集界面功能分区明显，较易辨别。

3. 扩展性功能

系统硬件和软件满足开放性标准的要求，满足今后系统硬件节点的增加、数据库容量的扩充、系统软件功能的增强等方面要求。当用户的需求发生变化时，可以对 APP 模块进行扩展，使其具有满足用户新需求的行为。目前已开发的扩展性功能有发布周围手机数据采集项目这一功能，可以根据手机用户所在的地理位置，发布其周边的数据采集项目名称、调查内容与酬劳等信息，使调查者更方便地参与到采集项目中来。

4.1.2 APP 操作界面

该 APP 是基于 Java 环境进行开发的。APP 为全中文环境，运行稳定可靠，操作方便，测试精度高，可以根据实际调查数据需要对 APP 设置进行更改，界面环境较为友好，充分考虑了用户的使用习惯。界面由以下五部分组成。

1. APP 启动界面

用户可以根据该界面刷新出行次数信息，能够按照实际调查需要和用户意愿，随时开始、暂停或终止程序，且刷新按钮能够排除系统故障，保证 APP 功能使用正常以及系统运行的可靠性。

2. 数据采集界面

设置了“开始”和“停止”按钮，主要控制数据采集的开始时间与停止时间，便于用户在指定的时间段进行出行数据采集，而且可视化的页面能够实时显示并记录传感器数据以推断被调查者的出行特征，包括经纬度、速度、加速度、定位精度等数据，被调查人员可以通过可视化页面数据核查程序运行情况。

3. 数据同步界面

设置了“开始上传”和“停止上传”按钮，能够将手机采集到的个人出行数据及时上传到网站数据库管理中心，实现调查数据的储存和备份，此外，该界面可以显示数据上传进度信息，便于用户了解数据上传是否正常。

4. 用户信息设置界面

设置了姓名、性别、年龄、采集间隔等信息设置栏，用户需要先完成个人信息设置后才能开始出行调查，以便用户开始正常采集数据以及管理者对数据库中的数据进行分类与筛选操作。

5. 扩展性功能界面

设置了用户地理位置周围的手机传感器数据采集项目信息栏，包括项目名称与酬劳等内容，用户可以选择其中的项目参加，数据采集完成后，项目发布者会给予用户一定的酬劳。图 4-1 为 APP 各个界面。

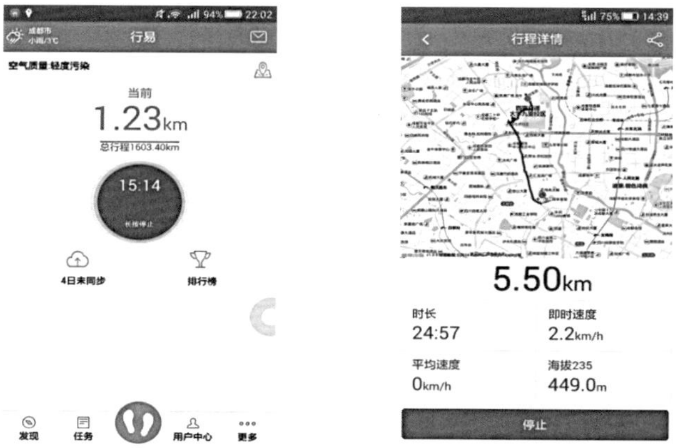

(a) APP 启动界面　　(b) 数据采集界面

(c) 数据同步界面　　(d) 用户信息设置界面　　(e) 扩展性功能界面

图 4-1　手机传感器数据采集 APP 界面

4.2　网络数据库管理系统构建

网络数据库是一种以后台(远程)数据库为基础,加上一定的前台(本地计算机)程序,通过浏览器完成数据存储、查询等操作的系统。基于上述的采集 APP 可以获取大量、实时、动态的手机传感器数据,对于这些数据进行存储、查询管理需要借助网络数据库这一强大的工具。通过建立网络数据管理系统来分类管理手机传感器数据是十分有效的方法。

系统建立后,调查者可以将采集的传感器数据上传到数据库系统。本次建立的 Oracle 数据库系统设计上采用 SaaS 构架规范设计,可以满足用户定制化数据采集需求(如时段、内容、频率定制)和多用户并行服务。用户数据以“项目名+个人编码”进行归类分区存储。不同项目采集的数据分区存储,同时根据用户个人信息(姓名、年龄、手机号与调查时间段等)建立广泛索引,并建立数据缓冲机制,保证数据高效存储与读取。

同时,数据库管理系统提供数据下载功能,政府和企业可以通过分类属性查询和导出数据,导出的数据自动生成 Excel 数据表。如图 4-2 所示,进入数据管理界面,可以通过选择用户个人信息索引对数据进行精确查询并下载,为之后基于手机传感器数据的交通行为分析以及出行链的获取等出行信息提取工作提供海量数据支撑。

图 4-2　网络数据库管理系统界面

4.3　数据安全措施

手机传感器数据的个人隐私可通过手机号码加密、处理器安置于移动机房等方式进行规避。独立个体信息只是海量信息中经过字符串唯一标识的采样点，经过处理获取有价值的交通数据。具体的安全措施分为以下 3 个层次的安全保证：

(1) 手机号码单向加密(如 C627802F5E26CEAC63A738C878F2BDA2)，唯一标识手机，规避个人隐私问题；加密算法可以采用 MD5，SHA，HMAC 等单向加密算法，从技术上保证用户信息的不外泄。

(2) 业务处理服务器放置于移动机房，以保证手机传感器数据安全及数据传输速度，从物理上保证用户信息不外泄。

(3) 处理结果为基于手机传感器移动轨迹的出行信息，为统计数据而非个体行为信息，从数据使用上保证用户信息不外泄。

4.4　手机传感器数据内容与基础特征分析

4.4.1　GPS 模块定位精度与质量

GPS 模块的定位误差来源包括 3 个方面：一是卫星测量误差，进一步可分为卫星时钟误差、星历误差、电离层的附加延时误差、对流层的附加延时误差、多路径效应误差、接收机本身的噪声；二是卫星的轨道位置误差造成的定位误差，对于普通 C/A 码导航型 GPS 接收机，其水平定位误差一般在 10 m 左右，精确的时候误差可达到 5 m 以内；三是由于选取 GPS 芯片差异而导致定位误差的不同，因为 GPS 定位的精确性还在一定程度上依赖于所选择的 GPS 芯片的精准性以及 GPS 天线的灵敏程度等。随着 GPS 定位技术的发展革新，目前研发出来的 GPS 芯片的定位精度和天线的灵敏度都得到很大提升，这使得尽管在大城市中高建筑密集的区域也可以获取较为精确的定位。

目前市场上 GPS 智能手机的价格各有不同，因此每种手机选用的 GPS 芯片质量也参差不齐，低质量的 GPS 芯片会影响采集数据的质量。此外，由于在进行实际 GPS 数据采集时，会因为高楼、下穿隧道、立交桥等环境影响，GPS 轨迹点出现数据缺失或数据漂移情况。

登录网络数据库管理系统导出出行者采集的传感器数据，将每个出行者采集的一次完整的移动轨迹匹配到谷歌地图上，观察匹配路线是否与实际出行路线相符，最终的匹配结果如图 4-3 与图 4-4 所示，不同颜色的区域区分可相应参见附图 A-2、附图 A-3。由图 4-3 可知，通过地图匹配的轨迹线路与实际调查线路基本吻合，因此该 APP 采集的实时定位轨迹点与真实的轨迹具有很高的匹配度，为后续识别交通方式换乘点、出行 OD 点信息等工作提供帮助。在采集的经纬度数据与谷歌地图中的经纬度信息相匹配的过程中，实际是将等时间间隔的轨迹点进行匹配。因此，轨迹点的密集程度也可以在一定程度上反映出行者的速度快慢信息。

图 4-3　出行轨迹 1 与地图匹配结果

同时，通过对多组出行数据进行对比分析，可以发现在城市内出行时，手机 GPS 信号会受到高大建筑、立交桥等遮挡，或地下出行信号屏蔽的影响，而出现 GPS 数据偏移或缺失，从而降低了 GPS 的定位精度。手机 GPS 模块获取定位数据的前提必须保证有至少 3 颗卫星提供信号，而在高架桥下面或者高大建筑附近，GPS 模块能够接收的卫星数会骤减，定位精度会降低，从而产生信号较差，数据缺失或者定位不准的情况。如图 4-4所示为高大建筑物影响下的出行轨迹数据，可以看出，定位数据与道路不再精确匹配，很难客观反映出行者的出行路径与速度特征。

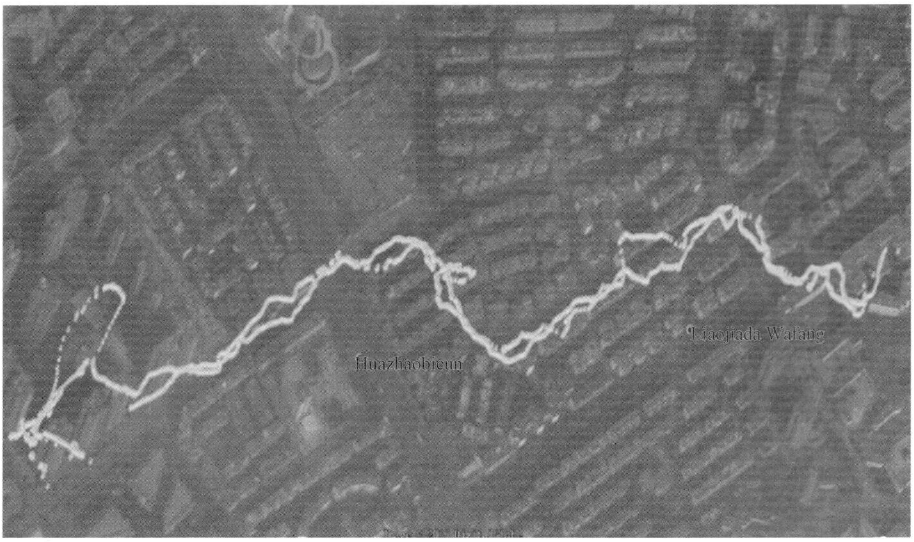

图 4-4　出行轨迹 2 与地图匹配结果

4.4.2　个体出行时空停留特征与 OD 特征分析

出行 OD(Origin-Destination)是交通系统规划、设计及运行管理的核心基础信息。在采集的移动轨迹中,可获知每个轨迹点的时间与空间信息。通过时空信息对出行者一天出行过程中采集的轨迹点进行聚类,来推断出行点的运动状态,以此对出行 OD 进行分析。其出行时空停留特征图与出行 OD 特征图如图 4-5 与图 4-6 所示。不同颜色的区分可相应参见附图 A-4、附图 A-5。

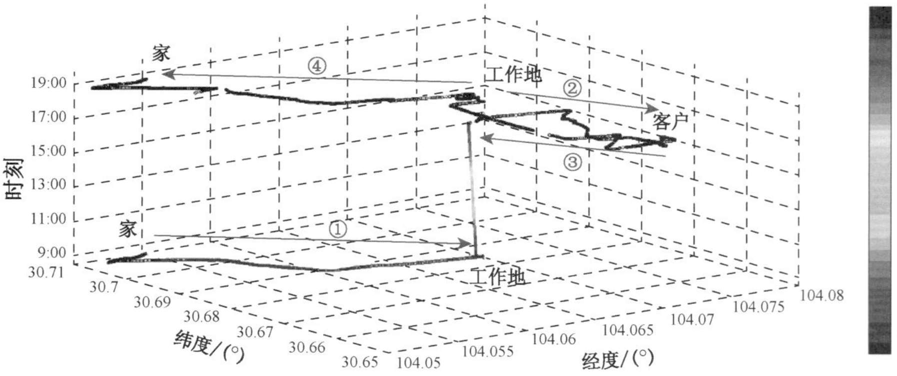

图 4-5　基于传感器数据的移动轨迹点时空停留特征

如图 4-5 所示,时空停留特征图的平面坐标为经纬度,Z 坐标表示了出行者的时间出行特征,出行线条不同的颜色代表移动轨迹点所处的不同时刻;平面 X, Y 坐标表示了出行者的空间出行特征,代表出行者所在的空间地理位置。由移动轨迹点在 Z 轴方向的长度可以明显看出,出行者在上午 9:00 左右到达工作地后滞留时间较长。由于 Z

轴单位为每刻度单元为 2 h,所以 15:30 左右从工作地出发会见客户的滞留时间以及回到工作地后,到下午下班之前的滞留时间均不能从图中明显看出。但是通过分析轨迹点的集聚特征与时空停留特征,仍可以判断出 3 个 OD 点,并将出行链分为 4 个出行段。

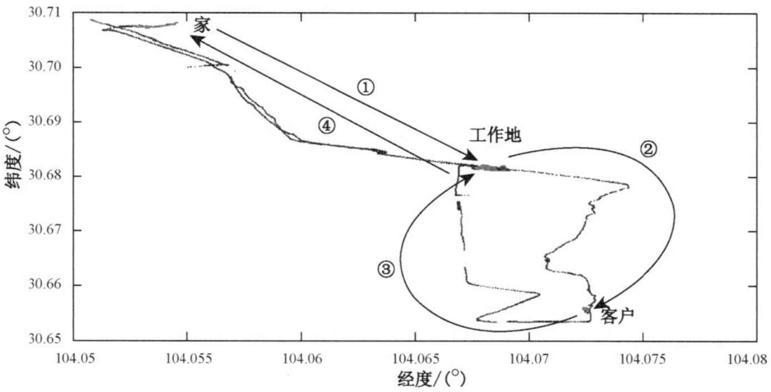

图 4-6 基于传感器数据的移动轨迹点的出行 OD 图

如图 4-6 所示,出行 OD 特征可以从时空二维图中较为明显地看出,根据移动轨迹点的集聚特征与时空停留特征,可以判断出 3 个 OD 点(图中红色集聚点为判断的 OD 点),将该段出行链切割为 4 个出行段(图中蓝色出行轨迹点)。

4.4.3 个体出行移动轨迹点密度特征分析

1. 不同交通方式下个体出行移动轨迹点密度特征

本节通过地图匹配,将采集到的"步行—公交车—步行"、"步行—小汽车—步行"、"步行—自行车—步行"三种典型的多交通方式组合下采集的出行传感器数据导入谷歌地图,得到 3 种交通方式组合的移动轨迹点的路径信息、方式换乘点信息与点密度信息等,如图 4-7—图 4-9 所示。

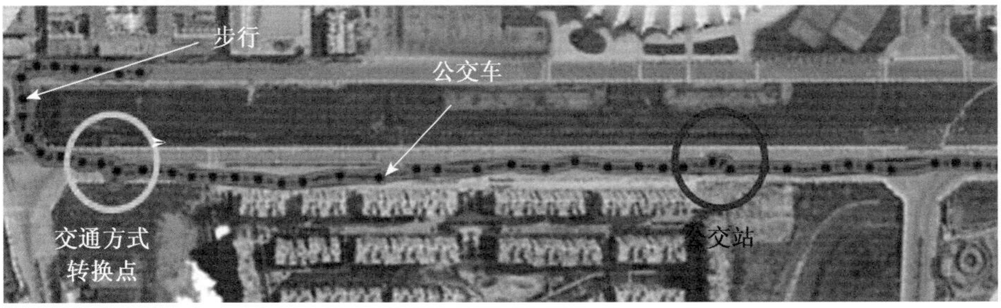

图 4-7 "步行—公交车—步行"组合出行轨迹点

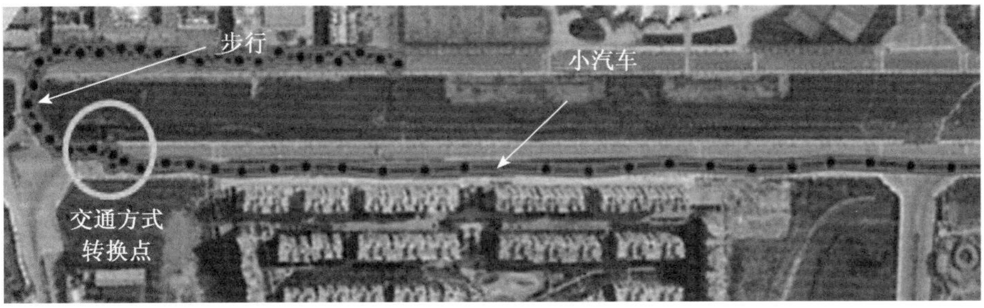

图 4-8 "步行—小汽车—步行"组合出行轨迹点

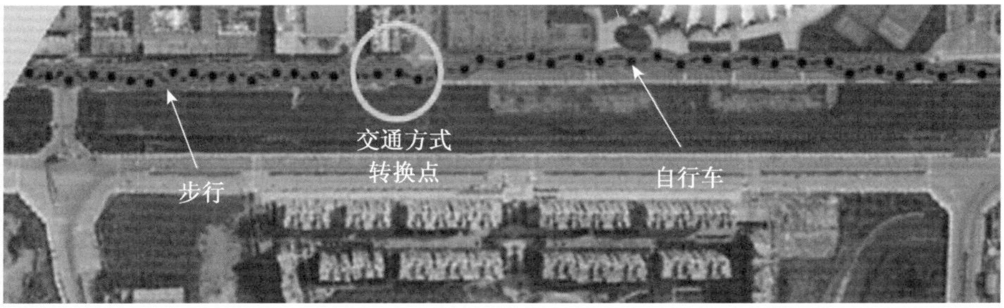

图 4-9 “步行—自行车—步行”组合出行轨迹点

由图 4-7—图 4-9 可以看出,公交车出行段轨迹点比步行出行段的轨迹点稀疏,且各段的轨迹点几乎按照等间距分布,公交站点和步行与公交车的换乘处轨迹点较为密集;小汽车出行段轨迹几乎为等间距分布,在实验路段没有停车,而步行换乘自行车时轨迹点突然变密集,而后是按照自行车轨迹特征出行;自行车轨迹点密度介于公交车和步行两种交通方式之间,自行车和步行段轨迹点分布几乎都为等间距分布,交通方式换乘点附近的轨迹点密度最大。因此可以认为,不同交通方式组合出行具不同的出行轨迹变化规律,其出行速度差异导致了轨迹点密度不同;方式换乘时,移动速度在短时间内为 0,出行轨迹点产生集聚现象。准确挖掘各交通方式组合出行传感器数据轨迹特征,将对交通方式及交通方式换乘点识别产生决定性作用。

2. 不同采样频率下个体出行移动轨迹点密度特征

手机传感器中的 GPS 模块在数据采集过程中会不停地向卫星发送信息以获取卫星信号,通过地面信息站处理获取完整的定位信息。手机 GPS 模块采样频率则可以理解为在 GPS 信息采集过程中获取数据的频繁程度,用数据采样时间间隔,即手机 GPS 模块相邻两次获取 GPS 信号的间隔时间大小来描述采样频率的高低。数据采样时间间隔越小,说明采样频率越高。比如 GPS 采样时间间隔设置为 1 s,则每 1 s 发送一次 GPS 信号请求,接收和记录一次 GPS 信息;GPS 采样间隔是设置为 1 min,则每 1 min 记录发送一次 GPS 信号请求,并接收和记录一次 GPS 信息。手机中其他传感器采集数据的频率设置与 GPS 模块是相同的采样频率。

如图 4-10 所示(不同颜色的区分可参见附图 A-6),当采样频率设置较高时,如采样时间间隔为 1 s 时,传感器模块将会在单位时间内获取大量的数据。过于频繁的请求将会大大增加手机的耗电量,产生更多的数据流量费用。1 s 上传一次数据容易导致这样一种情况:过量数据信息被记录下来,而其实只需要更少的信息就可以判别出行特征。因此,除出行时间不同外,其他出行信息近乎相同的数据可被视为冗余数据,对分析出行特征帮助不大。

如图 4-11 所示(不同颜色的区分可参见附图 A-7),当采样频率设置较低时,可以降低手机在使用过程中的电量消耗，减少数据量，提高数据存储、传输和分析运算的效率。但是采样频率设置过低会产生不良影响，尤其是数据量过少、关键判别点缺失从而导致的分析结果精度降低。在居民出行过程中，有很多关键事件的信息，比如交通方式换乘时刻点、交叉口的等待时长、公交站台等待时长等，这些事件信息都会在后续分析出行特征时逐个分析。这些关键事件的发生往往不会花费太多的时间，比如：步行和机动车之间发生方式转换的总时长往往在 10 s 左右，但是前后出行轨迹的出行特征却差别很大。

图 4-10　采样频率过高，数据冗余

图 4-11　采样频率过低，关键信息缺失

3. 不同交通状态下个体出行移动轨迹点密度特征

为了分析不同交通状态下个体出行移动轨迹的轨迹点特征，选取了畅通状态、一般拥堵、严重拥堵三种交通状态下的出行调查数据进行分析。由于步行与地铁方式的轨迹点特征不受交通状态的影响，因此，着重截取公交车出行段和小汽车出行段的出行轨迹点，得到轨迹点特征如图 4-12—图 4-17 所示。

由图 4-12—图 4-14 可知，不同交通状态下公交车的轨迹点特征明显不同。在完全畅通状态下，公交车出行段的轨迹点分布较为稀疏，且呈现较为均匀地分布，没有点集聚的状态；一般拥堵状态下，轨迹点分布略微密集，部分路段出行轨迹点过于集聚；严重拥堵状态下，公交车的轨迹点分布最密集，且多个路段出现轨迹点集聚分布，如图 4-14 中的出行路段出现 4 个集聚点簇。

图 4-12　畅通状态下公交车轨迹点

图 4-13　一般拥堵状态下的公交车轨迹点

图 4-14　严重拥堵状态下公交车轨迹点

由图 4-15—图 4-17 可知，不同交通状态下小汽车的轨迹点特征也有所不同。在完全畅通状态下，小汽车轨迹点分布较均匀，试验路段几乎没有轨迹点集聚；一般拥堵状态下，少许路段出现拥堵导致小汽车轨迹点集聚，如图 4-16 中平均每个路段出现一次轨迹点集聚，此外，其他轨迹点都均匀分布；严重拥堵状态下，小汽车轨迹点分布要比畅通状态和一般拥堵状态更为密集，且出行路段的集聚点数量增加，如图 4-17 中一个路段出现了 3 个集聚点簇。

图 4-15　畅通状态下小汽车轨迹点

图 4-16　一般拥堵下小汽车轨迹点

图 4-17　严重拥堵下小汽车轨迹点

4.4.4　个体出行瞬时速度数据特征分析

手机传感器在出行过程中并不会直接记录速度数据，而是根据传感器记录的经纬度数据与设置的手机采样频率进行计算得到的。开发的数据采集 APP 通过计算两个采样时间点之间经纬度的直线距离，并除以采样间隔时间，得到两点之间的平均速度值。当采样间隔时间足够小的时候（如采样频率为 1 s/次），平均速度值可以近似等于采样时间点的瞬时速度值。

不同交通方式出行以及不同交通状态下，瞬时速度值会有较为明显的差异；不同采样频率下，瞬时速度的波动与变化情况也会有不同的特征。因此，有必要分析其数据特征与差异性。

1. 不同交通方式下个体出行瞬时速度数据特征

为了分析不同交通方式组合情景下的瞬时速度特征，本节选取采样间隔时间为 1 s 时采集到的四种典型的交通方式组合（即“步行—自行车—步行”、“步行—地铁—步行”、“步行—地铁—步行”、“步行—小汽车—步行”）数据进行研究，分别绘制出各自的瞬时速度—时间折线图结果并进行对比，结果如图 4-18 所示。首末两端为步行出行数据，其速度通常稳定在 0～8 km/h，而中间段为自行车出行数据，其速度通常稳定在 10～20 km/h；地铁出行段由于在地下出行无法接受卫星信号，所以 GPS 信号缺失，速度数据缺失，显示为 0；步行与地铁换乘时瞬时速度值会出现突变现象；公交车平均速度在 25 km/h 左右，且公交出行段速度值在 0～30 km/h 间不断波动；当步行与公交换乘时需在公交站点候车，因此会出现一段时间速度为 0；小汽车平均速度约为 40 km/h，由于小汽车只在交叉口红灯时停车，此时的速度数据为 0，因此停车次数较公交车更少，曲线的波动频率明显低于公交车出行。

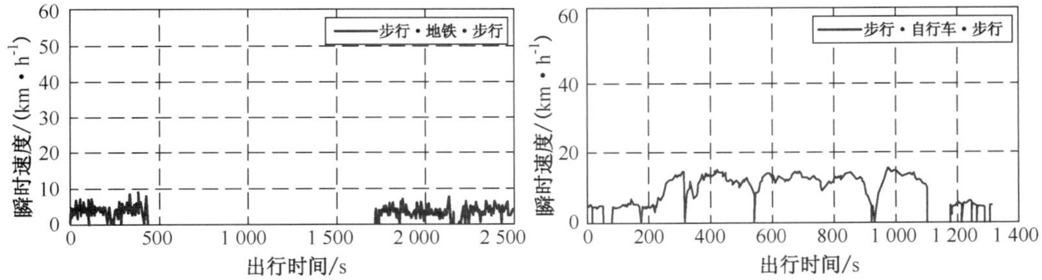

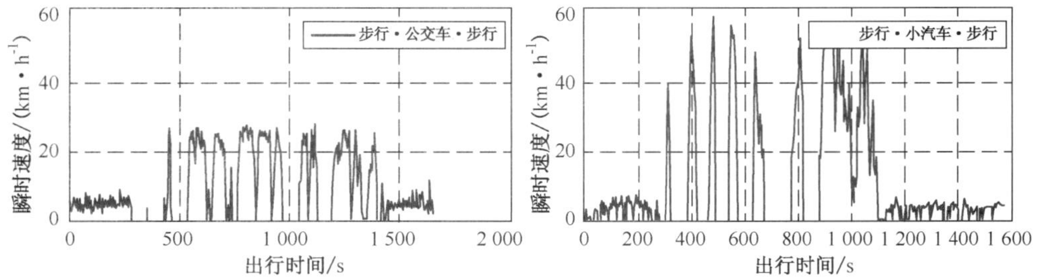

图 4-18　不同交通方式下个体出行瞬时速度—时间折线图

根据以上分析，可以总结出以下规律：在交通方式换乘点附近速度值会发生突变；不同交通方式具有不同的速度数据特征，且在不同的速度值区间波动，途中偶尔会有暂时停留点导致速度曲线呈现持续波动的状态，停留点处速度为 0；对于步行或者自行车方式来说，出行途中的停留一般是临时停留或者是在交叉口等红灯的原因；对于机动化的公交车与小汽车出行，途中的停留一般是交通拥堵导致的缓行或者是在交叉口等红绿灯的原因；特别是对于公交车出行方式，由于乘客上下站的原因，会在每个公交站台附近做临时停留，且在相同的交通状态下，公交车行驶速度低于小汽车。由于公交车的速度较小汽车更低、停留次数较小汽车更多。因此，反映在速度曲线上公交车波动幅度比小汽车更小，波动频率比小汽车更高。这些特征将为后续建立模型来识别交通换乘点与区分不同交通方式提供数据基础。

2. 不同采样频率下个体出行瞬时速度数据特征

为分析不同采样频率下个体出行瞬时速度的数据特征，现将一次采样时间间隔为 1 s的“步行—公交车—步行”组合出行的完整出行链作为典型样例，进行等时间长度的稀疏化处理。选取稀疏化处理的时间长度各为 5 s，10 s，20 s，30 s，60 s，120 s。其速度数据特征如图 4-19 所示。

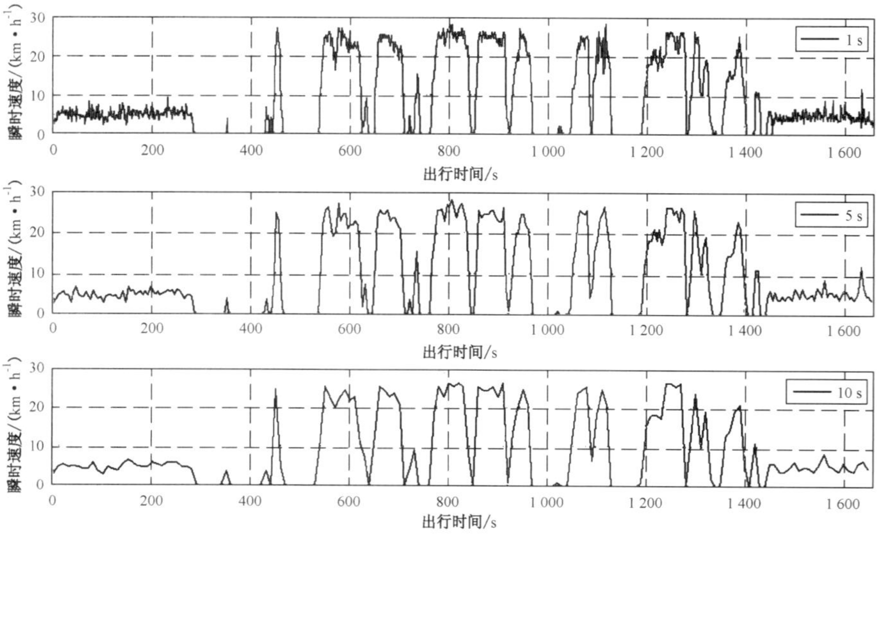

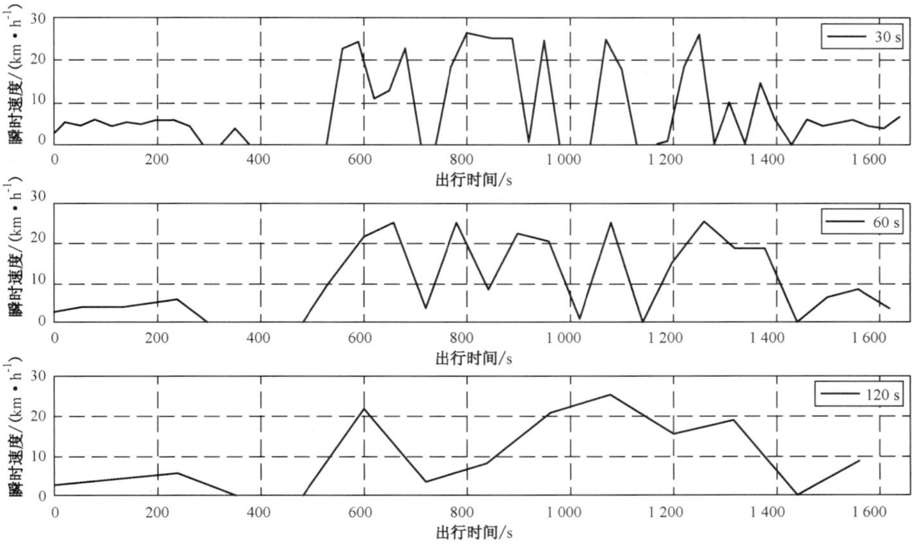

图 4-19　不同采样频率下个体出行瞬时速度—时间折线图

通过图 4-19 可以看出，随着采样时间间隔的升高，两两数据之间时间间隔增大。当在采样时间间隔在 30 s 以内时，速度特征和波动趋势还较为明显；当增大至 60 s 时，数据量大大减小，波动趋势减弱；而当间隔时间是 120 s 时，数据量下降明显，速度特征变化不再明显，难以区分不同的交通方式。

3. 不同交通状态下个体出行瞬时速度数据特征

随着交通状态的不同，交通流将会呈现不同的特征。畅通状态与拥堵状态下的车流速度与车流连续性会有明显差异。由于机动车交通流与人行道上的步行出行、非机动车自行车出行在空间上分离，因此道路交通状态对步行、自行车瞬时速度的影响没有对机动车的影响大(交通状态对地铁运行没有影响)。本节着重分析公交车与小汽车在畅通、一般拥堵与严重拥堵三种交通状态下的瞬时速度特征与差异性，同样选取的是1 s 采样间隔时间的数据。

1）“步行—公交车—步行”组合三种状态下瞬时速度数据特征

本节选取了 3 组不同交通状态下的“步行—公交车—步行”组合个体出行数据，绘制的速度—时间折线如图 4-20 所示。

由图 4-20 可知，“步行—公交车—步行”组合出行的特点如下：从起点开始步行一段后，需要在公交车站等候，然后上公交车出行，到达目的地后下车继续步行到终点。公交车出行主要在公交车站和交叉口红灯时停止。不同交通状态下公交车的速度分布具有明显的差异性：畅通状态时，公交车出行段瞬时速度的峰值大约达到 40 km/h；一般拥堵状态下，公交出行段的速度峰值在 30 km/h 左右；严重拥堵状态下，公交车出行段速度峰值在 30 km/h 左右，但是大部分速度都在 20 km/h 左右，部分时段瞬时速度会低到 10 km/h。

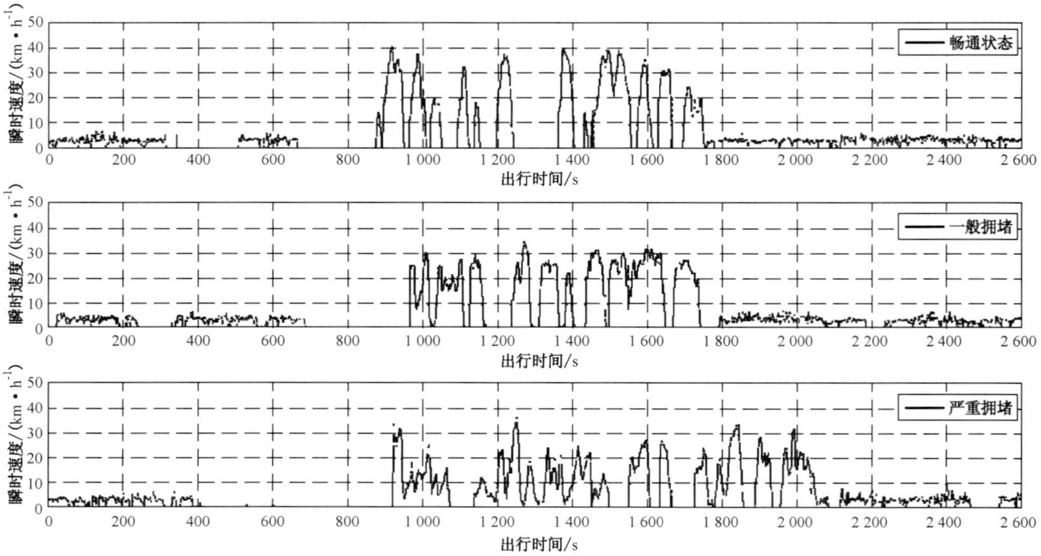

图 4-20 “步行—公交车—步行”组合不同交通状态瞬时速度数据特征

2)“步行—小汽车—步行”组合三种状态下瞬时速度数据特征

为了分析在不同交通状态下的“步行—小汽车—步行”出行方式组合瞬时速度数据特征，本节选取了 3 组不同交通状态下的个体出行调查数据，绘制的速度—时间折线如图 4-21 所示。

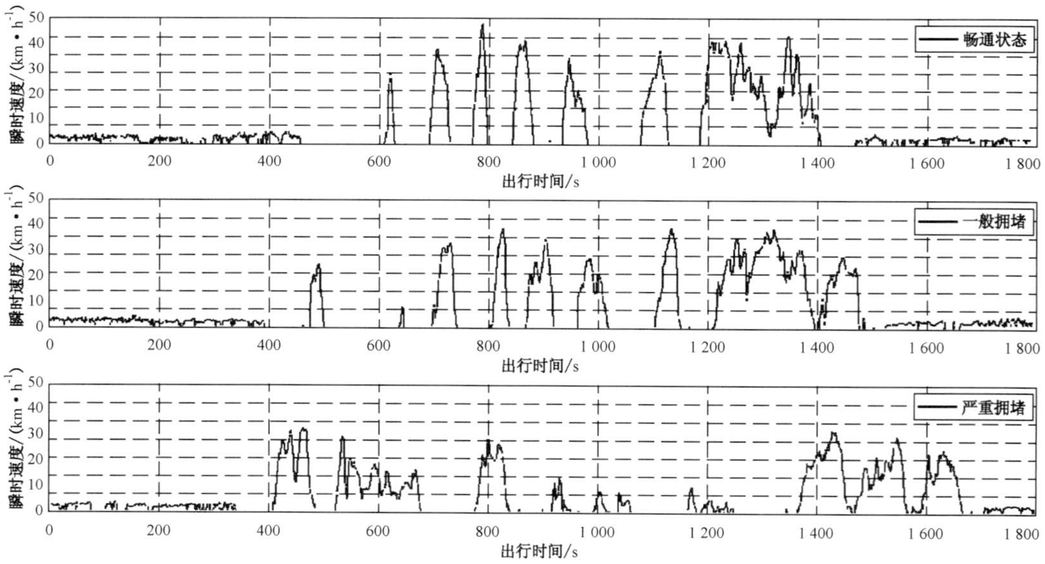

图 4-21 “步行—小汽车—步行”组合不同交通状态瞬时速度数据特征

由图 4-21 可知，“步行—小汽车—步行”组合出行包括三段：一是从出行起点步行到乘车点或打车点，上车后乘坐小汽车到达目的地附近停车位置，然后步行到终点。根据畅通状态下的小汽车出行速度—时间折线图，可以看出小汽车主要是在交叉口红灯时停车。因此，小汽车停车次数总体比公交车少。畅通状态下，小汽车的速度峰值在 70 km/h左右；一般拥堵状态下，速度峰值在 55 km/h 左右，小汽车的部分出行段出现速度值在 40 km/h 以下；严重拥堵状态，速度的峰值也在 45 km/h 左右，但是大部分速度值在 20 km/h 以下。

3）公交车与小汽车三种状态下瞬时速度数据特征对比分析

由于公交车和小汽车的瞬时速度数据特征比较相似，因此，为了进一步挖掘二者瞬时速度的数据特征与差异性，本节结合数理统计方法对公交车和小汽车在不同交通状态下的数据区间分布分析，如图 4-22 和图 4-23 所示。

根据图 4-22，可以得出畅通状态下，公交车的速度主要分布在 10～40 km/h 区间，各子区间的平均分布比率在 30％左右；一般拥堵状态下，速度分布在 20～30 km/h 的比率最大，达到 56.68％，其次是 10～20 km/h 区间，达到 27％；严重拥堵状态，速度分布呈现由高到低的分布特征，其中 0～10 km/h 和 10～20 km/h 两个区间最大，为 40％左右，其次，是 20～30 km/h 区间，为 18.82％。

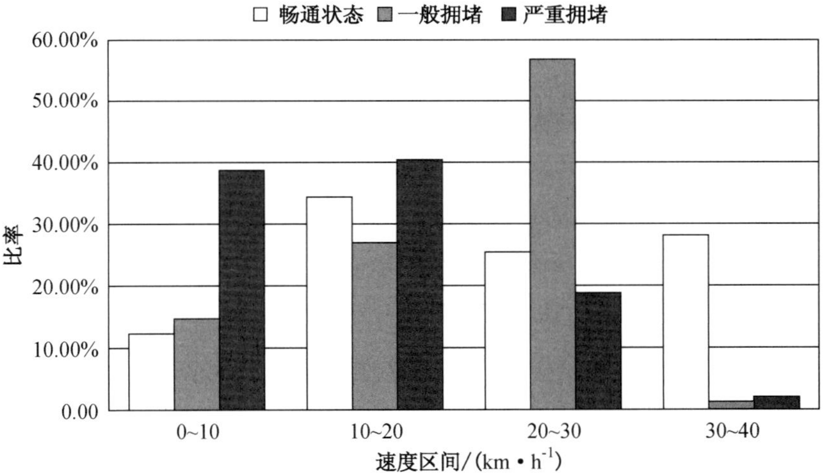

图 4-22　不同交通状态下公交车速度分布

根据图 4-23 可以得出，畅通状态下小汽车的速度主要在 15～50 km/h 区间均匀分布，各子区间为 26％左右，然而在 60～70 km/h 区间有 6.86％分布；一般拥堵状态时，速度主要分布在 30～45 km/h 区间，为 37.92％，其次是 15～30 km/h 区间，为 24.16％；严重拥堵状态下，速度分布呈现由高到低的趋势，其中 0～15 km/h 区间为最大，达到 46％，其次是 15～30 km/h 区间为 28.44％。

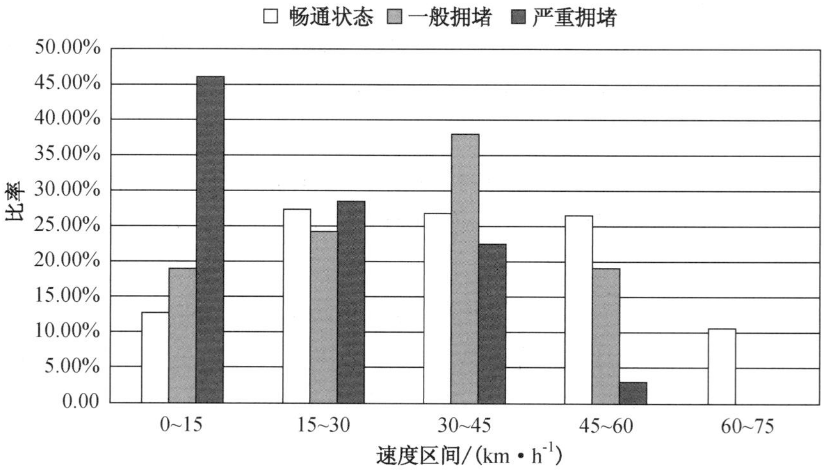

图 4-23　不同交通状态下小汽车速度分布

4.4.5　个体出行瞬时加速度数据特征分析

加速度数据是由手机加速度传感器进行采集并记录的。手机信号强弱不会影响加速度传感器采集效果，且功耗低，灵敏度高，不同出行方式间的加速度数据具有一定的区别。加速度计主要获取手机平面的三个轴的加速度值，包括 X 轴加速度、Y 轴加速度和 Z 轴加速度。采集的加速度值由两部分组成，一是重力加速度，二是由于不同交通方式产生的加速度。由于在不同交通出行方式下，采集的加速度数据具有一定的区别，因此，通过分析加速度数据，以提取不同条件下的数据特征，识别交通方式和交通换乘点。

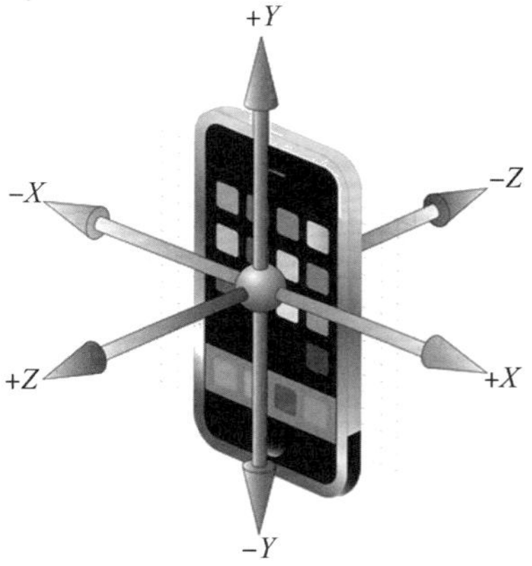

图 4-24　手机加速度传感器与其测量的三轴方向

由于实际采集过程中手机平面不断变动，X，Y，Z 轴方向不定，为有效挖掘加速度变化特征，本研究首先将三轴加速度进行合成处理，并根据合加速度分析不同交通方式的数据特征。假设对于任意一个记录点，X 轴加速度为 x，单位为 m/s^2（下同），Y 轴加速度为 y，Z 轴加速度为 z，合加速度为 a，它们的关系如下：

$$a=\sqrt{x^2+y^2+z^2} \tag{4-1}$$

1. 不同交通方式下个体出行瞬时加速度数据特征

图 4-25—图 4-28 给出了不同交通出行方式情景组合下，采样间隔时间为 1 s 的三轴加速度波动特征（从手机加速度传感器数据计算获得）。可以看出，步行与自行车加速度波动幅度明显要大于公交车或小汽车，这主要是因为实验者在步行与骑自行车时

身体不停晃动且幅度较大，而乘坐交通工具时通常无须走动，在站立或者入座时身体晃动较小。

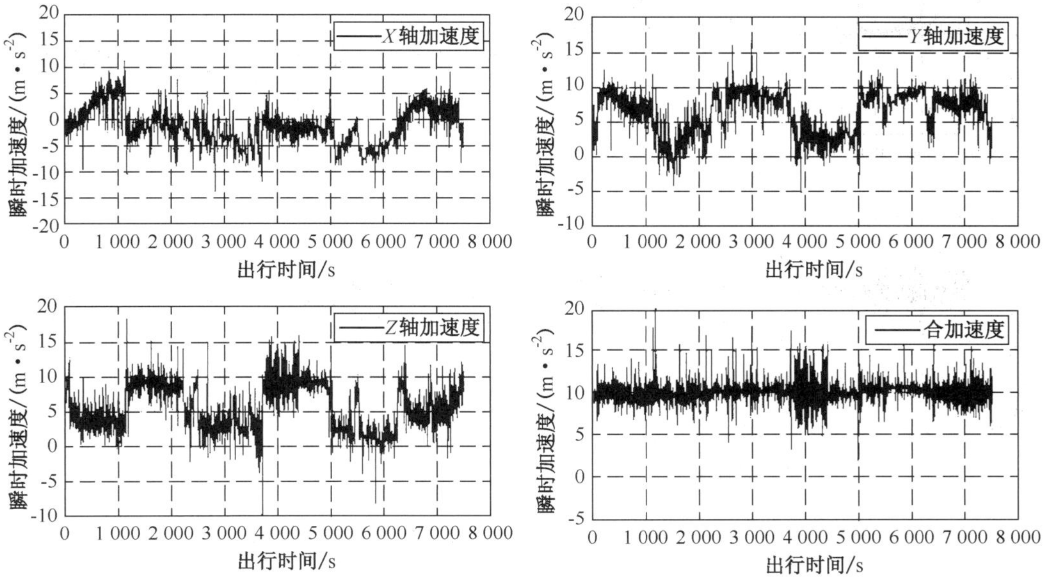

图 4-25 "步行—自行车—步行"组合三轴加速度与合加速度—时间折线图

如图 4-25 所示，"步行—自行车—步行"组合中，X 轴加速度、Y 轴加速度与 Z 轴加速度上下波动幅度均较大。X 轴加速度在 $-5\sim5$ m/s^2 上下波动；Y 轴加速度在 $0\sim10$ m/s^2 呈现有规律性的上下波动；Z 轴加速度也是在 $0\sim10$ m/s^2 有规律性的上下波动，且上下波动的周期性更为明显。合加速度则相对稳定许多，稳定在 9.8 m/s^2（重力加速度为 9.8 m/s^2）上下轻微波动。这是因为在步行与骑自行车过程中，身体晃动程度较大，而手机三个平面方向也处于不停变化的过程中。因此三轴加速度不能很好地反映出行中各个方向的加速度情况。

相比之下，合加速度虽然引入了不能反映交通方式出行特征的重力加速度，但是综合考虑了出行方式加速度在三轴上的加速度分量，可以较为全面地反映交通方式的加速度特征，是比较理想的指标。从数据波动幅度角度来看，出行加速度在各轴分量上的噪声数据在合成为合加速度时得到了抵消。但是步行出行和自行车出行的合加速度在数值上没有显著差异，仅通过加速度的数值与波动情况对这两种交通出行方式进行划分仍较为困难，还需要对加速度数据进行进一步特征分析。

如图 4-26 所示，"步行—地铁—步行"组合中，地铁出行段的 X 轴加速度、Y 轴加速度与 Z 轴加速度上下波动幅度明显小于步行出行的波动幅度。X 轴加速度在 $-5\sim5$ m/s^2 上下波动；Y 轴加速度在 $-5\sim5$ m/s^2 上下波动；Z 轴加速度在 $5\sim15$ m/s^2 上下波动。三轴加速度中，地铁出行和步行出行在数值上均有显著差异，区别明显。合加速度

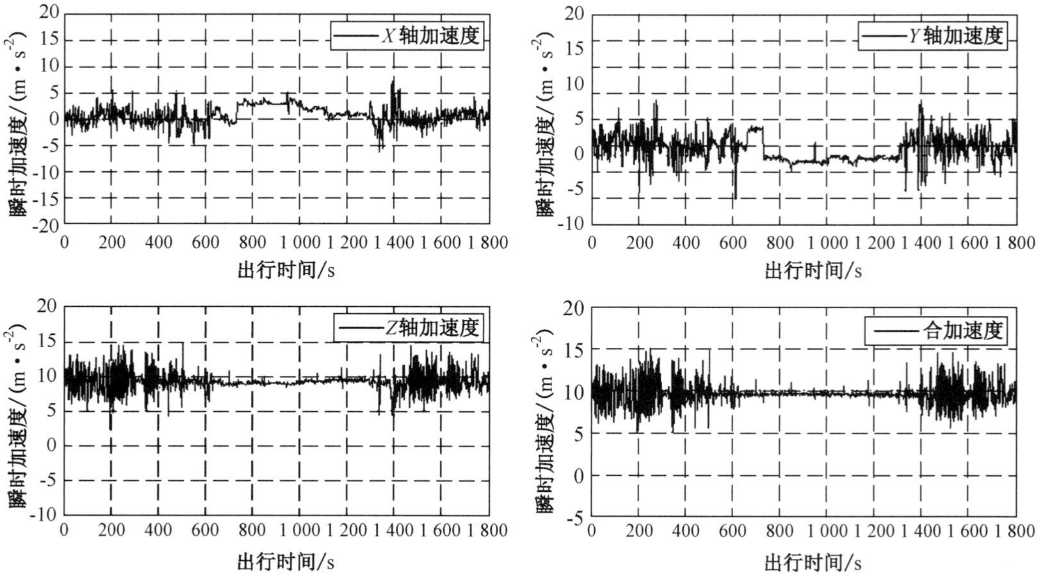

图 4-26 “步行—地铁—步行”组合三轴与合加速度—时间折线图

在步行出行段波动幅度较大，与三轴加速度中步行出行波动幅度相仿。合加速度中地铁出行段较为稳定，除个别点有波动外，绝大部分运行平稳。这是因为地铁出行不会像地面交通一样遇到交叉口或者堵车现象，加速与制动只在固定站点进行，所以加速度波动次数非常少。

如图 4-27 所示，“步行—公交车—步行”组合中，公交车出行段与步行出行段的 X 轴加速度与 Y 轴加速度一直处于时上时下的波动状态，上下波动幅度没有显著差异。X 轴加速度在 $-5\sim5$ m/s^2 上下波动；Y 轴加速度在 $-5\sim5$ m/s^2 上下波动；Z 轴加速度在 $5\sim15$ m/s^2 上下波动。三轴加速度中，X 轴加速度与 Y 轴加速度的公交车出行和步行出行在数值上没有显著差异，难以区分。Z 轴加速度与合加速度中，步行出行段波动幅度较大，与三轴加速度中步行出行波动幅度相仿。而公交车出行段波动次数较地铁多，波动幅度也较地铁幅度大。公交车由于速度较慢，且在公交站台处需要加速与制动。与图 4-26 地铁出行相比，加速度上下波动的次数明显呈现增多的趋势。

如图 4-28 所示，“步行—小汽车—步行”组合中，三轴加速度与合加速度均可以从波动情况大小区分步行与小汽车的出行方式。X 轴加速度在 $-5\sim5$ m/s^2 上下波动；Y 轴加速度在 $0\sim5$ m/s^2 上下波动；Z 轴加速度在 $0\sim15$ m/s^2 上下波动。在三轴加速度与合加速度中，步行出行段波动幅度较大。而小汽车出行段波动次数比公交车少，波动幅度也较小，运行平稳。这是因为小汽车不需要在公交站台处停驶，所以加速与制动不像公交车那样频繁。

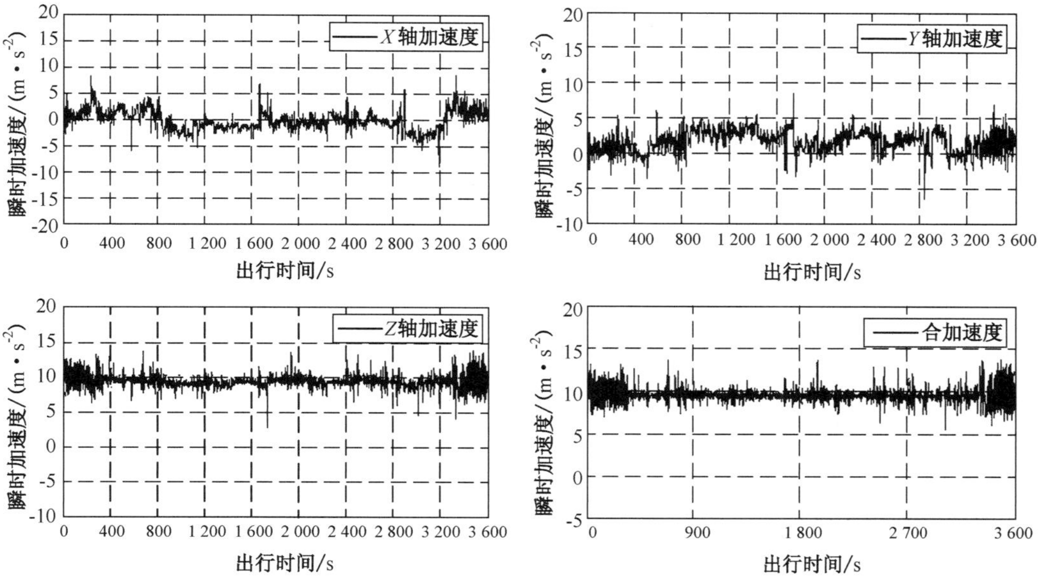

图 4-27 “步行—公交车—步行”组合三轴加速度与合加速度—时间折线图

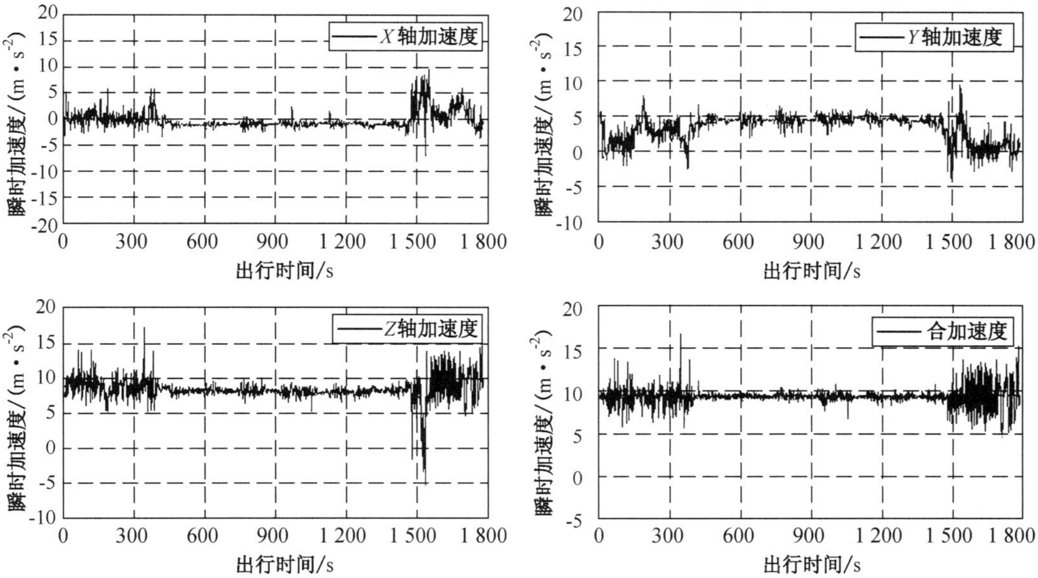

图 4-28 “步行—小汽车—步行”组合三轴加速度与合加速度—时间折线图

综上所述，从图 4-25—图 4-28 中可以看出，X 轴加速度与 Y 轴加速度大部分由出行方式加速度产生，上下波动幅度较大，在 0 上下波动；Z 轴加速度与合加速度除了由出行方式加速度产生，也由重力加速度产生。在步行与骑自行车时，Z 轴加速度值与合加速度值上下波动幅度较大，乘坐地铁、公交车与小汽车时加速度值上下波动较小，但都在 9.8 m/s^2 上下波动(重力加速度约为 9.8 m/s^2)。

对于加速度指标的选取问题，合加速度虽然引入了不能反映交通方式出行特征的重力加速度，但是综合考虑了出行方式加速度在三轴上的加速度分量，可以较为全面地反映出行方式的加速度特征，是比较理想的指标。从数据波动幅度上看，出行加速度在三轴分量上一些噪声数据在合成为合加速度时得到了抵消，因此合加速度数据的质量较高。

对于不同交通方式的加速度数据特征与差异性分析，有以下结论：步行和骑自行车的合加速度值波动幅度最大；公交车与小汽车合加速度的波动幅度较小，其中，公交车由于频繁地加速与制动，加速度上下波动的次数较多，小汽车加速度则相对平稳很多，较少出现波动次数；地铁的合加速度波动幅度最小，而且地铁出行不会像地面交通一样遇到交叉口或者堵车现象，加速与制动只在固定站点进行，所以加速度波动次数也最少，运行最为平稳。

2. 不同采样频率下个体出行瞬时加速度数据特征

与不同采样频率下个体出行瞬时速度数据特征分析类似，采样频率较高时，加速度数据中冗余数据较多，影响数据处理效率；采样频率较低时，很容易遗漏关键判别点，对后续加速度数据分析带来困难。

现将一次采样时间间隔为 1 s 的“步行—公交车—步行”组合出行的完整出行链作为典型样例，进行稀疏化处理。时间长度仍为 5 s，10 s，20 s，30 s，60 s，120 s。处理结果如图 4-29—图 4-34 所示。

通过图 4-29—图 4-34，可以看出当采样时间间隔在 10 s 以内时，加速度变化特征和波动趋势还较为明显；当增大至 30 s 时，数据量大大减小，波动趋势减弱；而当间隔时间是 60 s 和 120 s 时，数据量下降明显，加速度特征没有明显的变化，难以区分交通方式与方式换乘时间点。

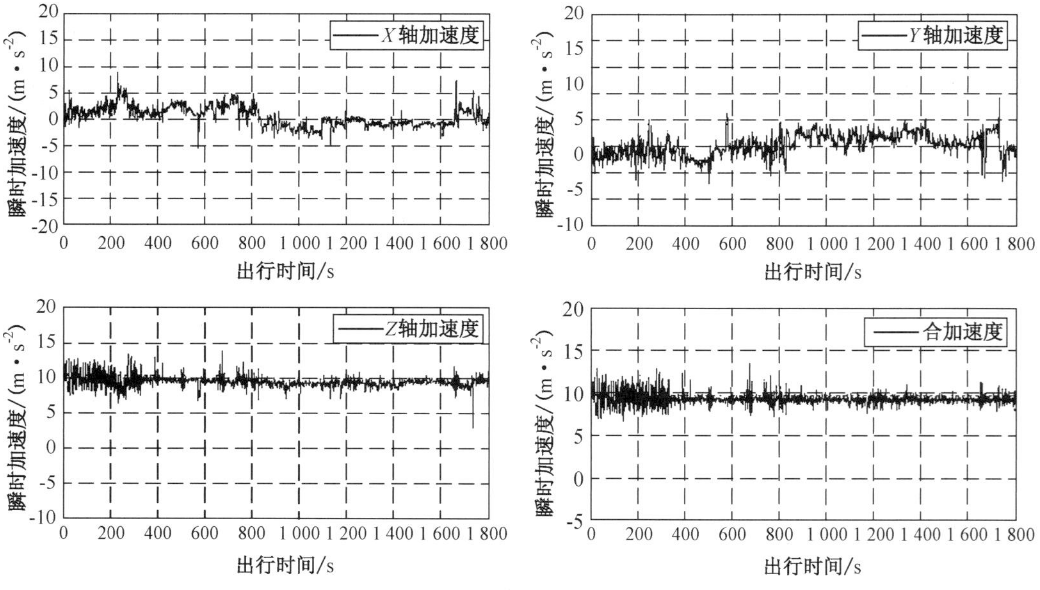

图 4-29　1 s 采样时间间隔下三轴加速度与合加速度—时间折线图

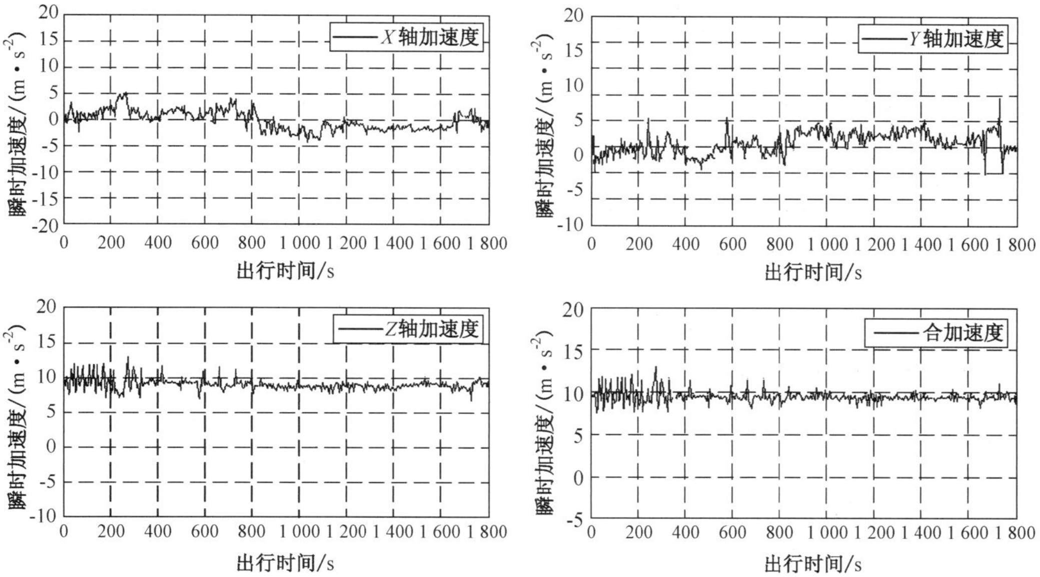

图 4-30　5 s 采样时间间隔下三轴加速度与合加速度—时间折线图

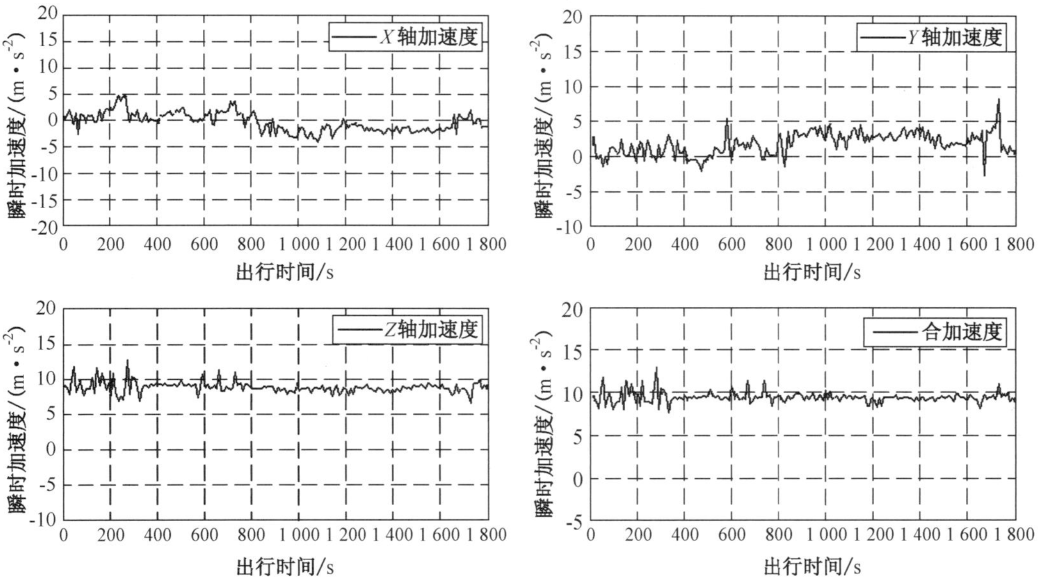

图 4-31　10 s 采样时间间隔下三轴加速度与合加速度—时间折线图

3. 不同交通状态下个体出行瞬时合加速度数据特征

与分析瞬时速度的方法相同，本节分析公交车与小汽车在畅通、一般拥堵与严重拥堵三种交通状态下瞬时合加速度的特征与差异性。

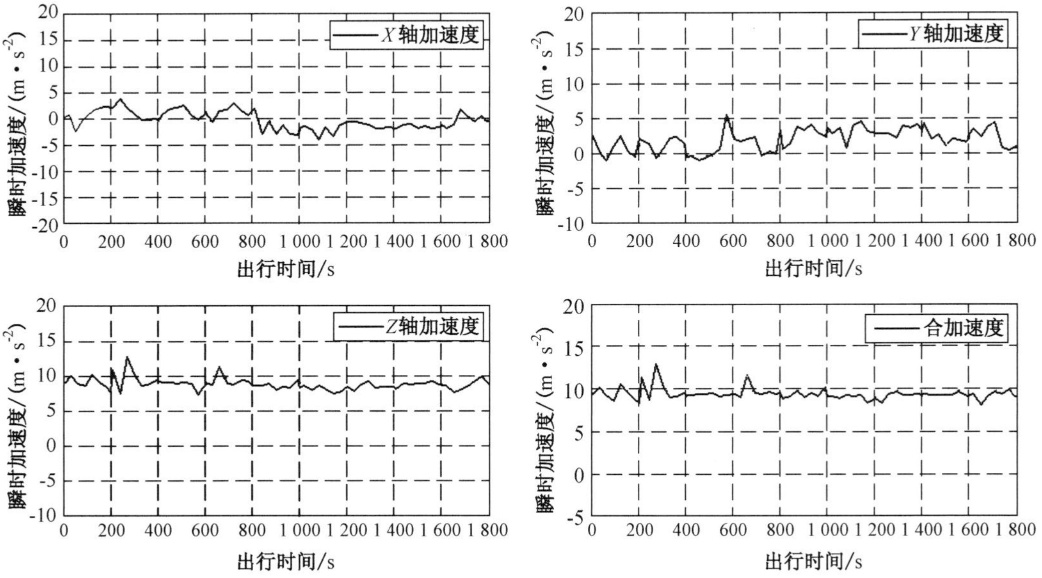

图 4-32　30 s 采样时间间隔下三轴加速度与合加速度—时间折线图

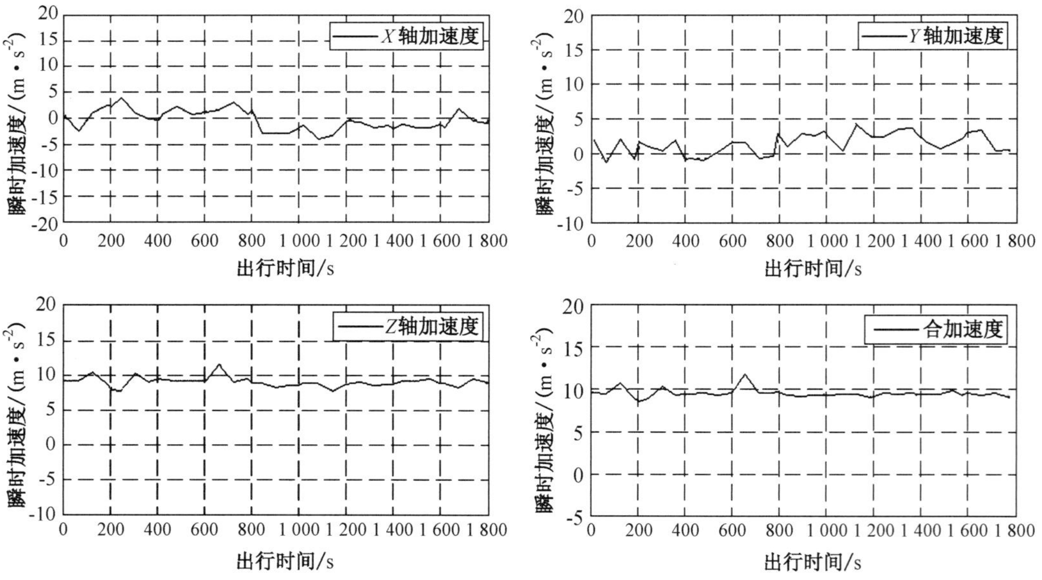

图 4-33　60 s 采样时间间隔下三轴加速度与合加速度—时间折线图

1)“步行—公交车—步行”组合三种状态下瞬时合加速度数据特征

本节选取了 3 组不同交通状态下的“步行—公交车—步行”组合瞬时合加速度数据,绘制的加速度—时间折线如图 4-35 所示。出行过程包括三段,即从起点开始步行,在公交车站等候,上车乘坐公交车出行,到达目的地后下车步行至终点,行驶过程中在

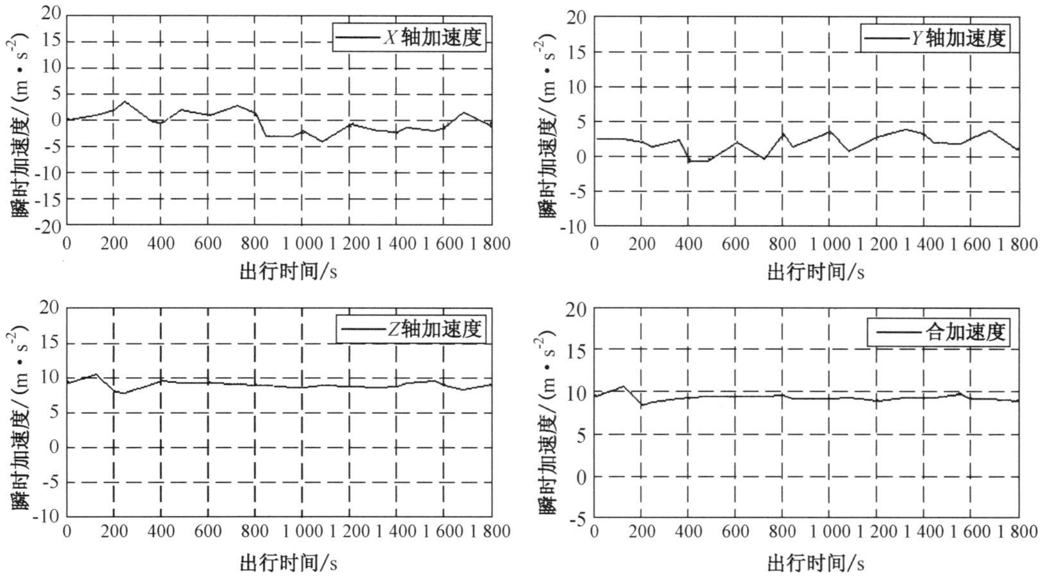

图 4-34　120 s 采样时间间隔下三轴加速度与合加速度—时间折线图

公交车站和交叉口红灯时需要停止。畅通状态时，公交车的机动性最好，加速度波动较大；一般拥堵状态下，公交车机动性变差，加速度波动减小；最后，严重拥堵状态下，此时的加速度波动最小，部分路段加速度波动较大，部分路段加速度波动幅度几乎与步行加速度波动一致。

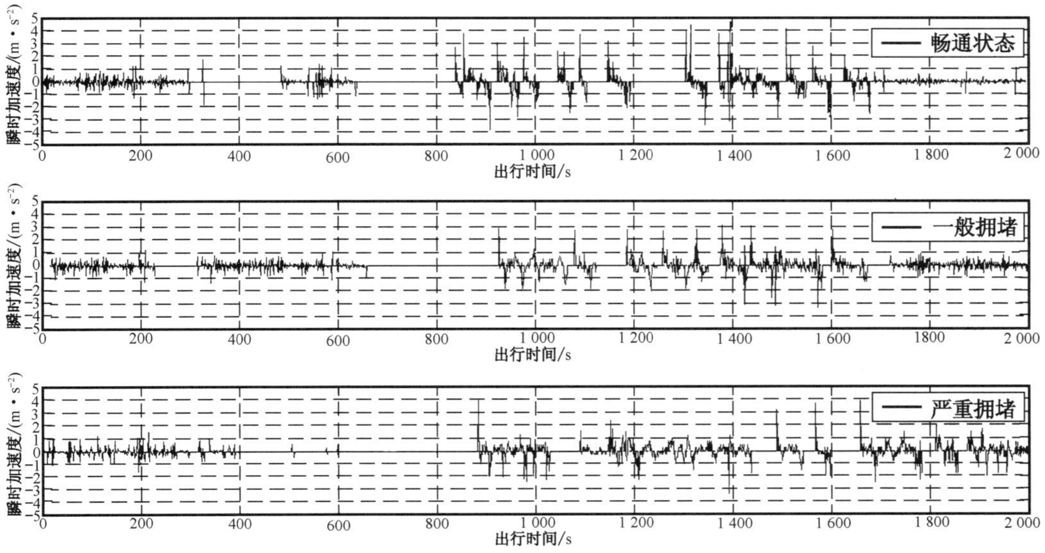

图 4-35　“步行—公交车—步行”不同交通状态瞬时合加速度数据特征

2）“步行—小汽车—步行”组合三种状态下瞬时合加速度数据特征

由图 4-36 可知，“步行—小汽车—步行”组合出行过程包括三段：一是从出行起点步行到乘车点或打车点，上车后乘坐小汽车到达目的地附近停车，然后步行到终点。行驶过程中在交叉口红灯时需要停止。因此，小汽车出行停车次数比公交车出行的停车次数少，体现在加速度曲线图上即波动次数较少。畅通、一般拥堵与严重拥堵状态下，小汽车加速度的波动幅度分析与公交车的加速度波动幅度分析相似，在此不做赘述。

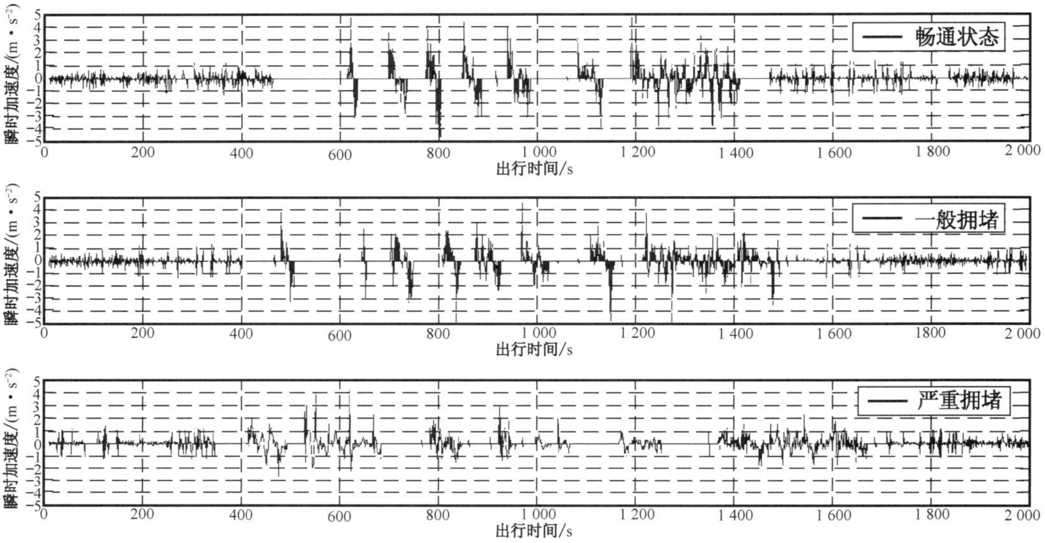

图 4-36 “步行—小汽车—步行”不同交通状态瞬时合加速度数据特征

3）公交车与小汽车三种状态下瞬时合加速度数据特征对比分析

与瞬时速度特征分析相比，公交车和小汽车的瞬时合加速度数据特征相似程度也较高。为进一步挖掘两种交通方式瞬时合加速度的数据特征与差异性，结合数理统计方法对二者在不同交通状态下的合加速度数据做区间分布，如图 4-37—图 4-38 所示。

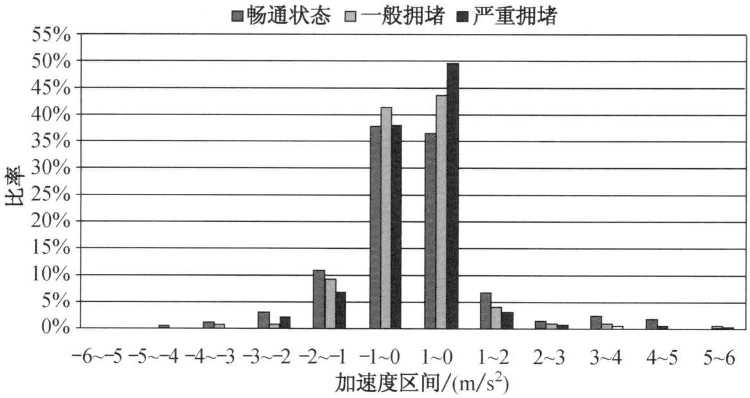

图 4-37 不同交通状态下公交车合加速度分布

根据图 4-37，可以得出三种不同交通状态下，公交车的合加速度分布呈现“中间高，两端低”的特征。其中在 $-1\sim1\ m/s^2$ 区间的加速度分布比率为最大，各区间都在 40% 左右，其次，是在 $-2\sim-1\ m/s^2$ 以及 $1\sim2\ m/s^2$ 两个区间。可以看出交通状态越拥堵，启动与制动越频繁，加速度波动范围就越小，越集中于 $-2\sim2\ m/s^2$ 的区间内。

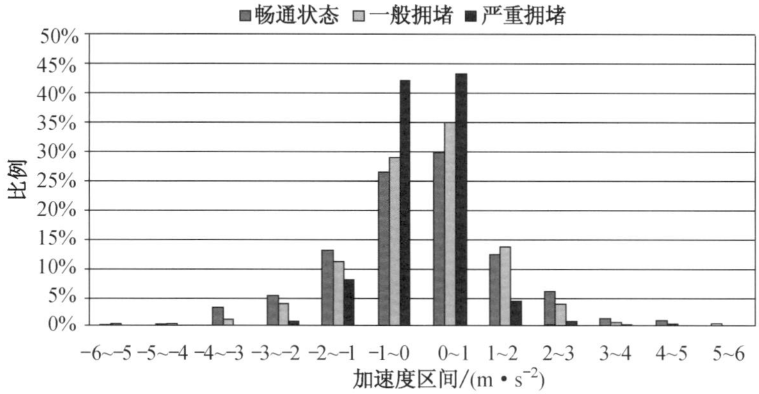

图 4-38　不同交通状态下小汽车合加速度分布

根据图 4-38，可以得到在三种不同交通状态下，小汽车的合加速度分布呈现“中间高，两端低”的特征。其中严重拥堵状态下，在 $-1\sim1\ m/s^2$ 的分布比率最大，累计达到 80%；其次是一般拥堵状态，两区间累计分布率到达 60%左右；最后是畅通状态，两区间累计分布率到达 50%左右。

4.5　本章小结

本章主要介绍多源手机传感器数据采集 APP 开发，网络数据库管理系统的构建，数据安全措施以及手机传感器数据特征与差异性分析。其中，数据特征与差异性分析是本章的核心内容，本章主要从 GPS 模块的定位精度与质量、个体出行时空停留特征与 OD 特征、个体出行移动轨迹点密度特征、个体出行瞬时速度数据特征、加速度数据特征五个方面进行了研究。通过将不同交通方式组合、不同采样频率以及不同交通状态下获得的手机传感器数据进行多情景组合，分析不同条件下数据特征与差异性。为后文中准确提取个体出行链中的关键出行信息，获得精细化的居民出行特征打下了坚实的数据基础。

5 “行人—交通流—通信”集成仿真平台构建

随着社会经济的发展，智能手机的普及率日益提高，这为基于手机大数据的个体交通出行活动分析提供了重大契机。手机导航软件由于其实用方便已逐步渗透到人们的生活中，手机 GPS 等卫星定位也逐渐被人们所熟识。基于手机传感器数据的交通调查已成为可能，因其数据源的定位精度高，调查成本低等诸多优势，在一定程度上可以弥补传统居民出行调查的不足。

与此同时，3G/4G-LTE 新一代移动通信技术快速演进和应用为手机大数据注入新动力，移动通信网络从传统 2G 升级将会增强对手机定位追踪的能力，能反映手机位置变化的时间会更加频繁、手机追踪调查效果更好，例如上网，再如微信、QQ 等 APP 软件每隔几分钟就会和移动通信网络发生交互自动报告其手机的位置，随着这类社交软件用户的迅速庞大，手机位置数据无疑随着新一代通信技术时代到来将变革性地改变交通学科发展，这将进一步提升手机用户交通出行数据的精度，提高交通大数据环境的可靠度。开展 3G/4G-LTE 新一代移动通信技术能够显著提升手机定位能力和优势，主要体现在：①通信网络传输速率大大提升，从传统 2G 的 GSM 网络速率 9.6 k/s 提高到 144 k/s～2 M/s，这样显著降低信号传输延迟，还能提供足够的通信宽带支持更高频率的微信、QQ 上网，视频等信令数据；②采用“软切换”或者“更软切换”有效消除硬切换中的“乒乓切换”，增加切换定位的可靠性和稳定性；③手机位置移动性管理能力增强，对于手机的位置区更新信息能够更加准确。这些有利因素有望进一步提高交通数据采集的质量和精度。

然而，由于涉及个人隐私和网络安全等敏感问题，一直以来难以获取大量充足的真实手机定位数据用以全年评估各种交通、通信等环境下的技术应用效果；另一方面，现实中道路交通状态，出行环境以及各种不可控的情况十分复杂，想获取在不同路网状态下的手机通信数据或手机传感器数据的采集需要大量的时间和人力成本，有时一些特定的交通状态甚至可遇而不可求，这极大地阻碍了特定环境下手机定位技术应用于交通数据采集的研究；与此同时，现有的研究成果绝大多数都是用真实的手机通信数据或传感器数据进行交通参数的提取，但由于缺乏真实的交通信息作为对比校核，研究者往往难以对研究成果做出准确的精度评估。

因此，本章构建的集成行人、交通流仿真与 3G/4G-LTE 新一代移动通信仿真平台能够实现在可控的系统状态参数环境下研究技术方法的效果，综合评估不同系统参数和影响因素的作用效果，有助于更加深入全面把握技术方法的适用性。

5.1 节对仿真平台的建设框架做简要概述；5.2 节对当前交通仿真软件和交通仿真的基本原理做了简要的概述，并搭建交通仿真模块；5.3 节仿真出用户的无线通信事件，对移动通信的信号传播原理做了概述并根据 3G/4G-LTE 新一代移动通信机理搭建了移动通信仿真模块；5.4 节对交通仿真模块导出的个体多模式出行数据进行扰动加载，仿真出手机传感器数据，并对仿真数据进行了初步评估；5.5 节对本章内容进行总结。

5.1 仿真平台建设框架与思路

本章构建的融合交通流仿真和 3G/4G-LTE 新一代移动通信仿真的集成仿真平台，主要包括三个模块，即交通仿真模块、移动通信网络信令事件仿真模块和手机 APP 传感器数据提取模块。手机通信仿真平台构架流程如图 5-1 所示。

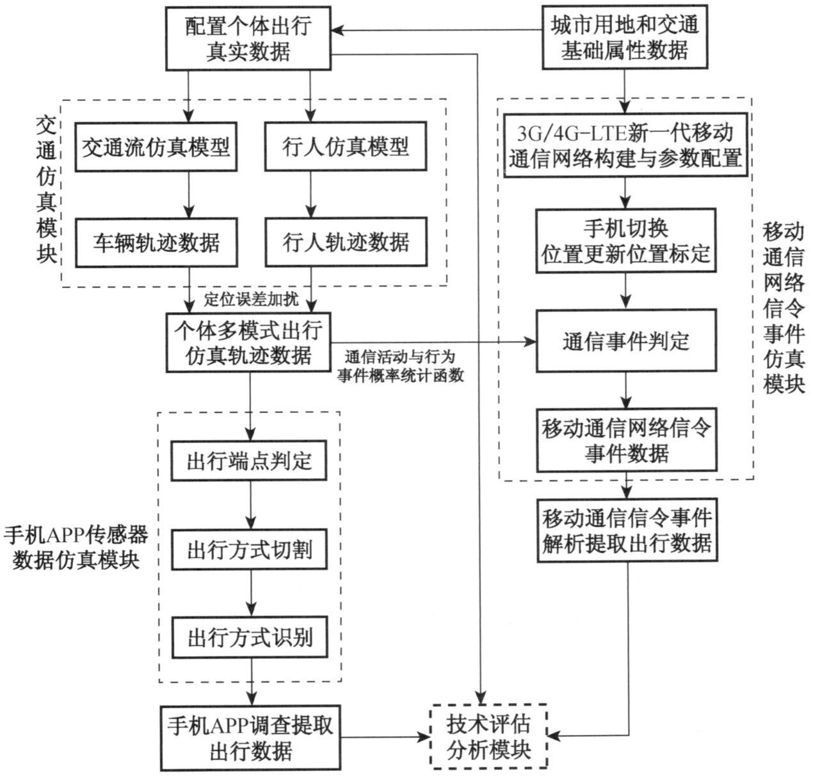

图 5-1　融合行人、交通流仿真与新一代移动通信仿真的个体出行集成仿真平台构架和流程

(1) 交通仿真模块：根据配置的出行个体真实数据，借助既有的交通仿真模型和软件将其转化为多模式出行仿真轨迹数据集，为手机传感器数据仿真提供数据源，也作为后续通信数据和手机传感器数据挖掘交通流信息的参考对比。

(2) 手机 APP 传感器数据仿真模块：通过调查统计的 GPS 定位误差的概率分布函数，以交通仿真模块导出的多模式出行仿真轨迹数据集为基础进行数据加扰，使得加扰后数据与实际采集的手机传感器数据呈现相似的波动特性，保证仿真数据与真实数据的高度相似性。

(3) 通信仿真模块：根据真实的 3G/4G-LTE 新一代移动通信的网络构建、基站布局以及参数配置搭建移动通信网络信令事件仿真模块。

通过调查统计得到个体通信活动与行为事件概率统计函数生成个体通信行为，将通信事件加载到移动通信仿真模块中，生成移动通信网络信令事件数据集。

5.2 交通环境与个体交通出行仿真

根据真实的交通环境配置交通仿真的路网和路况，通过仿真手段生成与真实环境中相似的交通流数据，作为手机传感器仿真数据的数据源，同时也为后续利用手机通信数据和传感器数据提取出行特征提供对比分析的基础。

5.2.1 交通仿真

交通仿真中，德国 PTV 公司开发的 VISSIM 仿真软件在国内外应用最为广泛；而且 VISSIM 能直观、形象、详细地仿真出车辆、道路、交叉口、信号灯等随时间变化的三维动画状态，能真实、精确地重现交通网络交通运行状况，避免了在拟定交通控制方案及对方案进行评价时因无法直观观测车辆在道路及交叉口的运行状况而引起的不足。为在我国的复杂混合交通条件下确定交叉口乃至整个城市交通组织方案提供了一条切实可行的新思路和新方法，具有良好的操作性和实用性[1]。

在本书仿真平台构建中，将交通道路路网图导入到 VISSIM 软件，搭建与实际相符的 VISSIM 交通网。再根据交通调查得到的各条道路的流量进行交通量加载，使得 VISSIM 中的交通环境与实际相符合。VISSIM 既可以在线生成可视化的交通运行状况，也可以离线输出各种统计数据，如车辆速度、行程时间、排队长度等。在后续的无线通信仿真模块中，个体发生通信事件时，VISSIM 导出的及时位置数据作为与基站交互的数据源，从而生成通信信令数据集。在手机传感器仿真模块中，VISSIM 导出的位置轨迹和速度数据作为手机传感器仿真的理想数据源。

5.2.2 交通仿真模块构建实例——以成都市为例

根据个体出行的真实轨迹进行交通仿真，仿真数据属性包括出行 OD、出行方式、出行路径、出行时刻、停留时间等。对于其中步行出行部分利用 MATLAB 软件得到步行出行轨迹数据(出行位置坐标、速度等)，仿真结果能够反映行人相互间的作用以及行人与周围环境障碍物间的作用，通过寻找具有最小化可感知的目标费用函数实现行人位置运动；对于采用车辆交通方式出行部分借助 Vissim 交通仿真软件生成相应的车辆出行轨迹数据，其符合交通流运动参数特征。将两种轨迹数据进行衔接得到个体多模式出行仿真轨迹数据。

本部分以四川省成都市为例构建仿真模型，成都市辖区建成区面积 604.1 km^2，常住人口 1 442.8 万人，交通路网密集，交通情况复杂，是一个我国交通出行特征偏好的典型代表城市。本书对交通量最为集中的二环内进行仿真，对仿真的主要路段进行交通流量和信号配时调查。搭建成都市二环内的交通主干道的 VISSIM 路网及加载车辆，如图 5-2 所示。再根据调查结果加载仿真路网中流量和信号配时，使其能尽量反映真实的交通状态。

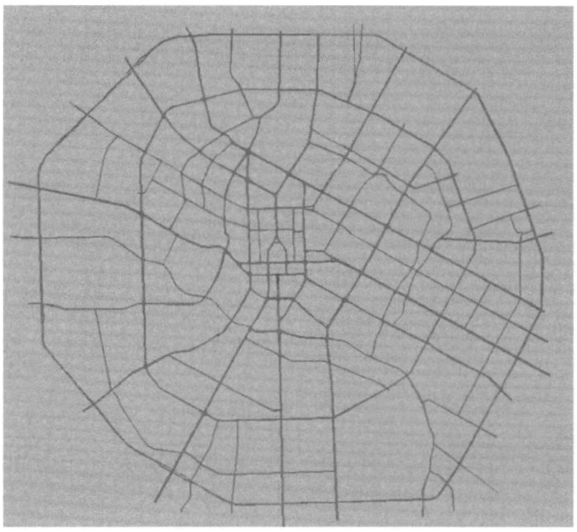

(a) 整体路网

(b) 车辆加载

图 5-2　成都市二环 VISSIM 路网

通过 VISSIM 导出的个体出行信息如下：个体编号，仿真时间，目标路径编号，当前路径编号，车辆类型，X 坐标，Y 坐标，速度。由于 VISSIM 导出的坐标信息是以 VISSIM 坐标作为基准，可以通过线性转化成经纬度数据（经度，纬度）。本书采用的转化公式如下：

$$\begin{aligned} Longitude &= 1.0156 \times 10^{-5} \times Vissim\_X + 103.8766 \\ Latitude &= 9.03546 \times 10^{-6} \times Vissim\_Y + 30.49497 \end{aligned} \tag{5-1}$$

最终，导出的个体多模式出行数据格式如表 5-1 所示。

表 5-1　个体多模式出行轨迹数据

个体编号	仿真时间	目标路径编号	当前路径编号	车辆类型	经度/(°)	纬度/(°)	速度/(m·s^{-1})
10	1 622	10231	229	300	104.058 7	30.676 68	11.94
10	1 623	10231	229	300	104.058 8	30.676 63	12.17
10	1 624	10231	229	300	104.058 9	30.676 57	12.40
10	1 625	10231	229	300	104.059 0	30.676 52	12.42
10	1 626	10231	229	300	104.059 1	30.676 46	12.18

5.3 无线通信场景与通信仿真

移动通信网络信令事件仿真模块的目的为在 3G/4G-LTE 新一代移动通信环境下，

根据仿真出的个体通信行为和出行轨迹，生成移动通信网络信令事件数据集，为后续根据通信信令数据挖掘个体出行轨迹等交通流参数提取的研究提供条件可控的数据源。另外，尽管前人研究中根据真实通信数据在这方面已经取得了很多成果，但由于缺乏真实的交通信息作为参考，他们研究成果的精度很难做出比较精确的量化评估。而根据该模块生成的仿真数据作为数据源，可以很好地评估提取算法的精度和技术可行性。

5.3.1 无线通信事件说明及仿真

传统的无线通信事件主要是手机通话和短信这两种行为。根据我国宽带发展联盟发布的《中国宽带普及状况报告》，截至 2016 年第二季度，我国移动宽带（主要指 3G 和 4G）用户普及率达到 63.8%。随着 3G/4G-LTE 新一代移动通信网络技术的普及，无线通信上网已经成为无线通信事件中必不可少的重要组成部分[2]。

本书通过大量不同年龄、收入、性别等的手机用户志愿者的手机话费记录数据，运用概率统计分析手段拟合各种通信事件的发生概率分布，确定通信活动与行为事件概率统计函数。将交通仿真模块中生成的个体多模式出行仿真轨迹数据加载通信活动与行为事件概率统计函数配置出行轨迹的通信事件行为参数，以仿真再现在出行过程中该个体的手机使用行为，包括通话、短信、微信和 QQ 等触发 3G/4G 上网等与通信基站发生信息交互的事件。为了方便通信事件的统计和生成，用数字代表不同的通信事件，如表 5-2 所示。

表 5-2　不同通信事件代表值

状态	闲置	接收短信	通话行为	3G/4G-LTE 网络
代表值	0	1	2	3

1. 通话事件仿真

1）通话时长仿真

通话时长指用户从开始接通本次通话到结束本次通话间经过的时间长度。通过统计某市连续 96 个小时的电信通话数据，包括主叫被叫号码、通话时间、通话日期、通话时长以及基站信息等超过 300 万条的关于用户上网的数据信息，不同时间段的用户通话时长具有显著的差异性[3]。在 22:00—23:00 时段的平均通话时长达到高峰，紧接着平均通话时长急速下降，在次日早上 6:00—7:00 到达最低谷。而在工作时间，一直到晚上 8:00 之前，平均通话时长一直处于较为平稳的范围内，如图 5-3 所示。

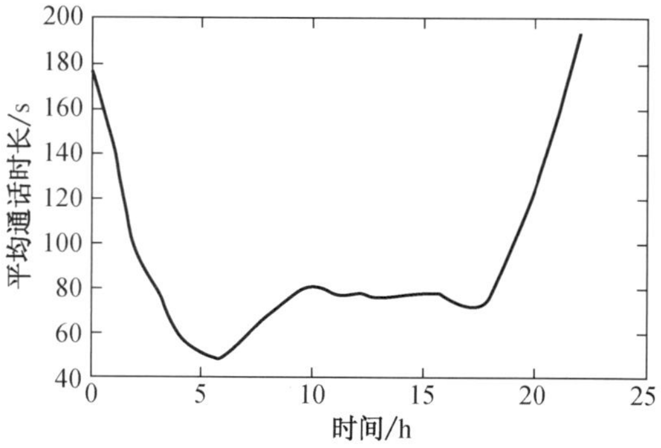

图 5-3　不同时间段用户平均通话时长

利用最小二乘法对图中曲线进行函数拟合，发现 5 次 Gaussian 多项式的拟合效果最好，表达式如下，表达式各函数取值如表 5-3 所示，拟合均方差(RMSE)为 1.534，确定系数(R-square)为 0.998 3。图 5-4 为拟合效果图，其中，黑色点为真实曲线上的散点，蓝色线为拟合曲线，可以看出拟合效果较好。根据确定的个体出行时间可以求出用户平均通话时长，生成以该时长为均值的正态分布随机数作为用户的通话时长。

$$f(x)=a_1\times\exp\left[-\left(\frac{x-b_1}{c_1}\right)^2\right]+a_2\times\exp\left[-\left(\frac{x-b_2}{c_2}\right)^2\right]+a_3\times\exp\left[-\left(\frac{x-b_3}{c_3}\right)^2\right]$$
$$+a_4\times\exp\left[-\left(\frac{x-b_4}{c_4}\right)^2\right]+a_5\times\exp\left[-\left(\frac{x-b_5}{c_5}\right)^2\right] \quad (5-2)$$

表 5-3　5 次 Gaussian 多项式拟合函数取值

参数	取值	95%置信度取值	参数	取值	95%置信度取值
a_1	210.4	(149.3, 271.4)	c_3	1.421	(0.442 5, 2.399)
b_1	23.04	(21.02, 25.07)	a_4	70.02	(54.81, 85.24)
c_1	3.117	(−0.622 6, 6.856)	b_4	10.07	(9.323, 10.81)
a_2	4.805×10^{16}	$(-2.387\times10^{19}, 2.397\times10^{19})$	c_4	4.061	(3.217, 4.906)
b_2	−195.3	(−3 114, 2 723)	a_5	66.11	(44.33, 87.88)
c_2	33.95	(−218.1, 286)	b_5	16.02	(15.21, 16.84)
a_3	27.81	(−45.13, 100.7)	c_5	3.55	(1.878, 5.222)
b_3	19.42	(18.91, 19.93)			

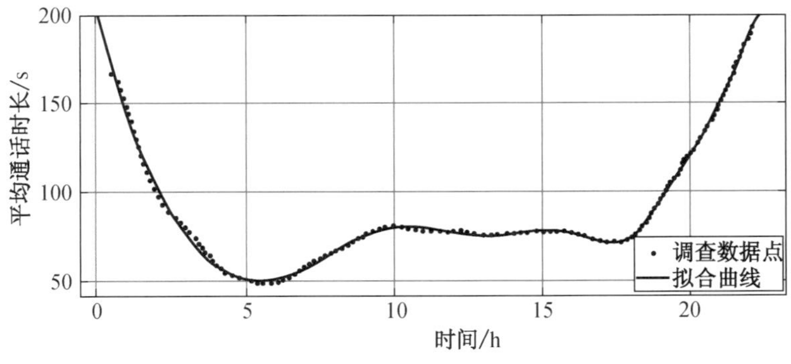

图 5-4　5 次 Gaussian 多项式拟合效果

2）通话间隔仿真

通话间隔时间是指手机使用者本次通话开始时间与上一次通话开始时间的时间差，其值越小表示使用者通话越频繁。通过统计分析，被调查人群中连续两次通话间隔在 0～30 min 内的概率达到 54.85%，且随着间隔时间的增大呈递减的趋势，这是因为手机通话具有一定的连续性。同时，通话间隔在 3 h 以上的概率约为 10%，随着以后 3G/4G-LTE 网络的普及，这一比率可能会逐渐增大。详细通话间隔时间分布见表

5-4。利用轮盘赌选择法随机生成通话时间间隔，即生成一个 0～1 内的随机数 x，根据 x 所在累积频率百分比的区段，以该区段的通话事件时间间隔的中位数作为正态分布的中值，生成满足该正态分布的随机数作为通话时间间隔[4]。

表 5-4　　用户通话间隔时间分布

通话事件时间间隔/min	频数	累积频率百分比	通话事件时间间隔/min	频数	累积频率百分比
0～10	166	40.29%	100～110	7	81.55%
10～20	39	49.76%	110～120	9	83.74%
20～30	21	54.85%	120～130	6	85.19%
30～40	22	60.19%	130～140	3	85.92%
40～50	15	63.83%	140～150	9	88.11%
50～60	15	67.48%	150～160	4	89.08%
60～70	10	69.90%	160～170	3	89.81%
70～80	11	72.57%	170～180	4	90.78%
80～90	17	76.70%	其他	38	100.00%
90～100	13	79.85%			

2. 短信事件仿真

短信间隔时间是指手机使用者本次与上次发送或接收短信之间的时间差。根据统计结果，被调查人群单月内短信发送与接收的时间间隔呈现明显的规律性。收发间隔时间小于 1 h 的频数几乎占了所有间隔时间的 75%，这是因为收发短信有显著的连续性，因为手机使用者经常使用短信与亲友聊天或者讨论事情，导致短信的收发常常在一段较短时间内连续发生。详细间隔数据如表 5-5 所示，以轮盘赌选择算法求出间隔时间区段，再生成以该区段的中值为均值的正态分布随机数作为短信接发间隔。

表 5-5　　短信接发间隔分布

接收	频数	累积频率百分比	接收	频数	累积频率百分比
0:00:00	2 279	18.38%	0:55:00	77	73.73%
0:05:00	4 733	56.57%	1:00:00	66	74.27%
0:10:00	724	62.41%	2:00:00	652	79.53%
0:15:00	329	65.06%	3:00:00	401	82.76%
0:20:00	208	66.74%	4:00:00	253	84.80%
0:25:00	195	68.31%	5:00:00	211	86.50%
0:30:00	141	69.45%	10:00:00	594	91.30%
0:35:00	132	70.51%	15:00:00	437	94.82%
0:40:00	97	71.30%	20:00:00	254	96.87%
0:45:00	124	72.30%	24:00:00	155	98.12%
0:50:00	101	73.11%	其他	233	100.00%

3. 3G/4G-LTE无线网络通信事件

随着互联网APP的普及，大量的终端周期性地发送心跳包。所谓心跳包最初用于服务器的安全备份机制，是为了防止服务器死机，而在服务器之间采用专用的端口和线路，周期性传送简短的信息[5]。这种机制被手机上的互联网应用所借用，无论是Android的原生应用，还是QQ、微博和微信，都采用这种心跳机制，也就是终端定时向应用服务器发送简短的信息。当前不同的手机APP心跳周期频率不同，比如旧版QQ的心跳周期为30 s，新版QQ为180 s，微信为300 s，已经呈现出逐步延长的趋势。由于不同用户手机上的APP种类繁多，规律也难以调查统计，本书取50～400 s内随机数作为心跳包的发送周期，据此仿真出3G/4G-LTE移动通信事件。

5.3.2 移动通信信号传播理论模型

电磁波传播特征研究是用于移动通信网络覆盖范围涉及的重要基础，判断切换的依据是手机测试到的基站信号强度，基站发射的信号通过电磁波的形式传播到手机，由于基站到手机之间的传播路径较为复杂，从简单的视距传播到遭遇到各种地形地物(高层建筑物)，再加上电磁波传播机制的多样化(反射、绕射和散射)，造成到达手机的电波信号强度也具有随机性，这是手机切换随机变动性的根本原因。通过对电磁波传播特性的研究掌握在距离信号发射机的特定位置点信号强度变化特征，为分析手机切换提供基础[6]。

1. 电磁波传播衰弱理论简介

通信领域中，电磁波的传播建模是无线移动通信系统中的难点，对传播模型的研究传统集中于长距离信号发射机一定距离处平均接收信号场强的预测，以及特定位置附近信号场强的变化特征。电磁波在传播过程中的衰减主要表现为路径损耗和小尺度衰落这两种形式。路径损耗即由于接收机到发射机之间距离变化产生的信号强度衰减现象；小尺度衰弱即当手机在小范围内移动时可能引起瞬时接收信号强度的快速波动现象。由此，根据距离变化的尺度不同电磁波传播模型包含两类：①大尺度路径损耗传播模型，用于描述信号发射机与接收机之间长距离(几百米或者几公里)上信号场强的变化；②小尺度衰落模型，描述短距离(几个波长)或短时间(秒级)内接收场强的快速波动特征。

1) 大尺度路径损耗

无线通信系统设计时，首要的问题是在给定条件下如何计算出接收信号的强度，或者接收信号中值，从而进一步设计系统或设备的其他参数和指标。所给定的条件包括发射机天线高度、位置、工作频率、接收天线高度、收发信机之间的距离等，这即是电波传播的路径损耗预测问题，这里的信号中值是指长区间中值[7]。

由于移动环境的复杂性和多变性，要对接收信号中值进行准确计算是相当困难的。无线通信工程的做法是，在大量场强测试的基础上，经过对数据的分析与统计处理，找出各种地形地物下的传播损耗(或接收信号场强)与距离、频率及天线高度的关系,给出传播特性的各种图表和计算公式,建立电波传播预测模型,从而能用简单的方法预测接收信号的中值。

在移动通信领域中,已建立了许多电波传播预测模型,它们是根据在各种地形地物环境中实测场强数据总结出来的,各有特点、适用于不同的情形。大多数传播模型是通过分析和实验相结合而产生的。实验方法基于合适的曲线或者解析式来拟合出一系列测量数据,其优点在于通过实际的测量考虑了所有的传播因素包括已知的和未知的。

2) 小尺度衰落(快衰落)

小尺度衰落影响本地区域接收机天线上的信号电平的动态衰落范围,同时,小尺度衰落对信号强度引起的随机波动对切换的判断造成较大影响。小尺度衰落是指无线电信号在短时间或者短距离传播后其幅度、相位或多径时延快速变化,以至于大尺度路径损耗的影响可以忽略不计。这种衰落是由于同一传输信号沿两个或者多个路径传播,以微小的时间差到达接收机的信号相互干扰所引起的,这些波称为多径波。接收机天线将他们合成一个幅度和相位都急剧变化的信号,其变化程度取决于多径波的强度、相对传播时间及传播信号带宽。

在高楼林立的中心城区,通常情况下,由于移动天线高度比周围建筑物低,因此不存在从移动台到基站的单一视距传播,这样就导致了衰落的产生。即使存在一条视距传播路径,由于地面与周围建筑物的反射,多径传播仍然存在。入射电波从不同的方向传播到达,具有不同的传播时延。

2. 3G/4G-LTE 新一代移动通信网络信令事件数据解析

新一代通信系统架构采用扁平化的网络设计,主要由核心网、接入网两部分组成。网络的扁平化使得各实体功能更为集中,系统信令及流程更为简化,网络架构的改变也促使蜂窝移动通信系统从电路交换模式转变到分组交换模式。这种情况下,用户设备的定位功能也得到增强,且提供了更多的支持定位业务的实现手段。与 GSM 网络相比,新一代通信系统可以提供更为丰富、精确、便利的位置信息服务。

新一代移动通信信令解析流程:蜂窝网络的移动性管理包括空闲状态下的跟踪区(TA)更新和连接状态下的切换,其中,前者将周期性的触发位置更新信令,后者将由系统指定的切换算法触发相应的软切换流程[8]。蜂窝移动通信系统频繁的交互信令包含了位置标识 TAI、小区标识等位置信息,通过对该类信令信息的提取,能够对交通行业追踪个体出行信息提供很好支撑。例如,如图 5-5 所示为新一代移动通信网络下的软切换流程。

新一代移动通信网络信令事件信息提取:智能手机终端的普及使 QQ、微信、微博等手机 APP 大范围应用,该类软件的文字、语音、视频等多媒体功能在为人们提供了更为方便、快捷的交流方式的同时,也带来了大量的网络定位信息,从交通角度而言,该类软件产生海量的信令信息使得用户的位置信息频繁暴露,这对研究个体交通出行轨迹具

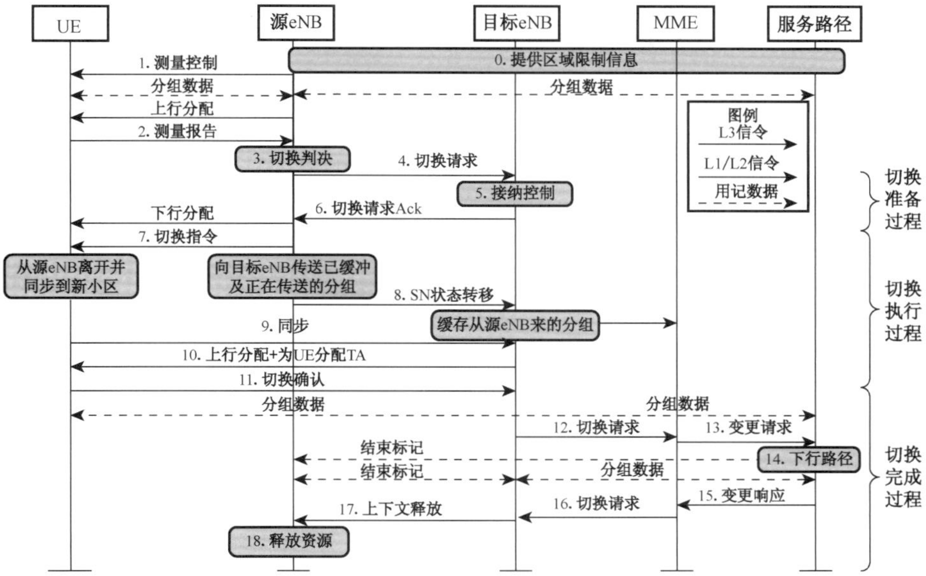

图 5-5　新一代移动通信网络下的软切换流程

有积极的作用。对 3G/4G-LTE 新一代通信系统，无线接口协议包含控制面（Control Plane）和用户面（User Plane），可以在用户面对相关应用协议进行分析，并使用 Wireshark 等网络封包分析工具对 GPS，OTDOA 等定位技术产生的位置相关数据流进行提取。

3. 无线信道模型说明

在通信领域，信道模型计量了复杂地面环境下手机使用者的信号强度。在本书中，使用 SNR 作为准则判断每个采样位置处的服务基站 ID，并进行重复实验[9]。

$$SNR = \frac{P_T - PL - S}{N} \tag{5-3}$$

式中，P_T 为基站功率；PL 为路径损耗；S 为阴影衰落；N 为噪声功率。

路径损耗使用 WINNER Ⅱ 模型如下：

$$PL = \begin{cases} 21.5\lg(d) + 44.2 + 20\lg\left(\dfrac{f_c}{5}\right) & 10\ \text{m} < d < d_{BP} \\ 40\lg(d) + 10.5 - 18.5\lg(h_{BS}) - 18.5\lg(h_{MS}) + 1.5\lg\left(\dfrac{f_c}{5}\right) & d_{BP} < d < 10\ \text{km} \end{cases} \tag{5-4}$$

式中，d，h_{BS}，h_{MS} 分别为基站采样点间距离、基站高度（典型值 32 m）、采样点高度（典型值 1.5 m），m；f_c 为载频，GHz；d_{BP} 为断点距离，$d_{BP} = 4h_{BS}h_{MS}f_c/c$，$c$ 为光速。

根据 3G/4G-LTE 新一代移动通信网络的布局规划原则进行网络构建，同时配置相应的通信网络参数，主要参数配置内容如表 5-6 所示。

表 5-6　　无线通信仿真参数配置情况

参数	取值	参数	取值
带宽/MHz	4	天线类型	全向天线
基站总发送功率/dB	43	基站电缆损耗/dB	2
对数阴影衰落标准差/dB	4	滞后余量/dB	8
热噪声/(dB·Hz^{-1})	−174	频率/GHz	2.5
用户噪声指数/dB	7		

注：R 为基站与手机之间的距离，km。

5.3.3　移动通信环境及仿真实例——以成都市为例

在交通仿真基础上，仍然以成都市为例构建通信仿真模型。图 5-6 为成都市某时刻 GSM 基站信号覆盖分布规律仿真结果。图中空心圆为基站所在位置，红色线为道路轮廓，基站周围不同的颜色表示不同基站信号的覆盖范围。由于基站发射的信号强度受到环境因素影响(建筑、天气等)，随距离发生递减式波动，因此，不同时刻的基站覆盖范围也相应发生动态变化[10]。不同颜色的区分可参见附图 A-8。

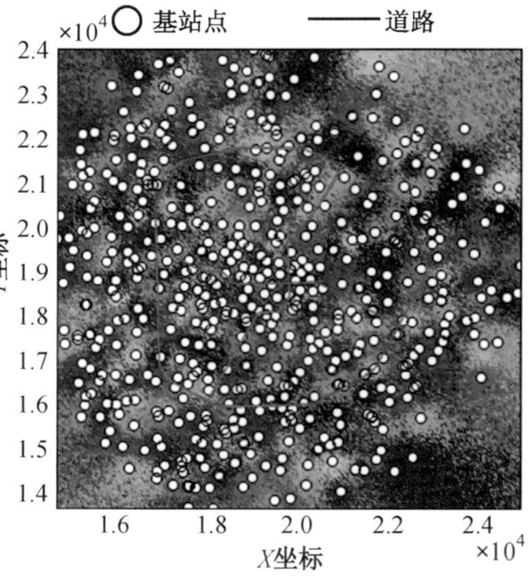

图 5-6　成都市某时刻通信基站小区覆盖范围仿真结果

从图 5-6 中可以看出：①各个基站小区的覆盖范围不同(取决于基站发射功率，信号传播的衰减规律等)；②由于信号传播过程的扰动，基站小区边界呈不规则形状，而且随时间而动态变化；③同一个位置可能被多个基站小区覆盖。这些基站覆盖分布仿真结果与实际通信环境具有较好的相似性。基于本书提出的手机无线通信仿真数据平台能够有效弥补已有手机定位模型的缺陷，例如，对于基站小区覆盖范围相同且呈现正六边形理想蜂窝形状等假设，该仿真数据平台完全可以避免，从而增加仿真结果的真实性。以上分析可以说明，本书提出的手机无线通信仿真平台能够有效地模拟真实的通信环境，为进一步提取手机定位数据提供重要支撑。

表 5-7 为一个仿真生成的手机通信数据样例。其中，前 8 列为交通仿真模块生成的个体出行数据，CT 列为仿真的无线通信事件数据；CI 列为通过移动通信仿真后得到的交互基站序列；CLng 和 CLat 为基站所对应的经度和纬度。若没有发生通信事件，即 CT 列数据为 0，则后三列也为 0。

表 5-7　　手机通信数据样例

II	ST	TL	LN	VT	Lng	Lat	S/(m · s^{-1})	CT	CI	CLng	CLat
10	2 353	11	183	300	104.072 9	30.629 92	11.89	0	0	0	0
10	2 354	11	183	300	104.072 9	30.629 81	12.12	0	0	0	0
10	2 355	11	183	300	104.072 9	30.629 7	12.35	0	0	0	0
10	2 356	11	183	300	104.072 9	30.629 58	12.47	3	428	104.072 1	30.627 36
10	2 357	11	183	300	104.072 9	30.629 47	12.23	3	428	104.072 1	30.627 36
10	2 358	11	183	300	104.072 9	30.629 36	12	3	427	104.072 1	30.627 38
10	2 359	11	183	300	104.072 9	30.629 26	11.77	3	428	104.072 1	30.627 36

注：II 为个体编号(Individual ID)；ST 为仿真时间(Simulation Time)；TL 为目标路径编号(Target Link)；LN 为当前路段编号(Link Number)；VT 为车辆类型(Vehicle Type)；Lng 为经度(Longitude)；Lat 为纬度(Latitude)；S 为速度(Speed)，m/s；CT 为通信事件(Communication Type)；CI 为基站编号(Cell ID)；CLng 为基站经度(Cell Longitude)；CLat 为基站纬度(Cell Latitude)。

5.4 手机传感器数据仿真

由于个人隐私、网络安全等敏感问题，大量获取个体真实出行的传感器数据十分困难。然而，设计实验人工采集需要耗费大量时间成本和人力成本，尤其是一些特殊交通环境和交通状态下的手机传感器数据的采集很难对实验条件进行选取控制，甚至可遇不可求。通过仿真的手段则可以极大减少成本，且系统状态参数也更加容易控制，有助于综合评估不同系统参数和影响因素作用下技术方法的应用效果。

5.4.1 手机传感器数据扰动加载方法

由于通过行人仿真和交通流仿真得到的轨迹数据是理想化的轨迹点，所以需要对每个定位点进行定位加扰处理，使得仿真的传感器数据能够与真实的定位数据具有相似的数据特点。

关于 GPS 定位误差国内已经有很多学者做了研究。徐琨[11]根据以 60 km/h 的行驶速度，在西安市车流量较小的某路段采集到的 2 640 个定位数据，采用时间序列方法建立了全球定位系统动态单点定位模型，统计得到表 5-8 所列数据。

表 5-8　　经纬度误差统计

原始误差序列	最大绝对误差/(′)	均方误差/(′)	平均绝对误差/(′)
经度	0.241 0	0.080 2	0.063 6
纬度	0.740 7	0.201 8	0.150 0

可以根据该文的统计结果产生符合条件的正态分布随机数得到误差经纬度，然而由于 GPS 偏移方向和车辆行驶方向有密切关系，该统计结果并不适用于所有方向的误差统计。然而，由该统计结果可以计算出偏移距离，距离量为标量，其误差分布具有一定的普适性。

李军[12]以广州市 1 485 辆浮动车全天采集到的 508 511 条数据作为研究对象，得到偏移道路误差的分布规律，偏移道路的定位误差计算方法如图 5-7 所示。得到误差平均值为 12.14 m，方差为 151.11 m^2，定位误差服从 p -范分布，表达式如下：

$$f(x)=\frac{p\lambda}{2\sigma\Gamma\left(\frac{1}{p}\right)}\exp\left[-\left(\lambda\frac{|x-\mu|}{\sigma}\right)^{p}\right] \tag{5-5}$$

式中，$\Gamma(x)$ 为伽马函数；$\lambda=\sqrt{\frac{\Gamma\left(\frac{3}{p}\right)}{\Gamma\left(\frac{1}{p}\right)}}$；$p=0.94$，$\sigma=12.29$，拟合度为 0.98。生成服从条件的 p 范分布随机数，可以得到误差点偏移道路距离。

由偏移距离和距离道路的定位误差，再结合车辆的行驶方向，即可以确定偏移 GPS 定位点的位置，如图 5-8 所示。P 点为真实的定位点，PQ 线为车辆行驶方向。通过确定偏移距离 p 和偏移道路误差 s，即可确定加扰后的点 G 位置。

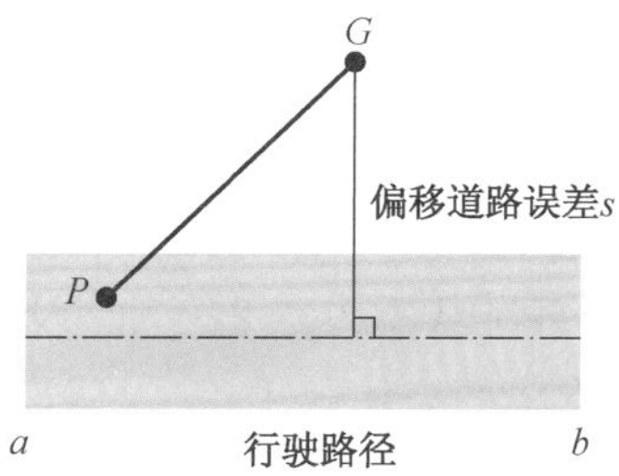

图 5-7　定位误差示意图

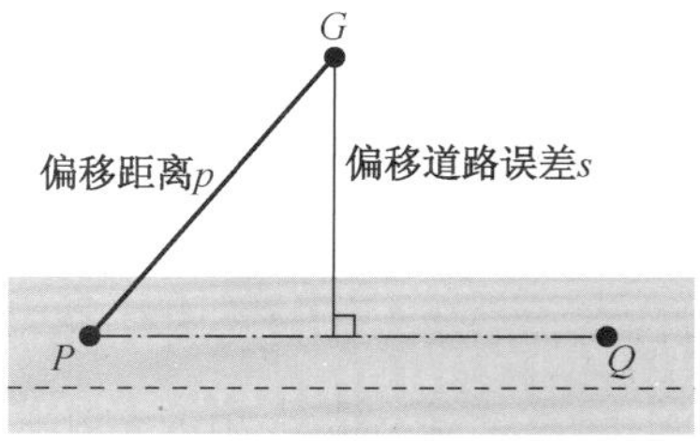

图 5-8　定位偏移 GPS 点示意图

根据上述统计结果进行仿真，我们以 VISSIM 导出的一组数据为例，画出其加扰前后的轨迹图和速度折线图如图 5-9 和图 5-10 所示，不同颜色的区分可相应参见附图 A-9和附图 A-10。图 5-9 中红色点为理想定位轨迹，蓝色点为加扰后的定位轨迹点。

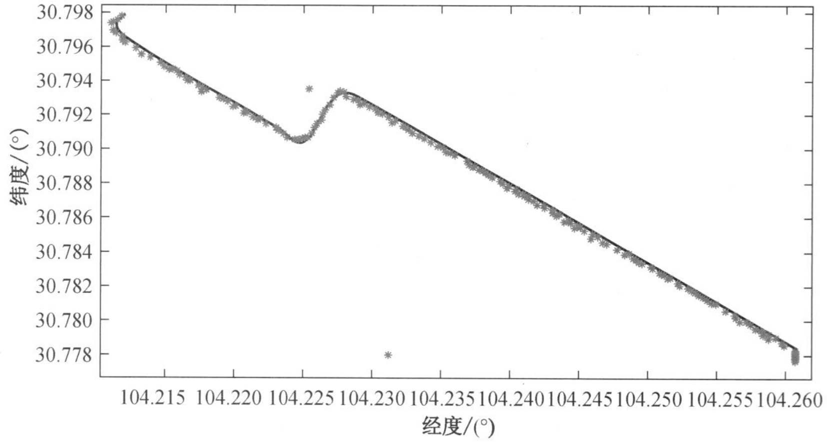

图 5-9　原始轨迹和加扰轨迹对比图

可以看出，蓝色的仿真轨迹点在理想定位位置周围存在一定偏差。图 5-10 中红色线为 Vissim 导出的速度折线图，蓝色的线为加扰后的速度折线图。Vissim 导出的速度在行驶过程中有较强的规律性和稳定性，而加扰之后的速度则波动更加剧烈，与现实中卫星定位得到的速度更加类似。

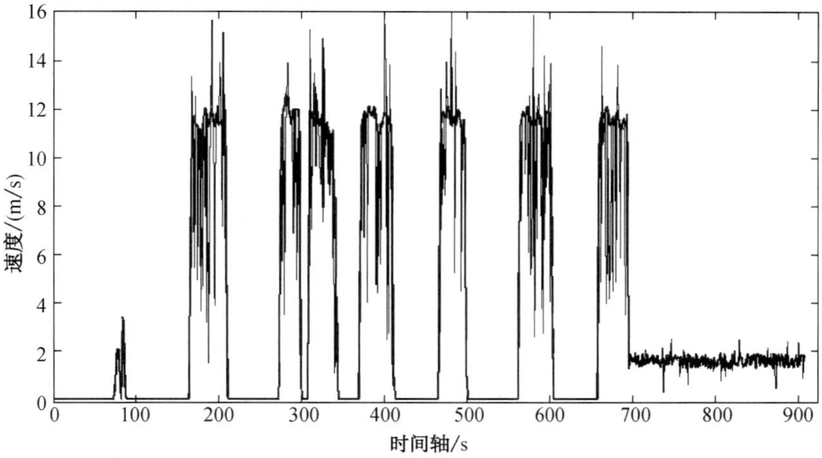

图 5-10　原始速度和加扰后速度对比图

5.4.2　数据加扰实例与效果评估

为了验证仿真生成数据与实际手机传感器数据的差异性，设计一条试验线路进行实地采集和平台仿真对比评估。选取蜀汉路—蜀都大道—东大街—东大路这条线路作为本次数据预评估的试验线路。该路线呈东西走向，东起成都市二环蜀汉路格林花园，西至东大路环贸广场，全程约 10.7 km，沿线蜀汉路、蜀都大道、东大街以及东大路均是重要交通干道。同时，此线路包括地铁 2 号线、43 路公交等公交线路，途径人民公园、天府广场、成都中医药大学附属医院等人流集散密集地区。

测试数据出行方式为步行—公交车—自行车—步行，对该样例数据进行交通仿真

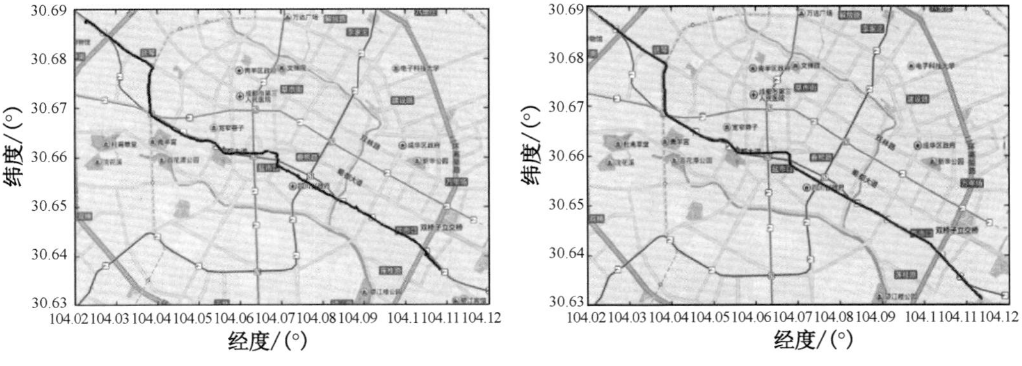

(a) 实地采集的GPS数据轨迹　　(b) 仿真数据的轨迹路线

图 5-11　实地采集 GPS 数据和仿真数据轨迹图

并通过加扰处理生成其手机传感器数据。图 5-11(a)和图 5-11(b)分别为实地采集的GPS数据轨迹和仿真数据的轨迹路线。可以看出,实地采集轨迹数据和仿真生成轨迹数据在地图上匹配路线一致。图 5-12(a)为实地采集的速度和当时所采用的交通方式,图 5-12(b)为仿真生成的交通方式和速度间的对应关系。可以看出,真实采集的速度数据和仿真数据在速度特征上呈现相似的波动特征。然而,在实际采集的过程中的公交车段由于受到现实中许多不可控因素的影响,低速行驶和停车频率比仿真数据略高。

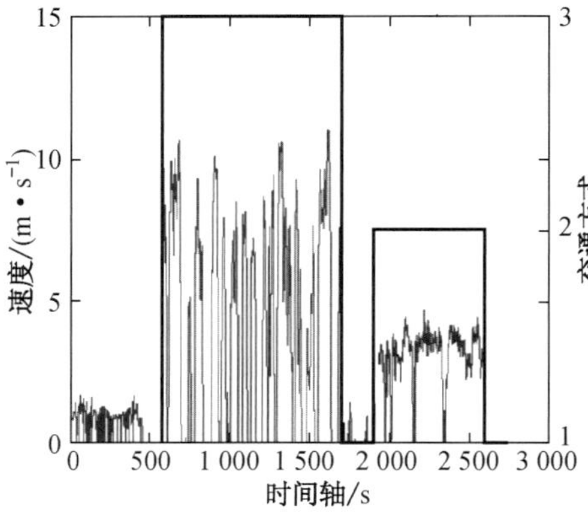

(a) 实地采集的速度和当时所采用的交通方式　(b) 仿真生成的交通方式和速度间的关系

图 5-12　实地采集和仿真 GPS 速度—交通方式折线图

1. 仿真数据整体分布评估

为了评估传感器仿真数据的真实性,对不同交通方式的速度分布做出统计。结果见图 5-13,不同颜色的区分可参见附图 A-11。其中,蓝色和红色的线分别为实地采集的真实数据和手机传感器仿真数据的速度分布情况。不同的速度区间分布指整个行程内该速度区间内运行的时间占整个行程的比例。图 5-13(a)为自行车交通方式的速度

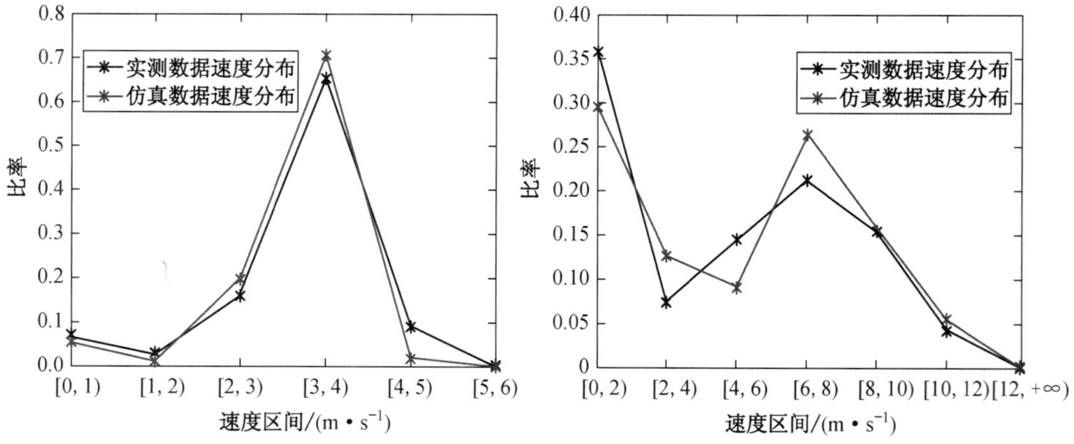

(a) 自行车交通方式的速度分布情况　(b) 公交车的速度分布情况

图 5-13　实测和仿真速度范围分布

分布情况，由于现实中自行车行驶相对于机动车受到干扰较小，行驶环境和仿真中较为类似，所以不同的速度区间比例呈现较为一致的分布，仿真数据与实测数据比较相符；图 5-13(b)为公交车的速度分布情况。由于公交车运行速度对交通环境的敏感性较强，实地采集数据和仿真数据速度分布相对于自行车较大。在速度大于或等于 6 m/s 的公交车正常运行时段下，仿真数据所占比例相比于实际数据较高，原因主要是现实中的交通环境更为复杂，车辆启停更加频繁。但不同的速度分布区间内实测数据和仿真数据所占比例差均在 0.1 之内，在可接受范围之内。

2. 仿真数据速度特征量评估

上述的速度分布统计检验可以从整体上反映仿真速度数据和实地采集数据的拟合程度，下面通过单位时间内不同速度特征检验二者的相似性。

由于不同交通方式对路况的敏感程度不同，机动车相对于非机动车启停更加频繁，这就意味着不同交通方式的速度变化幅度存在较大差异，所以单位时间内的速度标准偏差是衡量交通方式的重要特征。同时，单位时间内的平均速度和最大速度的差异对交通方式具有显著的相关性。图 5-14 展示了以每一个时间点后 60 s 内的这三个速度特征的两种速度数据的对比情况。可以看出，尽管在数值上存在一定偏差，但二者波动情况呈现相似的特性。

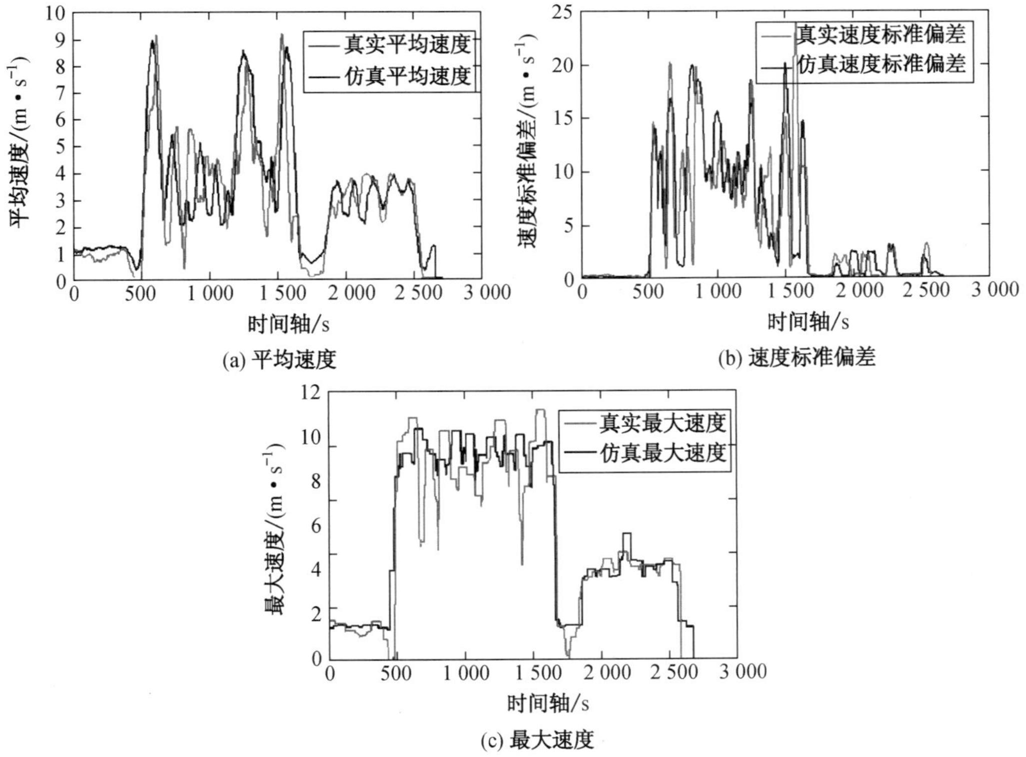

图 5-14　不同速度特征的仿真数据和真实数据对比

通过以上评估检验可以看出，对交通仿真模块导出的个体多模式出行加扰后得到的手机传感器轨迹数据和速度数据和实地采集的数据具有较好的一致性。而这两种数据是手机传感器数据最主要的特征量，所以本章节生成的传感器仿真数据可以应用于后续的研究中。

5.5 本章小结

通过构建“行人—交通流—通信”集成仿真平台能够实现在可控的系统状态参数环境下研究技术方法的效果，综合评估不同系统参数和影响因素的作用效果，有助于更加深入全面把握技术方法的适用性。本章以成都市二环为例，通过 VISSIM 和 MATLAB 软件生成个体多模式出行的交通轨迹数据，并根据真实的 3G/4G-LTE 新一代移动通信的网络构建、基站布局以及参数配置仿真出个体通信信令数据。最后，通过对现实 GPS 定位误差的统计分析，对交通仿真中的轨迹数据进行扰动加载，仿真出手机传感器数据，并将其与真实的手机传感器数据进行了对比评估，结果显示二者具有较好的一致性，为后续利用仿真数据进行研究分析提供了数据基础。

参考文献

[1] Park B, Schneeberger J D. Microscopic Simulation Model Calibration and Validation: Case Study of VISSIM Simulation Model for a Coordinated Actuated Signal System[J]. Transportation Research Record Journal of the Transportation Research Board, 2003, 1856(5):185-192.

[2] 佚名. 宽带发展联盟:中国宽带普及率 60%上下[J]. 电视技术, 2016(9):.

[3] 张文达. 电信用户行为特征分析[D]. 北京:电子科技大学,2013.

[4] Lipowski A, Lipowska D. Roulette-wheel selection via stochastic acceptance[J]. Physica A Statistical Mechanics & Its Applications, 2011, 391(6):2193-2196.

[5] 孙宇彤. 2013 年通信业界关键字:通信与 4G[J]. Ups 应用,2014(1):82-82.

[6] 常连. 移动通信系统电波传播的信道模型与时变特性研究[D]. 北京:北京邮电大学,2013.

[7] 龚达宁,刘春燕,郭进军. 评估第三代移动系统用的路径损耗公式的讨论[J]. 电信网技术,1998(4):38-41.

[8] 郎为民,杨德鹏. LTE 空闲状态下的移动性管理[J]. 数据通信,2011(6):6-9.

[9] Meinilä J, Kyösti P, Jämsä T, et al. WINNER II Channel Models[M]// Radio Technologies and Concepts for IMT-Advanced[M]. John Wiley & Sons, Ltd, 2008.

[10] 杨飞. 基于手机切换定位的道路行程车速采样提取技术研究[M]. 科学出版社, 2013: 145-146.

[11] 徐琨,贺昱曜,孙朝云,等. 基于 GPS 的公路路面裂缝定位方法[J]. 长安大学学报:自然科学版,2008,28(5):27-30.

[12] 李军,游弋,邓红平. 城市浮动车数据定位误差分布规律研究[J]. 科学技术与工程,2016(1):244-249.

6 基于手机传感器数据的精细化出行参数提取实证研究

个体出行参数是进行城市交通需求分析的基础，包含每一次出行的起讫点、交通方式、出行目的等。基于手机传感器数据(时间、GPS经纬度数据、速度、三轴加速度等)的个体出行信息调查方式在个体出行链微观出行特征提取方面具有优势，有数据精度高、操作难度低的特点，有效地弥补居民出行调查存在的不足，越来越得到相关学者的重视。本研究的先前章节从手机传感器数据分析技术、挖掘算法、应用方式和条件等方面进行了介绍，为手机传感器数据的应用提出了算法支撑，仍需对实际应用效果进行实证分析。

本章根据第3章介绍的手机传感器数据出行参数提取算法，使用开发的多源手机传感器数据采集APP开展调查与数据处理，总结应用手机传感器数据进行个体出行参数提取的难点和技术关键，对出行中的出行端点、交通方式换乘点、交通方式三个出行特征参数进行提取与分析，对算法的可行性进行全面的评估。

6.1节设计调查方案，全面采集符合我国居民交通出行特点的手机传感器数据；6.2节实证分析空间聚类算法对出行端点的识别效果，讨论手机传感器数据中出行端点识别的可行性与效果；6.3节将研究小波变换模极大值算法对交通方式换乘点进行识别，分析不同交通方式出行数据差异并切割出行段；6.4节和6.5节研究神经网络算法识别出行段交通方式的效果，并通过GIS地图匹配算法提高识别精度；6.6节对本章成果进行总结，分析个体出行参数提取可行性。

6.1 手机传感器数据采集实地试验

全面分析手机传感器数据的特征与个体出行参数提取，需要有能全面反映我国居民出行特征的数据作为支撑。我国交通环境复杂，居民人口众多，日常出行具有出行量大、出行模式多样等特征，实测数据应涵盖大部分居民的正常出行，以便提取个体出行参数进行分析。本部分通过分析居民出行特征，针对不同特征制定数据采集方案，以成都市为例开展调查。

我国城市居民交通出行主要有以下几个特点：

(1) 大多数城市的居民人均出行次数在3次/(人·d)以下，少数城市居民人均出行次数超过3次/(人·d)，一般情况下，居民人均出行次数随城市规模的增大而减少，随出行距离增加而减少；

(2) 出行目的主要分为通勤与非通勤，各占出行的一半，通勤有规律的时空特性；

(3) 出行方式多样，多为多交通方式组合出行。

手机传感器数据的采集方案制定需根据我国居民交通出行特点，全面分析手机传感器数据对于不同交通条件的处理效果，并考虑城市几条主干道交通状态的多样性，对成都不同交通方式的特征进行分析。成都超过1 400万常住人口，是人口密度高的城市地区，在中国复杂的交通环境中具有代表性。本研究设计了13条数据采集线路，出行方案涵盖了步行、公共汽车、汽车、自行车和地铁组成的日常出行常见模式。每个方式组合的样本量为 30 趟出行，同时出行方案考虑了出行目的、交通状态等多个考虑因素。

6.1.1 不同出行目的的出行方案设计

出行目的不同对于出行者方式选择、出行时间和距离等要素影响较大，对应呈现出的出行数据特征也差别巨大。为了验证算法在个体出行参数提取的适应性，需要对不同的影响因素下的出行数据进行提取与检验。本小节根据出行目的对居民出行构成进行划分，并结合成都市的交通状况进行出行方案设计，针对性采集固定出行目的的出行数据。

根据相关城市的调查结果，居民的出行构成根据出行目的主要划分为通勤与非通勤两方面。通勤包括上下班与上下学的出行，分别占总出行的 41.7%和 6.5%；非通勤出行占总体出行构成的 51.9%，主要包括日常生活、文化娱乐休闲、接送人、就医和业务几种，他们之间的百分比分别为 25.4%，9.8%，9.3%，3.2%和 4.2%。基于以上比例，并考虑正常的出行规律，如方式选择、出行目的对应的发生时间、路程长度是否合理，设计了基于不同出行目的的出行调查方案，分为通勤路线与非通勤路线。

通勤路线主要模拟居民的通勤行为，包括上下班、工作时间外出办事、休息时间外出午餐、上下课、接送客户等行为。调查路线的设计遵循以下原则：调查时间选取无特殊重大活动的工作日；调查时长与通勤时间相同，总调查时间皆超过 8 个小时，根据实际通勤行为制定出行计划，如模拟上下班行为时九点前到达工作地点，到达目的地后关闭 APP，模拟室内上班，下午五点左右开始模拟回家出行；同一路线的调查人员尽量乘坐不同班次的车辆，错开时间避免人为造成的数据相似度高；为保证采集数据的信息量与处理价值，每一条路线的出行皆包含三个及以上的出行端点，并在符合现实居民的出行方式选择的情况下尽可能多种交通方式结合出行，包括一次出行使用两种交通方式(如地铁+公交等)，或每次出行采用不同的交通方式。

基于以上原则设计了 5 条通勤路线，其中模拟了正常职员、教师、医生等职业的路线。按照成都居民的一般通勤规律，居住点设置在二环外，工作地点设置在城内，且设置的几条线路从成都的不同方向出发，涵盖多个干道的交通状态调查。模拟通勤路线设计如表 6-1 所示。

表 6-1　　通勤路线设计表

出行目的	出行路线
家—上班—商务会客—会客结束回单位—回家	东晖花园四区—天府国际金融中心—环球中心—天府国际金融中心—东晖花园四区
家—上班—外出开会—开会结束回单位—回家	交桂巷—青羊区政府—锦江宾馆—青羊区政府—交桂巷
家—上班—午餐—午餐结束回单位—回家	万科·魅力之城—四川省人民医院—四川广播大学附近—四川省人民医院—万科·魅力之城

（续表）

出行目的	出行路线
家—上课（上午）—回家午饭—上课（下午）—回家	四川大学（华西校区）—四川大学（望江校区）—四川大学（华西校区）—四川大学（望江校区）—四川大学（华西校区）
家—上班—接客户—送客户至宾馆—回家	西南交通大学—青少年宫大厦—火车北站—宇豪·罗曼大酒店—西南交通大学

非通勤路线模拟成都居民周末日常生活及外出游玩休闲中涉及的交通行为，主要包括日常生活、文化娱乐休闲、接送人、就医和业务几种。调查路线的设计遵循以下原则：调查时间选取周末；调查时长不限，但为了保证数据量，调查时间尽量超过 6 个小时，室外步行数据也应记录；非通勤出行的出行目的也应事先规定，并按照居民出行构成的大致比例进行分配。基于以上原则，设计了 6 条非通勤路线，模拟了主要几种非通勤行为，涵盖了成都中心城区几大商圈，对于休闲出行行为的分析有着重要意义。模拟非通勤路线设计如表 6-2 所示。

通过以上 11 条路线的设计与调查，能模拟成都市居民出行的一般规律，获取成都市主要干道的不同时段交通状态，通过手机传感器数据的处理对出行者出行参数进行提取。

表 6-2　　非通勤路线设计

出行目的	出行路线
家—买菜—回家—就医—回家	华宇·锦城名都—交桂巷—华宇·锦城名都—中铁二局集团医院—华宇·锦城名都
家—去公园游玩—就餐—回家	华宇·锦城名都—浣花溪公园—附近就餐—华宇·锦城名都
家—去动物园游玩—商场逛街—回家	水木光华小区—成都动物园—SM 广场（二环路店）—水木光华小区
家—商场逛街—商场逛街—回家	西南交通大学北门—春熙路—成都来福士广场—西南交通大学
家—商场逛街—商场逛街—回家	火车北站—春熙路—成都华润万象城—西南交通大学
家—访友—就餐—商场逛街—就餐—回家	西南交通大学北门—恒德路格林尚元丽舍—星辉中路—金牛万达—张家巷—西南交通大学北门

6.1.2　多方式组合出行方案设计

不同交通方式将产生差异化手机传感器数据，高效的个体出行信息提取算法应具备准确识别不同交通方式数据规律的特性。为了获取多样化的原始数据，充分挖掘不同出行情况下的手机传感器数据特征，不仅需要多样化的路线，还需要分析不同方式所对应的数据特征。现实生活中，居民个人出行多涉及多种出行方式，在实验路线中既要涵盖所有的城市主要交通出行方式，包括步行、自行车、小汽车、公交车、地铁，同时研究不同方式之间换乘的规律。

本小节综合考虑数据采集因素与现实因素，在 6.1.1 节针对不同出行目的设计的 11 条调查线路基础上增加 2 条调查线路，对此 13 条线路进行多方式组合出行方案的设计。新添加的 2 条调查线路根据地铁线路以及经验判断选取，由于其出行量较大、交通流量构成复杂、交通方式选择众多，在采集多方式组合出行的手机传感器数据上具有优势。出行路线分别为：

（1）人民北路—火车南站线路，呈南北走向，北起北一环人民北路公交站，南至南中环火车南站，全程长约 11 km，沿线人民北路和人民南路均为城市主干道。此线路包括地铁 1 号线、16 路公交等公共交通线路，途经天府广场、锦江宾馆等商业中心，如图 6-1 所示。

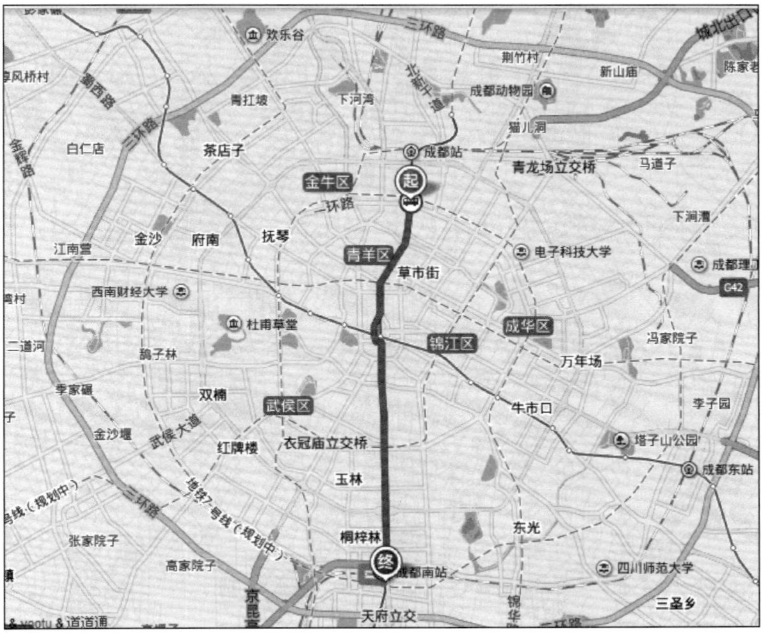

图 6-1　人民北路—火车南站线路

（2）蜀汉路—蜀都大道—东大街—东大路，呈东西走向，东起二环蜀汉路格林花园，西至东大路环贸广场，全程约 10.7 km，沿线蜀汉路、蜀都大道、东大街以及东大路均是重要交通干道。同时，此线路包括地铁 2 号线、43 路公交等公交线路，途经人民公园、天府广场、成都中医药大学附属医院等人流集散密集地区，如图 6-2 所示。

针对此 13 条线路，设计相应出行方式组合，5 种方式分别以其英文首字母代表：W(walk)，A(autobus)，C(car)，B(bike)，M(metro)；具体方式组合设计为：W-A-W，W-C-W，W-B-W，W-M-W，W-A-A-W，W-A-W-A-W，W-A-M-W，W-B-W-A-W。根据各线路特点设置换乘点位置，如人民公园公交站、锦江宾馆公交站、人南立交桥东站，以便后续研究出行换乘点、出行 OD 等信息。本调查方案较丰富，涵盖了成都市城市居民出行选择的所有类型，数据具有很好的代表性。由于各线路调查方案基本一致，本节以人民北路—火车南站为例，设计的多种交通方式组合出行调查方案如表 6-3 所示。

图 6-2　蜀汉路—东大路线路

表 6-3　　　　人民北路—火车南站 GPS 数据调查方案

方式组合	路线安排
W-A-A-W	太阳广场步行—人北公交站(16 路)—人南一段(同台 118 路)—火车南站公交站—步行至横店电影城
W-A-W-A-W	太阳广场步行—人北公交站(16 路)—人南一段—步行至锦江宾馆(118 路)—火车南站—步行至横店电影城
W-M-W	太阳广场步行—人北地铁站(地铁)—火车南站—步行至横店电影城
W-A-W-M-W	太阳广场步行—人北公交站(16 路)—人南一段—步行至锦江宾馆地铁站—火车南站—步行至横店电影城
W-C-M-W	太阳广场步行—人北公交站(出租)—锦江宾馆地铁站—火车南站—步行至横店电影城
W-B-A-W	火车北站(自行车)—人民北路公交站(16 路)—火车南站—步行至横店电影城
W-B-M-W	火车北站(自行车)—人民北路地铁站—火车南站—步行至横店电影城

6.1.3　不同交通状态的数据采集方案设计

不同的交通状态下对应的采集数据特征有很大差异，平均速度、速度方差等输入属性不同对算法会造成一定影响，畅通状态下的训练算法模型可能不再适用于拥挤状态。观察同一条路段上顺畅与拥堵两种状态下的速度曲线特征可以发现，顺畅状态下，车辆加减速幅度较小，车辆行驶稳定；拥堵状态下，加减速幅度较大，且车辆行驶过程中出现了长时间停留，行驶同一路段所花时间也更长。

为了验证方法适用性，评价所述算法不同条件下的效果，有必要分别对顺畅与拥挤状态的出行数据进行采集与分析。针对 6.1.2 节、6.1.3 节中设计的 13 条线路与不同的出行方式组合，每条路线中的每种方式组合采集 30 趟出行，其中 10 趟出行为高峰期拥堵数据，于早晚高峰时段(7:00—9:00、17:00—19:00 左右)进行采集；20 趟出行为平峰期数据，于正常出行时间除高峰期外的时段采集。高峰期拥堵数据的处理将在第 7 章进行说明。

6.1.4 出行日志采集工作

为了保证数据处理时能了解数据情况同时检验调查数据的真实性，在调查的时候要辅助记录出行日志。出行日志记录实际出行过程中包含的到发时间、交通方式、交通方式变化时间、地点、车辆停车时间、地点、停车原因(如信号交叉口、公交车站等)等详细真实数据。记录原则是，端点的位置以及到达出发时间需表示清楚，时间记录精确到秒；标记途中停留较长的位置(分为交叉口和拥堵)，拥堵尽量分析原因；公交车路线需记录公交站点。

根据以上原则，并针对采集的数据样式，调查记录的出行日志样式如表 6-4 所示。

表 6-4　调查出行日志样式

方式	位置及状态	时间	方式	位置及状态	时间
步行	步行开始	9:01:25	公交	离开太升北路站	10:11:30
地铁	进地铁站	9:17:25	公交	到达曹家巷站	10:12:48
步行	出地铁站	9:42:42	公交	离开曹家巷站	10:13:01
步行	到太升路口站	9:46:40	公交	到达交叉口	10:13:32
公交	上车(18 路)	10:09:15	公交	离开交叉口	10:13:49
公交	到达交叉口	10:09:28	公交	到达马鞍北路站	10:15:04
公交	离开交叉口	10:09:47	公交	离开马鞍北路站	10:15:24
公交	到达太升北路站	10:11:12			

6.2 基于空间聚类算法的出行端点识别实证分析

基于手机 GPS 数据的出行端点识别是提取交通方式和出行目的信息的基础，相关研究者主要通过设定特定规则或基于密度的空间聚类算法来识别出行端点，其中基于密度的空间聚类分析对于重复路径和同一位置多个出行端点的情况识别效果不好；同时，交通拥堵或者交通控制等情况下停留的干扰也是出行端点识别的难点。

本节根据第 3 章提出的识别出行端点的方法，通过实例分析算法的可行性：①数据预处理与部分信号缺失轨迹补充；②利用时空聚类分析算法(ST-DBSCAN)来提取出行端点信息；③结合手机三轴加速度数据来排除交通拥堵、交通控制等机动化停留导致的误识别。

6.2.1 算法参数配置

本小节讨论空间聚类算法进行出行端点识别的三个参数的取值标定。利用时空聚类算法来处理个体出行 GPS 轨迹数据，需定义临近距离 Eps，ΔT 邻域以及该领域相应的样本点数 $MinPts$ 三个参数，以确定核心点的时空密度以及相应的点簇拓展条件。

本研究对各种类型的出行端点的停留时长做累计概率分布分析，可以发现出行端点停留时长为 553 s 时，累计概率分布达到了 95%。即 95%的出行端点是可以由 553 s 的停留时长拓展形成，符合时空聚类算法的点簇拓展基本要求，如图 6-3 所示。同时，统计每个轨迹点与其第 553 个临近距离轨迹点的距离，并绘制成折线图（图 6-4）。可以发现该折线图存在一处拐点（点距离为 162 m）：拐点前折线较为平缓，距离较小，拐点后折线突然上升，距离较大；这是由于个体出行链轨迹在出行途中和出行端点两种条件下的轨迹点间距差距较为明显，即出行途中个体一直处于运动中，轨迹点间距较大；出行端点个体处于停留，轨迹点间距较小。由于本节在定义时空聚类算法的核心点时，考虑到临域内包含点的时间属性，时间差应与定义核心点的点数一致。因此，本文提出相应的参数标定为：$Eps=162$ m，$MinPts=553$，$\Delta T=553$ s。

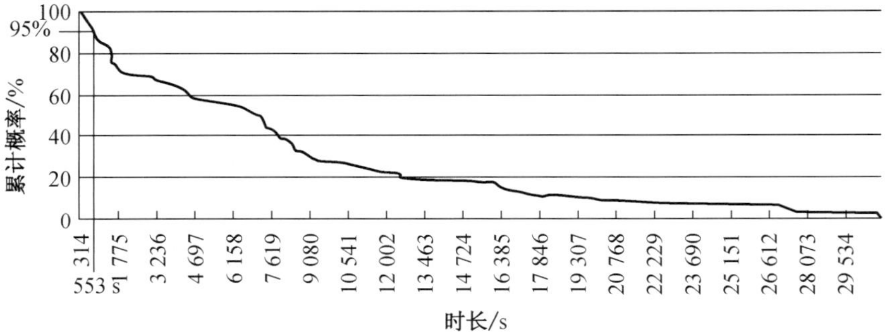

图 6-3 行程端点停留时间的累积概率分布

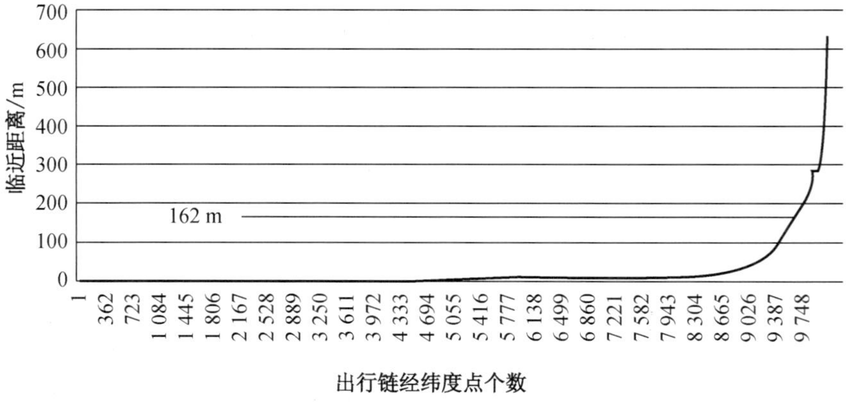

图 6-4 样本库中与第 553 点的距离折线图

6.2.2 个体出行端点识别与出行轨迹切割

个体出行端点识别实验使用前文所采集的全天出行数据。这些数据基本包含了成都市居民的日常生活各种类型的出行;同时,出行方式也基本包含了步行、自行车、私家车、出租车、公交车、地铁等各种常见的交通出行方式,尤其对于出行端点识别有较大干扰的交通拥堵和交通控制状态下出行数据也有针对性采集。本小节使用一个出行实例对出行端点识别与出行轨迹切割的过程进行介绍。

个人全天的手机传感器数据可在手机 APP 中采集并导出。图 6-5 中显示的是在成都城区内采集的一条出行链的轨迹数据。其中散点表示出行中采集的手机 GPS 轨迹点,为了凸显路线的出行端点以及方向,使用数字与箭头进行标记。①,②,③分别代表本次出行中的出行端点,每个端点停留,出行路线是预先设定的。

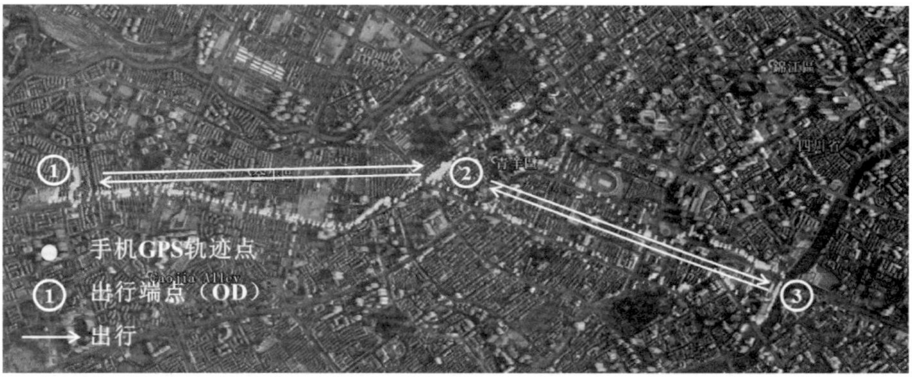

图 6-5 个人全天出行的手机 GPS 轨迹

进行时空聚类算法识别出行端点之前需要对出行链进行数据预处理。数据预处理主要针对两种类型的数据:①本文将可见卫星数少于 4 的定位数据删除,避免 GPS 定位产生的误差;减少手机故障导致的数据问题,删除瞬时速度变化值大于 25 km/h 的定位记录;②由于 GPS 信号缺失导致的数据缺失,本文计算信号缺失前半分钟的轨迹点与缺失后半分钟的轨迹点的平均距离,若平均距离小于 800 m,可视为进出室内,本研究需对这类信号缺失数据进行补充,即计算信号缺失前后各 30 s 的轨迹点的中心位置,以信号缺失前后两个中心位置为端点,信号缺失时长(以 s 计)为轨迹点个数,均匀按照间距补齐相应个数的轨迹点。

利用时空聚类算法对已经预处理的轨迹数据进行时空聚类分析,聚成点簇可作为潜在的出行端点。在时空聚类算法识别出出行端点信息的基础上,得到每个出行端点的起止时刻,计算每相邻两个出行端点之间的时长,若时长少于 5 min,则将两个出行端点合并成一个出行端点。

依据本书 3.2 节提出的出行端点识别算法,将示例出行链与出行端点的手机 GPS 数据进行出行端点识别,识别结果如图 6-6(a)所示,用蓝点表示轨迹点,红点表示识别出来的出行端点。由图可以看出，地图上以红点标识识别出几处出行端点，提取其对应的时间段如图 6-6(b)所示，由出行日志中记录的出行端点时间段如图 6-6(c)所示，通过计算识别正确点占真实出行端点的百分比来评价算法准确率。不同颜色的区分可参见附图 A-12。

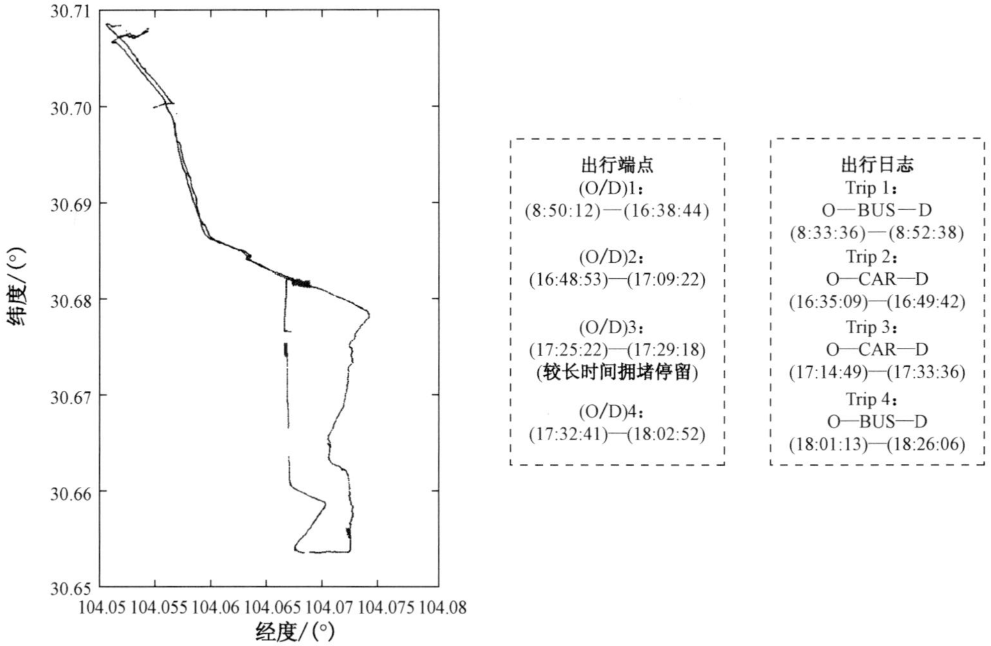

(a) GPS轨迹(蓝点表示GPS轨迹点，红点表示出行端点)　(b) 出行端点鉴定结果　(c) 出行日志

图 6-6　出行端点识别和个人出行链的 GPS 轨迹检查

6.2.3　个体出行端点识别结果与误差分析

通过对采集数据进行时空聚类算法识别出行端点后计算查全率与错误率，列出识别结果见表 6-5。表 6-5 显示，6 660 个真实出行端点中有 5 873 个可通过时空聚类算法正确识别，未识别出的 787 个出行端点主要对应短时间停留行为，如到某地接人、送孩子上学，短时间停留后立即上班。错误鉴定的出行端点有 1 320 个，主要包括长时间等待、拥堵严重等现象，一个出行端点被识别为多个端点。88.18%的出行端点可以利用这个算法进行识别，其中包含了绝大多数居民的正常行程；19.82%出行端点的鉴定错误不会对基于手机 GPS 数据的个人出行信息提取造成显著的影响。

表 6-5　出行端点识别结果

出行端点总数	正确识别数	错误识别数	正确匹配率	错误匹配率
6 660	5 873	1 320	88.18%	19.82%

出行端点识别效果可以简化为图 6-7。其中左圆为出行日志中记录的真实出行端

点数量，右圆为使用时空聚类算法识别的出行端点总数。两圆交集部分为正确识别点数。

未来建议使用一个城市的居民出行调查数据来进行时空聚类算法的参数标定，同时对参数的敏感性进行分析；信号缺失条件下可以采集手机信令数据用于补充识别；在剔除交通拥堵或交通控制条件下的出行端点误识别，除了可以结合手机三轴加速度数据，同时可以利用GIS路网数据库来进行地图匹配识别。

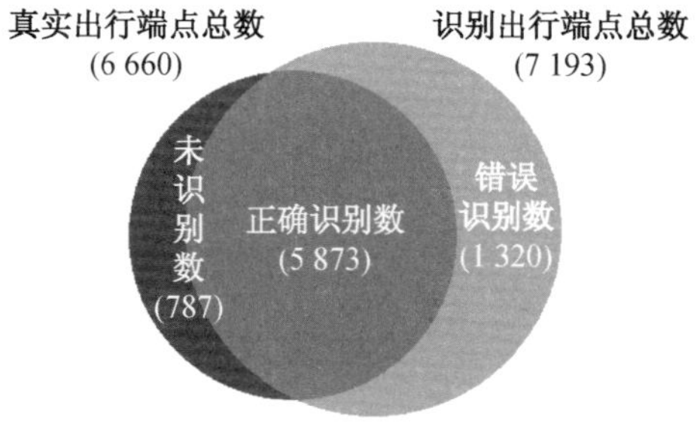

图 6-7　出行端点识别结果图解

6.3　基于小波变换模极大值算法的交通方式换乘点识别实证分析

随着城市人口、经济的快速发展，出行者的出行距离以及出行范围，完成一次出行往往需要多种交通方式的组合。同时，不同交通方式之间的衔接很大程度上影响交通出行的质量，减少换乘时间与保障换乘便捷安全更是对于交通规划的一大考验。6.2 节介绍的空间聚类算法可识别个体一天中多趟出行的出行端点，但未能识别单次出行的交通方式换乘点，仍需提出方法对手机 GPS 数据进行交通出行换乘点识别。本研究创造性地提出应用小波分析模极大值算法进行交通方式换乘点识别。

本部分将以实例对小波变换模极大值算法用于交通方式换乘点识别的过程及方法进行可行性验证。以小波变换后信号模极大值线反映交通方式变化时间点，将居民出行轨迹数据按照不同交通方式划分为出行段，每段出行段仅包含一种交通方式，并分析其准确性。

6.3.1　算法参数配置

小波函数、消失矩阶数、小波分析尺度是小波变换模极大值算法在进行交通方式换乘点识别时需要进行配置的参数。本研究使用 Matlab 小波分析工具箱对出行速度数据进行处理。

合适的小波函数选择将对奇异点的识别效果产生重要影响，应当兼顾奇异点时间识别的准确性。根据前面所述原则检验了不同小波函数的应用效果，包括 Haar 小波、Daubechies 小波和高斯函数，试验发现复高斯函数在交通方式换乘点识别应用中效果最佳。

消失矩阶数决定模极大值线的条数。对于居民多种交通方式组合出行，一次交通换乘通常可以理解为在某地点瞬时完成的，模极大值线对应一个时间点。因此选择小波函数时，对应的函数消失矩应尽量小一些，最好为一阶消失矩函数。

在不同尺度下识别的精度不同，尺度过小时导致换乘点过度识别；尺度过大时会导致换乘点漏识别现象。需要确定小尺度精确识别、大尺度降噪优化。将一个样本速度曲线在不同分析尺度下小波分析系数模值计算，结果见图 6-8。图 6-8(a)分析尺度范围取 1～50，图 6-8(b)分析尺度范围取 1～300，可以看出，取得最大值的模极大值连线数量不同，尺度越小，取得模极大值的位置越多。根据实际出行情况标定，选择分析尺度为 300～500 时得到的换乘点识别精度较好。

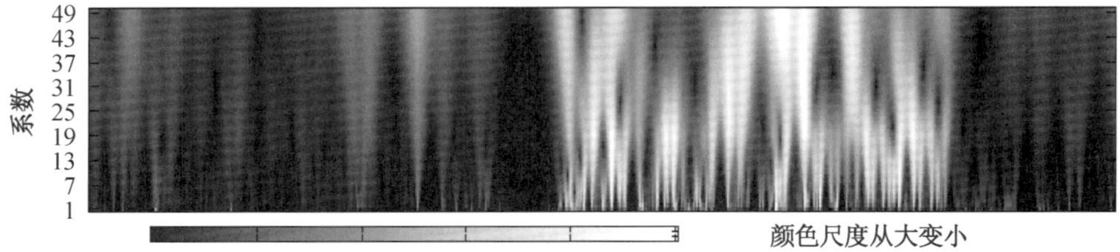

(a) 分析尺度为 50

(b) 分析尺度为 300

图 6-8　不同分析尺度下小波分析系数模值计算结果

6.3.2　多交通方式组合出行换乘点识别实例

多交通方式组合出行是我国城市居民出行的重要特征，针对其交通方式换乘点识别的精度与准确率对于验证本研究提出的识别算法适用性有着重要意义。本小节利用采集的一条出行数据为实例，通过不同分析尺度画出模极大值线，识别出行换乘点，对前文介绍的小波变换模极大值算法的适用性。

选取一条 W-B-A-W 组合出行作为实例，对其速度折线进行缺失填补、修正过大速度等预处理手段后如图 6-9 所示。

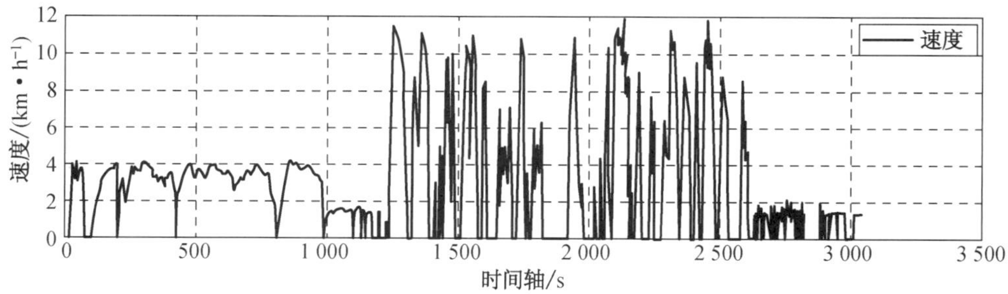

图 6-9　预处理后样本速度折线

选取分析尺度范围为 1～50，对样本速度曲线进行交通方式换乘点识别，结果如图 6-10 所示。其中，图 6-10(a)显示了该 W-B-A-W 样例数据的原始 GPS 速度折线图；图 6-10(b)为该样例在不同分析尺度下小波变换系数模值计算结果图谱，可以看出，在交通方式换乘点，小波变换系数模值明显要大于其他位置（即亮度越高）；图 6-10(c)为图 6-10(b)中尺度取 25 时得到的小波变换系数模值曲线，在图中取最大值的位置即为该尺度下换乘点位置；图 6-10(d)为分析尺度范围内每个尺度对应的模极大值点连线（模极大值线），该线与时间轴的交点即为识别的换乘点。对比出行日志，发现图 6-10(d)中交叉口或者公交站点停车误识别为换乘的情况较多，需要进一步优化。

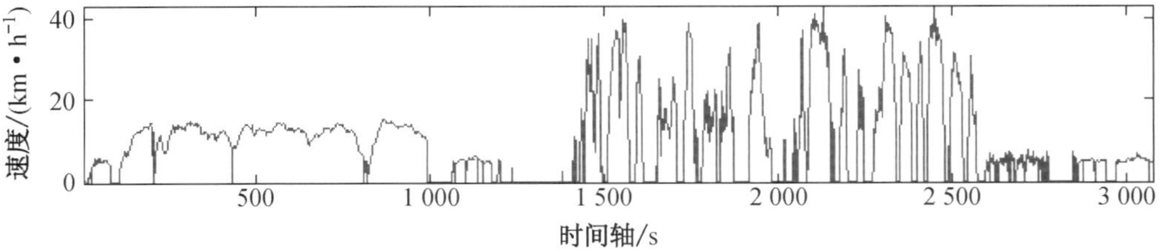

(a) 原始速度折线

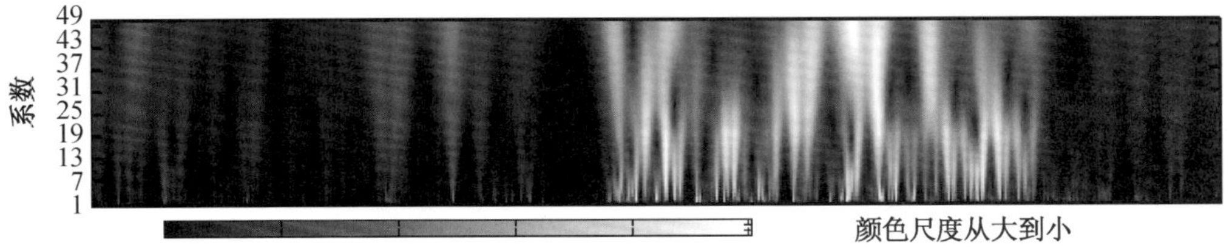

(b) 不同尺度下系数模值图谱

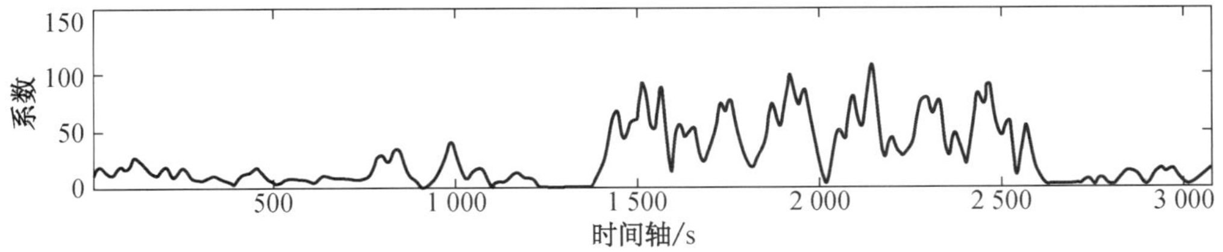

(c) 尺度＝25 时，系数模值曲线

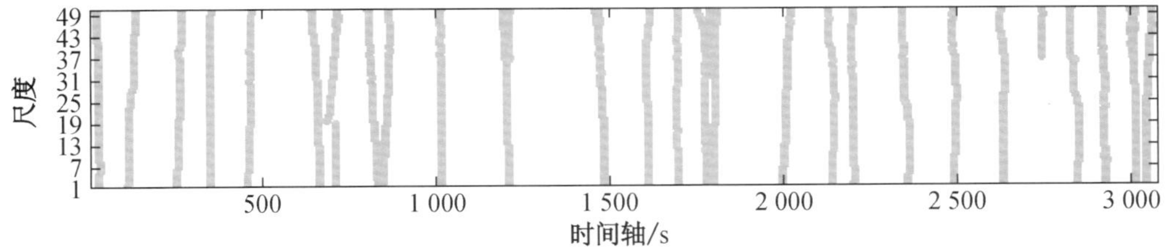

(d) 交通方式换乘点模极大值线识别结果

时间/s

图 6-10　分析尺度取 50 下样例交通方式换乘点识别结果

选取分析尺度 1～300，对样例再次识别，选取与图 6-10 同一时刻均出现的结果，这些模极大值线即为准确的交通方式换乘标识线，误差修正结果如图 6-11 所示。此时，该组 W-B-A-W 出行数据已按照交通方式不同分为了 5 个出行段，每个出行段均只包含一种交通方式。对比出行日志数据发现，在小尺度下，小波变换模极大值对交通方式换乘时间点识别较为准确，随着分析尺度的增大，模极大值对换乘点的识别发生了时间偏差，将模极大值线与时间轴的交点作为交通方式换乘点，识别精度能达到最高。

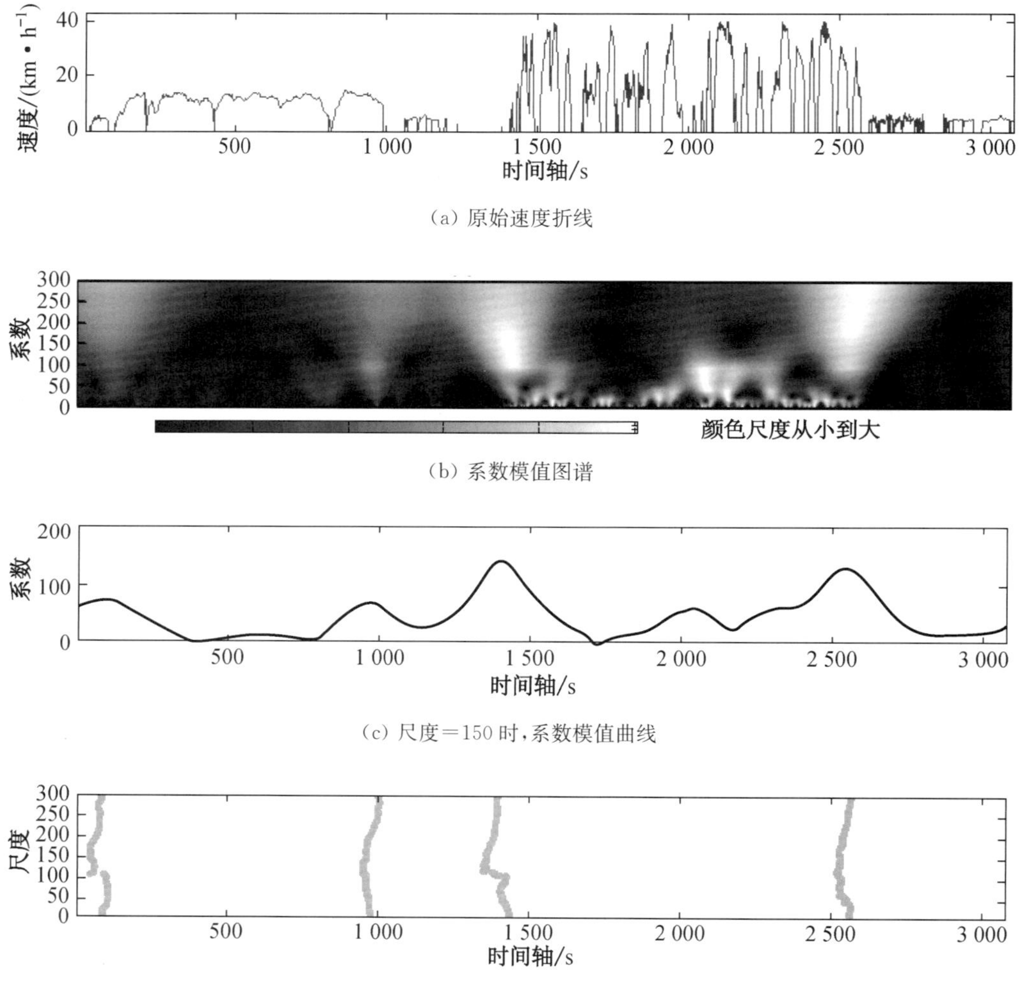

(a) 原始速度折线

(b) 系数模值图谱

(c) 尺度＝150 时，系数模值曲线

(d) 模极大值线

图 6-11　该样例交通方式换乘点识别误差修正结果

根据相同原理，针对多种居民出行常见交通方式组合模式进行识别，识别结果如图 6-12 所示。其中，图 6-12(a)为 W-C-W 样例；图 6-12(b)为 W-M-W 样例；图 6-12(c)为 W-A-W-A-W 样例；图 6-12(d)为 W-A-A-W 样例。可以看出，模极大值算法能够对不同组合的交通方式换乘点进行识别，具体的识别精度在 6.3.3 中进行详细分析。

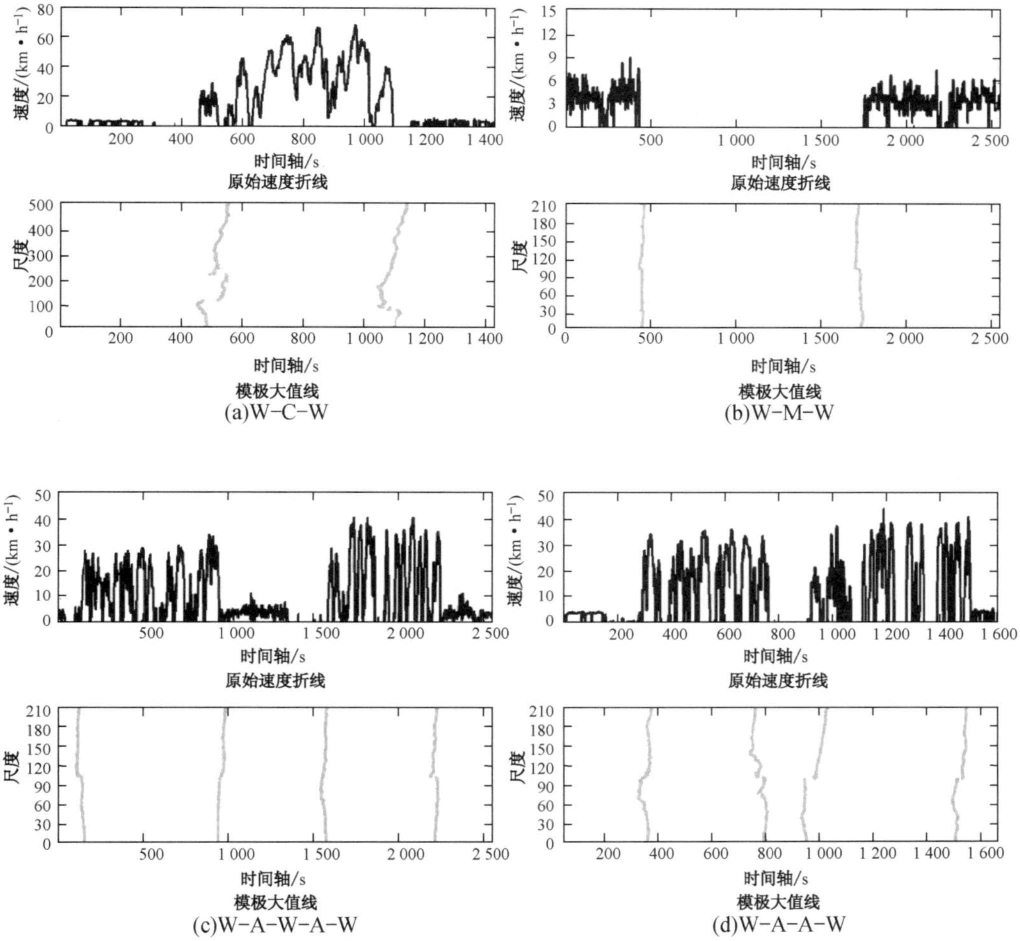

图 6-12　典型组合出行方式换乘点识别结果

6.3.3　交通方式换乘点识别结果与误差分析

对本研究所有试验数据进行交通方式换乘时间点识别，误差统计结果如表 6-6 所示。由于步行通常是两种交通工具间的衔接方式，因此不同方式组合出行均可划分为表 6-6 所述方式组合。统计结果可以看出，小波变换模极大值算法能够较准确地识别出交通方式换乘时间点信息，所有组合模式中无法识别或错误识别的换乘点（表中失误列）比例均小于 5%，且换乘时间点平均识别误差均小于 1 min。

相较于传统问卷调查方法，当受访者回忆过去几天出行方式换乘点时间信息时，其时间点记忆通常比较模糊，误差数量级可能高达半小时以上的。此外，根据表 6-6 中失误列统计结果，无法识别的换乘点通常发生在步行与自行车换乘间。分析发现，主要是居民以步行和自行车组合出行时，步行段出行时间太短造成的，如购物出行时，某人先步行至车库，再骑自行车去商城附件停车场停车，最后步行至商城购物（即步行—自行车—步行)，期间包含的两次步行均用于实现存取自行车，若持续的时间很短，小波变换后可能无法产生明显奇异点。另外，表 6-6 也显示出公交—步行方式换乘时间点的识别误差较大，其中误差在 120～180 s 的比例达到了 21.2%，对照出行日志数据发现，这些样本的部分公交站点距离交叉口非常近，车辆连续在公交站台和交叉口长时间停车，造成算法误识别为发生公交—步行转换，误差增大。通常公交站台距离交叉口停车线过近是有碍交叉口通行能力的，因此误差将随交通设施的规范设计而得到改善。

表 6-6　　交通方式换乘时间点识别误差统计结果

换乘方式组合	绝对误差分布					平均延误/s
	0～60 s	60～120 s	120～180 s	>180 s	失误率	
步行—地铁	90.0%	7.0%	3.0%	0.0%	0.0%	23.3
地铁—步行	90.0%	5.0%	4.0%	1.0%	0.0%	26.2
步行—公交	81.2%	11.9%	5.9%	0.0%	1.0%	31.0
公交—步行	63.5%	10.6%	21.2%	4.7%	0.0%	58.5
步行—自行车	92.0%	3.3%	2.4%	0.0%	2.3%	14.3
自行车—步行	77.8%	4.0%	8.2%	5.6%	4.4%	38.4
步行—小汽车	55.8%	41.2%	3.0%	0.0%	0.0%	44.1
小汽车—步行	74.5%	15.6%	6.9%	2.0%	1.0%	40.5

6.4 基于神经网络算法的交通方式识别实证分析

交通方式作为居民出行重要特征，通过对手机 GPS 进行出行方式识别，可以为研究通勤出行交通结构、不同人群交通方式选择特征以及通勤交通方式的出行距离特征提供基础资料，从而有助于城市交通发展规划。由不同出行方式体现的不同数据特征，第 3 章 3.4.1 节介绍的神经网络算法可实现数据分类，通过寻找不同方式出行数据与输出方式的关系，从而进行网络训练，并用于模式的自动识别。

本部分通过实证分析神经网络算法对输入的出行段进行交通方式识别算法的运用效果，评估提出算法的可行性。其中试验数据的 70%用于模型训练或标定，30%数据用于测试。

6.4.1 算法参数配置

出行方式影响出行轨迹特征，例如，汽车和公共汽车的行进速度几乎总是比自行车或步行大。在同一路线上行驶，公交车的停车频率总是比小汽车更高。因此，出行方式识别的关键环节是要探索反映不同出行方式的主要特征参数。本小节对神经网络算法进行交通方式识别的相关参数进行配置。

神经网络算法在进行出行方式识别时，需配置的关键参数有隐含层层数、隐藏神经元、训练算法、学习率和训练期。

神经网络一般包括输入层、中间层(也称隐层)和输出层。单计算层前馈神经网络只能求解线性可分问题,能够求解非线性问题的网络必须是具有隐含层的多层神经网络。实际操作中,由于 3 层结构准确率较高,4 层及以上结构计算量巨大,因此选取 3 层结构(隐含层为 1 层)进行训练。

在 BP 神经网络中,隐含层节点数的选择非常重要,目前理论上还没有一种科学和普遍的确定方法。本研究根据实际效果,选取节点数为 40～50,由于精度差别不大,因此选取 45 作为训练的隐含层节点数。

训练算法、学习率与训练时长是决定神经网络算法训练复杂程度的参数,根据以往研究经验与实际操作效果,发现其影响计算的时长,对精度的影响不大,因此采用工具箱默认值。

具体配置值如表 6-7 所示。

表 6-7　　神经网络算法配置

模型	参数	值
神经网络	隐含层层数	1
	隐含层神经元	45
	训练算法	Levenberg-Marquardt 算法
	学习率	0.05
	训练时长	3 000

在前文提到的神经网络算法介绍中,每分钟平均速度、最大速度,每分钟出行速度的标准差和每分钟加速度方差四个属性作为神经网络训练的输入属性。进行神经网络算法的训练过程前,要选取采集数据的 70%作为训练数据,分别标定出每个数据点的出行方式。为了在后续的模型算法中进行分析,将交通方式进行数据化转换(表 6-8),定义步行用数字 1 表示,自行车用数字 2 表示,公交车用数字 3 表示,小汽车(或小汽车)用数字 4 表示。同时对每个数据点标定交通方式,由此标定出行轨迹关键点即交通方式转换点的交通方式。

表 6-8　　交通方式数据化转表

交通方式	步行	自行车	公交车	小汽车
代表值	1	2	3	4

6.4.2　交通方式识别实例

由于交通方式对其他出行要素有影响作用,且因手机采集的数据无法直接获取出行方式,方式识别一直是出行数据处理的重要组成部分。本小节使用实例展示神经网络算法进行交通方式的识别过程,通过对部分数据进行训练,对其他数据进行识别与输出结果。

选取设计方案中的一条路线采集的所有手机传感器数据，抽取 70%作为训练数据，训练过程如图 6-13 所示。图 6-13 中表示的是训练过程中几种数据（训练数据、测试数据、有效数据）之间的均方差，用以评价训练的程度。

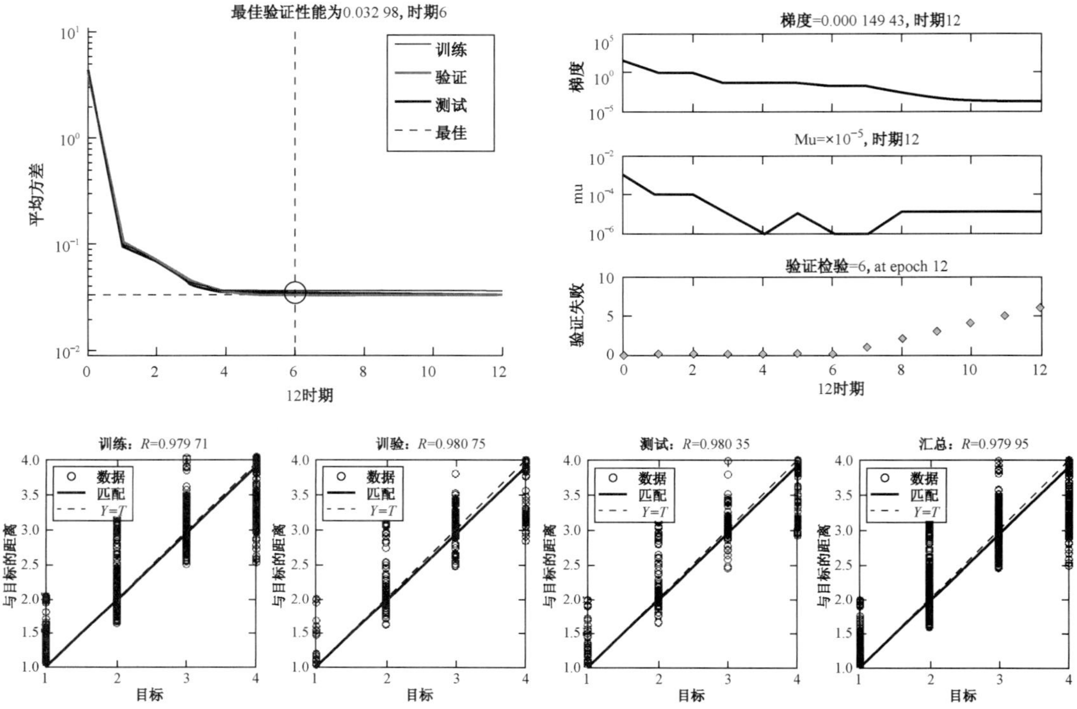

图 6-13　相关参数的训练过程

经过 70%数据进行训练之后会得到训练完成的网络，余下的 30%作为识别数据。识别结果根据识别方式的频率确定，一定时间范围内识别后出现的方式频率最高的，则认定该出行者正在使用这种交通方式。图 6-14 和图 6-15 分别展示一段 W-A-W 和一段 W-B-W 出行模式的方式识别效果。图中显示，手机 GPS 速度数据使用神经网络交通方式识别后会以给定的方式代表值（表 6-8）反映出来，表示相应时间段对应的交通方式，趋势与原速度曲线图相同。

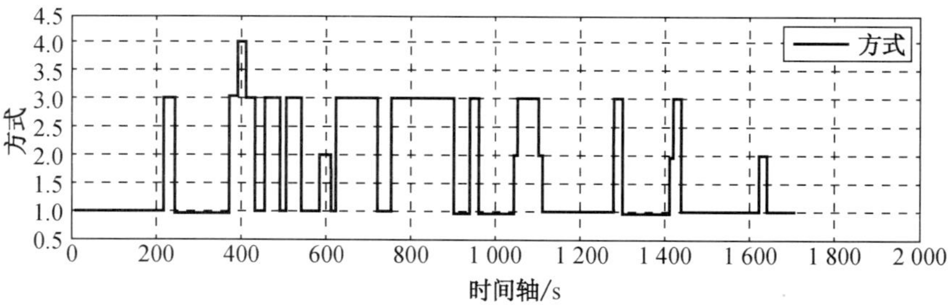

图 6-14　步行—公交—步行模式识别结果

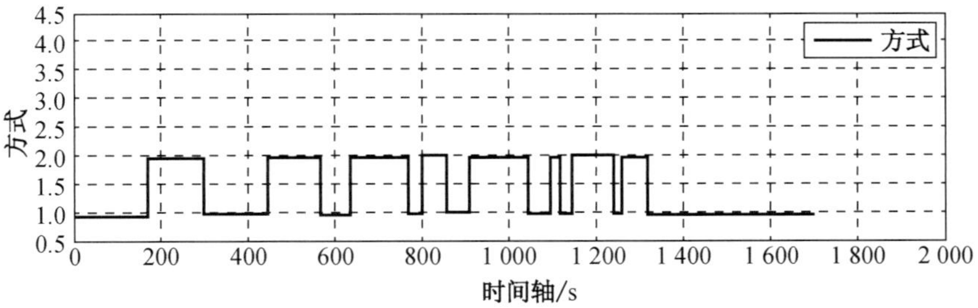

图 6-15　步行—自行车—步行模式识别结果

对比图 6-14 和图 6-15，可以发现不同的交通方式对应的识别结果有区别。公交车实际行驶过程中，经过信号交叉口或停靠站行为导致车辆的速度变化幅度较大，出现了多次误识别现象（识别成其他非步行交通方式），会导致方式识别正确率降低，此现象也存在在小汽车方式识别上；而自行车出行方式速度变化幅度较小，只识别出步行与自行车两种方式，正确率较高。

6.4.3　交通方式识别结果与误差分析

根据 6.4.2 节的实例，将所有采集的出行数据进行神经网络训练得到方式识别结果。本研究使用方式识别率来证明模型合理性。方式识别率定义为方式识别的成功率，以识别结果中出现频率最高的一种作为识别的最终方式，统计成功率。

表 6-9 为交通方式识别正确率统计结果。可以看出，不同交通方式的识别准确率均达到了 70%以上，尤其对于步行和自行车方式，交通方式识别正确率分别高达94.0%和 93.3%，主要因为这两种方式的出行速度和加速度与其他方式差异比较明显，且数据质量通常较好，波动性小。而公交车和小汽车出行特征相似，如出行速度等，两种交通方式识别正确率较为接近，分别为公交车 74.3%，小汽车 70.0%。车辆在经过信号交叉口或公交站台停车时，公交车和小汽车的数据特征很可能与步行或自行车的数据特征存在重叠，产生相互间误识别现象，公交车和小汽车会被识别为步行或自行车。

表 6-9　　交通方式识别正确率统计结果

交通方式	识别为				总出行段	正确识别段	成功率
	步行	自行车	公交车	小汽车			
步行	1 034	66	0	0	1 100	1 034	94.0%
自行车	7	140	3	0	150	140	93.3%
公交车	12	15	260	63	350	260	74.3%
小汽车	1	2	12	35	50	35	70.0%
合计	1 054	223	275	98	1650	1 469	89.0%

由此可见，基于神经网络的交通方式识别结果成功率较高。能对步行、自行车、机

动车方式的识别达到很高的准确率；对机动车里的公交车与小汽车方式的识别成功率较已有成果有了较大的改善，但仍不能完全识别。神经网络算法也有其局限性：无法解释自己的推理过程和推理依据；不能向用户提出必要的询问，而且当数据不充分的时候，神经网络就无法进行工作；把一切问题的特征都变为数字，把一切推理都变为数值计算，在转化过程中可能会丢失信息。

6.5 基于 GIS 地图匹配的出行链信息识别结果优化实证分析

在前文的数据分析中可以发现，由于公交车和小汽车的出行特征非常相近，例如最大速度、平均速度、出行线路等，且速度变化幅度较大，易引起误识别成其他交通方式现象，仅根据速度特征难以轻易区分，需要加入新的区分手段。在实际出行中，两种方式都会在信号交叉口进行停靠，但公交车具有规律的站点停靠行为，这是与小汽车的出行特征较为突出的区别。

本部分根据两种方式的运行特性，对基于 GIS 地图匹配的识别公交车与小汽车方式的方法进行实例分析。其基本思想为：识别速度变化较大的关键点，其中包含车辆的停靠点，并与地图上公交站点的经纬度匹配，根据比较匹配度来区分公交车与小汽车两种方式。

6.5.1 基于 GIS 地图匹配算法参数配置

根据第 3 章 3.5 小节介绍的地图匹配算法，需要进行配置的参数为距离域“*R*”和比率阈值“*P*”，同时为了进行站点位置的匹配，需采集调查数据中所有公交车停靠的站点经纬度。

公交车或汽车模式检测精度取决于匹配算法的参数设置的临界点。在进行站点匹配时，需对地图上站点匹配选取的参数进行配置。根据前文提到的匹配算法，选取距离域“*R*”和比率阈值“*P*”，将不同的参数值对应的方式检出率进行比较，从而对“*R*”与“*P*”进行参数配置。

实验结果表明，随着距离阈“*R*”的增加，公交车方式的检出率增加，汽车方式的检出率降低。当比率阈值“*P*”的增加时，汽车方式检出率增加，且公交车方式的检出率降低。这与实际的规律相符，公交车靠站的位置处于站点处比较小的范围内，且公交车在路线中每一个站台都会进行停靠；而小汽车的停靠行为较为随机，有一定概率在公交站台的一定范围内进行停靠，却不显示明显规律；因此可以通过检验路线中公交车或小汽车停留点与站点的距离来确定是否进行了停靠站行为，且检测的半径越大，小汽车匹配上的站点将越少，检出率会降低；公交车则相反，检测半径到达一定范围后匹配的站点会与实际停靠站点相符，检出率提高。

表 6-10 和表 6-11 列出对于不同的“*R*”和“*P*”值公交车和小汽车的站点匹配结果。

从表中可以看出，当匹配半径“R”等于 60 m，“P”等于 70%，公交车与小汽车的检测精度皆达到一个较高的水平。

表 6-10　　小汽车在不同 R 值和 P 值下的检出率

检出率(汽车) / 半径 R/m	比率阈值“P”			
	60%	70%	80%	90%
20	100%	100%	100%	100%
30	100%	100%	100%	100%
40	50%	100%	100%	100%
50	25%	100%	100%	100%
60	25%	100%	100%	100%
70	13%	100%	100%	100%

表 6-11　　公交车在不同 R 值和 P 值下的检出率

检出率(公交) / 半径 R/m	比率阈值“P”			
	60%	70%	80%	90%
20	36%	0	0	0
30	82%	55%	0	0
40	91%	73%	45%	0
50	91%	82%	73%	0
60	91%	91%	82%	0
70	91%	91%	82%	9%

通过实际调查，测量了设计调查路线使用到的公交站点经纬度，根据公交车或小汽车的停留点经纬度与公交站点经纬度的匹配程度来确定匹配度。本小节以人民北路—火车南站为例，列出调查线路中涵盖的公交站点经纬度，如表 6-12 所示。

表 6-12　　人民北路—火车南站公交站点经纬度

站点名	经度/(°)	纬度/(°)	站点名	经度/(°)	纬度/(°)
八里桥路	104.074 000 8	30.707 275 35	人民中路二段	104.063 810 1	30.672 476 19
豆腐堰	104.077 249 4	30.702 075 60	人民中路一段	104.062 778 2	30.664 192 11
北站东二路	104.077 163 4	30.697 883 42	人民南路一段	104.063 112 0	30.657 534 77
火车北站东	104.075 212 7	30.697 050 72	锦江宾馆	104.063 505 0	30.651 000 00
人民北路二段北	104.070 595 0	30.694 265 00	华西坝	104.063 607 6	30.644 271 67
人民北路	104.070 880 0	30.689 313 33	人民南路三段中	104.063 834 6	30.640 696 90
人民北路一段	104.069 828 0	30.684 339 15	省体育馆	104.063 901 4	30.634 781 69
人民北路一段南	104.069 600 0	30.681 651 67	人民南路四段北	104.064 092 4	30.630 397 86
万福桥	104.068 325 0	30.678 766 67	倪家桥	104.064 131 2	30.626 127 19

（续表）

站点名	经度/(°)	纬度/(°)	站点名	经度/(°)	纬度/(°)
桐梓林	104.064 309 3	30.618 093 88	天仁路	104.070 542 3	30.604 452 43
火车南站东路西	104.066 787 6	30.610 921 00	和平小区	104.067 914 4	30.604 706 52
火车南站东路	104.072 513 3	30.610 818 56	火车南站综合交通枢纽	104.061 150 8	30.606 723 94
天仁路科华南路口	104.073 578 8	30.604 045 13			

6.5.2 公交车与小汽车的出行方式区分识别实证

文中所用的方式识别方法关键的步骤在于关键点识别的可行性，若能较好地将速度变化的关键点识别出来，则能将公交停靠点包含其中，从而进行进一步地识别。本小节通过实例分析来验证站点地图匹配算法的公交车和小汽车方式检测的可行性，在实例中选用“神经网络＋地图匹配”方法来进行交通方式识别。

根据 6.4 介绍的神经网络算法可知，方式识别完成后由速度变化较大产生的关键点也将识别出来。

图 6-16 给出的是一个步行—公交—步行出行段的关键点检测过程与结果（使用神经网络算法）。图 6-16(a)表示此出行的原始 GPS 采集速度；图 6-16(b)表示通过使用神经网络的方式识别结果，如图中所示，公交车和小汽车方式难以区分，由公交车（编号 3）速度识别出来的数据部分被误识别为小汽车数据（编号 4）；图 6-16(c)展示了机动车的检测结果，公交车和小汽车方式包含在内；图 6-16(d)表示校正了某些不合理的方式转换后的修改结果，所提出的方法已经检测到该出行例子中的所有关键点。

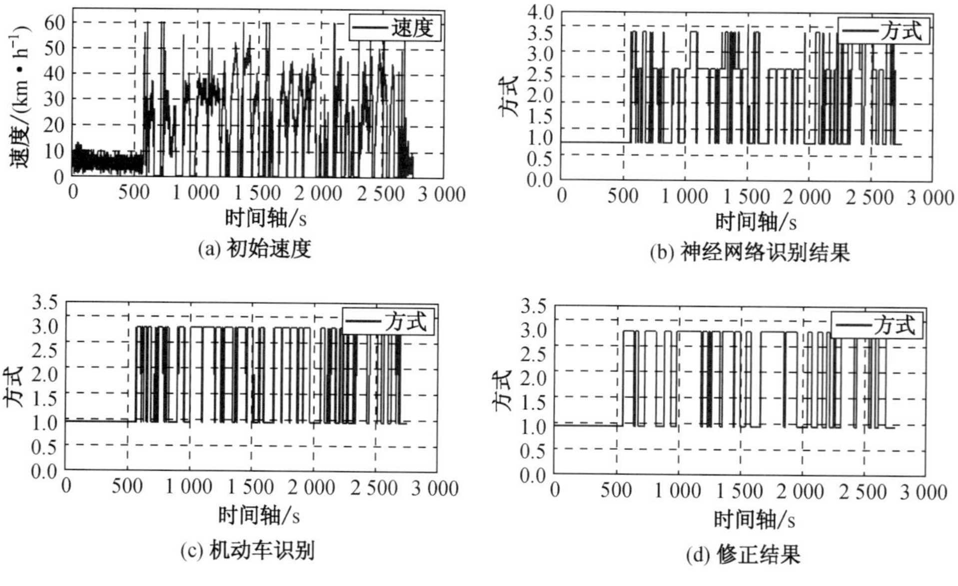

图 6-16 步行—公交—步行出行链测试结果

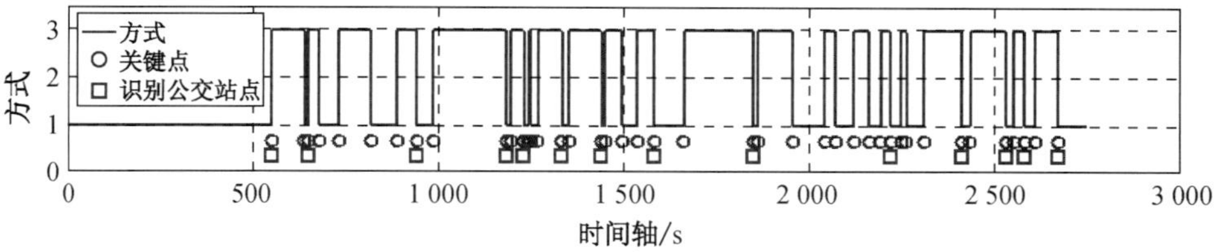

(a) W-A-W 的站点检测

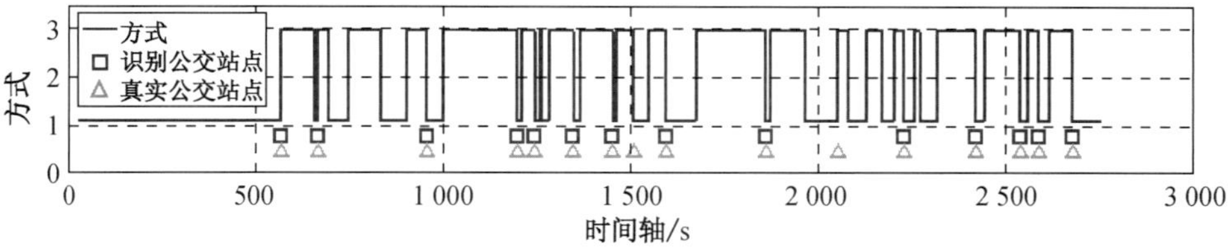

(b) W-A-W 出行检测到的公交车站和实际公交车站的比较

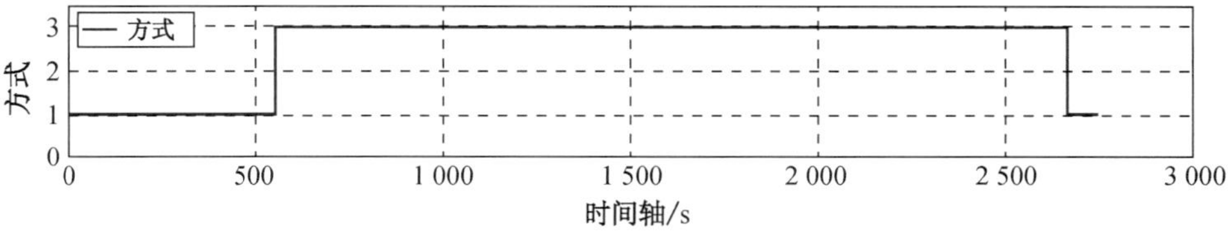

(c) W-A-W 的出行信息检测结果

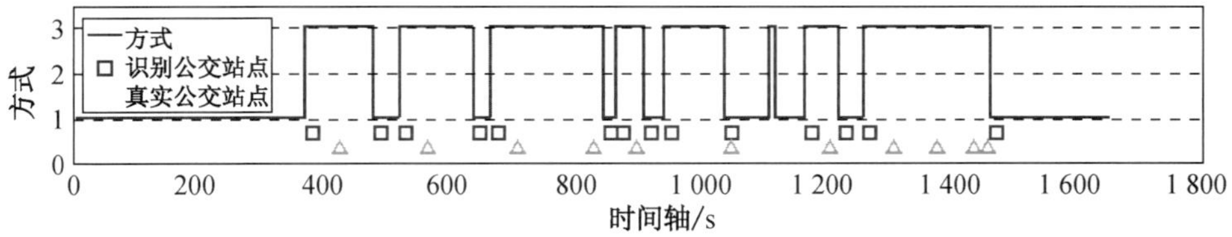

(d) W-C-W 范例的检测结果

图 6-17　站点匹配和交通信息检测结果

图 6-17 表示关键点匹配和出行信息的识别结果。图 6-17(a)表示的关键点和检测到的公共汽车站的比较，其中，圆圈是关键点，方框是匹配成功的关键点；图6-17(b)描述匹配结果与实际巴士站进行对比的结果，其中方框为探测到的公交车站，三角形是实际的公交车站，匹配率超过 85%；图 6-17(c)表示行驶信息检测结果，即步行段(从 0～557 s)—公交段(从 558～2 694 s)—步行段(从 2 695～2 761 s)，根据方式转换的时间，还可以从原始数据中提取出方式转化的位置(纬度和经度)；图 6-17(d)是 W-C-W 的公交站点匹配结果，根据它的匹配率非常低(只有一个公交车站匹配)表明，提出的方法能够成功检测公交车和小汽车方式。

由图 6-18 和图 6-19 可以看出，对于公交车与小汽车两种方式，站点匹配的结果区别较为明显：在同一线路上，公交车的停留点与公交站台基本上匹配，而小汽车与公交站点匹配成功的数量远少于公交车，由此可作为两种方式区分的一个重要因素。

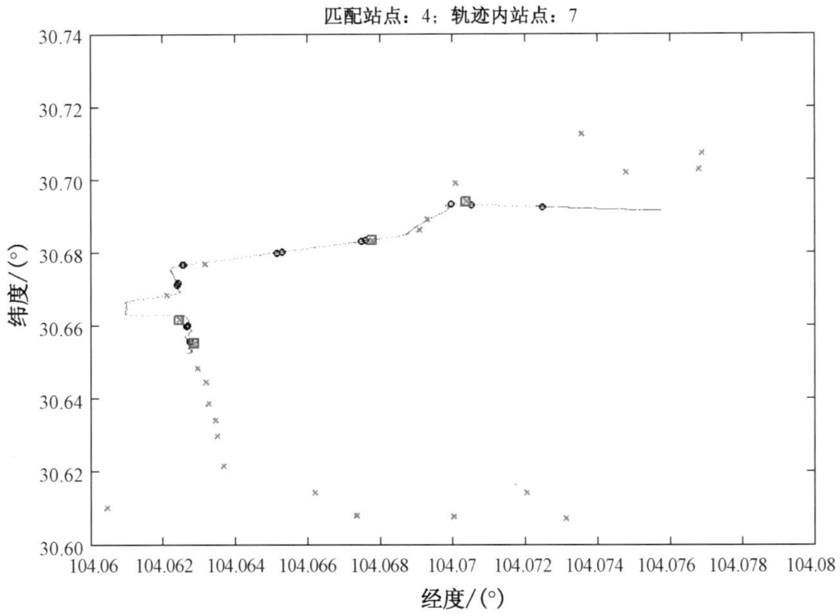

图 6-18　小汽车出行站点地图匹配图

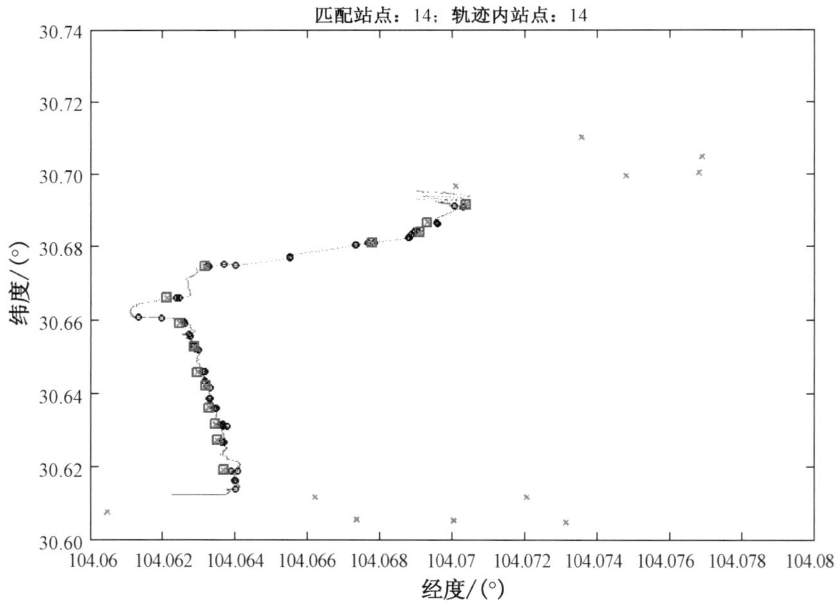

图 6-19　公交车出行站点地图匹配图

6.5.3　结果分析

在原神经网络算法用于交通方式识别的结果基础上，结合地图匹配算法，得到的方式识别精度对比如表 6-13 所示。由表中可以看出，原步行、自行车和机动车（包括公交车与小汽车)几种方式,由于速度特性明显,通过神经网络算法识别的精度也较高,同时,地图匹配算法仅针对区分公交车与小汽车,因此对其他出行方式的识别精度没有影响;对于公交车和小汽车两种方式的识别精度,使用了地图匹配算法后变化较大:较之原来的74%和70%,公交车和小汽车的方式识别精度皆达到了93%,有了较大的提升效果,能够较为准确地分别识别两种交通方式。

表6-13　　使用地图匹配算法的统计结果和检出率比较

出行方式	方式识别精度	
	仅用神经网络	神经网络+地图匹配
步行	94%	94%
自行车	93%	93%
机动车	95%	95%
公交车	74%	93%
小汽车	70%	93%
平均	86.2%	93.6%

综上所述,单纯的机器学习算法对于区分公交车与小汽车两种方式的精度不足,因此本部分提出地图匹配的方法用于区分公交车与小汽车的识别精度。利用公交靠站的特性,通过出行链中关键点与公交站点进行匹配,通过匹配率来区分两种方式,能大幅度地提高公交车与小汽车两种方式的识别。

6.6 本章小结

本章通过以成都市为例的实证分析,根据第3章提出的手机传感器数据挖掘算法,总结应用手机传感器数据进行个体出行参数提取的难点和技术关键,详细介绍了实例开展过程,评估了利用空间聚类算法、小波变换模极大值算法、神经网络算法在处理手机传感器数据中个体出行参数提取的效果和影响评估。研究结果包含以下四方面:

(1) 利用空间聚类算法,根据实际采集数据标定出行端点停留时长(553 s)、轨迹点间距(162 m),能够有效地对手机GPS数据进行出行端点识别,出行端点的正确匹配率达到了88.18%。由于短时间停留难以精确识别,仍有19.82%的端点被误识别为出行端点。

(2) 小波变换模极大值算法能够用于多交通方式组合出行换乘点识别,对多种交通方式换乘都有着良好的识别效果。所有组合模式中无法识别或错误识别的换乘点(表中失误列)比例均小于5%,且换乘时间点平均识别误差均小于1 min。

(3) 神经网络算法能够用于手机 GPS 数据出行方式识别,尤其对于步行、自行车的出行方式识别正确率高达 94.0%和 93.3%;但对于公交车和小汽车出行信息识别效果不够理想,准确率为 74.3%和 70.0%。文本提出的基于公交站点 GIS 地图匹配算法能够很好地弥补单一数据挖掘算法的不足,最终公交车和小汽车识别准确率均能够提升到 90%以上。

7 不同影响因素及敏感性分析

与理论研究不同,任何一种新技术的推广应用通常都会受到实际环境中复杂与复合的环境、技术条件制约而影响应用效果。研究发现,实际应用中技术算法模型选择、数据采样频率设置以及实际交通出行环境都将对手机传感器交通调查技术应用效果起到不同程度的影响。分析评价这些关键参数在技术实际应用中的影响机理与影响效果是技术走向成熟应用的重要环节,本章将通过针对性设计实地数据采集试验,系统、全面对比评估手机传感器交通调查技术在不同数据挖掘算法、采样频率、交通状态下的应用效果,为技术的实地推广应用提供技术参考。首先,4 种当前最为流行、高效的数据挖掘算法,包括神经网络、支持向量机、贝叶斯网络、随机森林,同时辅助结合基于 GIS 的地理信息匹配算法,将用于评估算法模型对不同交通参数识别的优劣性及选择效果;其次,通过设置不同采样频率(1 s, 2 s, 3 s, 4 s, 5 s, 10 s, 20 s, 30 s, 60 s, 120 s)以及不同交通状态(平峰畅通状态、高峰拥堵状态)下大量实地数据采集试验,全面对比分析实际中数据采样频率与交通状态对技术应用效果的影响。

7.1 节将研究分析算法模型、数据采样频率、交通状态对技术应用精度的影响机理;7.2 节设计了多样性的实地数据采集试验,介绍不同试验条件下采集的实地数据特征及波动性水平,直观展示不同条件下数据差异性;7.3 节—7.5 节将对实际采集数据和仿真数据分别对比评估算法模型、数据采样频率、交通状态下交通方式识别与交通方式换乘时间点识别效果,分析误差分布与误差成因;7.6 节对本章研究成果进行总结,提炼研究成果,提出技术实际应用的指导性建议。

7.1 关键参数及其对技术精度的影响机理

模型算法、数据采样频率和交通状态是 GPS 交通调查技术在实际推广应用中需要考虑的重要因素,对技术应用效果起到关键影响。

1. 模型算法对精度的影响

不同算法模型的计算机理、流程存在本质上的不同和适用性,如神经网络通过大量反馈学习已知输入属性和输出结果之间的数学关系,从而能够训练获得不同输入与输出数据间的函数公式来识别新数据,对多模式分类问题有很好的应用效果,然而模型训练通常需要大量的历史先验数据,且无法解释推理过程和推理依据。支持向量机算法则能够通过分析已知输入输出数据的关系来获得高维空间超平面进行数据的分类切割,具备非线性映射基础理论支撑,利用较小的样本就能够实现高效的模型"转导推理",然而支持向量机算法对多分类问题存在一定的困难,计算时间成本较高。因此,将不同算法应用于交通出行信息识别时将产生技术应用效果的显著差异,特别是当数据采样频率、交通状态变化时,即使同一种算法的应用效果也将发生显著变化,导致畅通交通状态下应用效果较好的模型可能对拥堵状态下数据不再适用,数据密集采样下效果显著的模型也可能无法识别稀疏数据。评价不同算法的优劣性及对不同参数识别的适用性对手机传感器调查技术的实际应用效果将起到至关重要的作用。

2. 数据采样频率对精度的影响

数据采样频率是指手机传感器采集数据的频繁程度。目前手机 GPS 传感器的定位频率可以达到 1 s/次，三轴加速度传感器的定位频率可以高达 0.2 s/次。数据采样频率越高说明出行过程中采集到的数据越多，其优点是能够更好地反映出个体出行轨迹和出行特征数据，如在 1 s/次的高频采样下，获得的点速度数据能够很好地反应个体全程出行运动与停留状态、加减速特征等信息。然而高采样频率意味着庞大的数据采集、存储和数据计算，对技术成本有较大的增加，同时定位频率影响着手机电池使用时长，对个体是否愿意参与调查的意愿程度有较大影响。因此，在实际应用中，数据采样频率的选择通常需要根据调查的目的(宏观还是微观)来权衡数据精度和调查成本的综合效益，选择适合的数据采样频率。

数据采样频率对交通参数识别的影响主要体现在交通方式识别和交通方式换乘时间点识别量大方面。对于交通方式识别，理论上采样频率变稀疏将降低交通方式识别的准确性，例如，对于一趟总时长为 30 min 的步行(5 min)—公交车(20 min)—步行(5 min)出行来说，当采样频率为 1 s/次时，步行、公交车、步行三个出行小段分别有步行(300 点)—公交车(1 200 点)—步行(300 点)数据，这样的三段数据已经能够较好地反映出三种方式的组合出行特征；然而当采样频率降低到 120 s/次时，该趟出行数据量变为步行(4 点)—公交车(10 点)—步行(4 点)，数据量已非常的小，且公交出行需要在交叉口或者公交站台停车，随采集的 10 点数据可能正好在这些时段，运行速度很低而无法体现出公交车出行特征，导致最终公交方式无法识别。此外，数据量很小时，公交车和小汽车的区分也将变得特别困难。一些短时间或短途出行信息会被遗漏。

数据采样频率对交通方式换乘时间点的影响也是显著的。个体日常出行轨迹中通常包含很多的停留时刻，如交通方式转换点、交叉口红灯等待点、公交站点停靠等。因此，对于交通方式转换点进行识别，需要对停留点前后出行轨迹进行数据特征的详细分析。实际中，交通方式换乘时间通常是在较为短暂的时间内完成的，当采样频率较小时(如 5 min/次)，由于数据采样间隔过大，常常无法采集获得换乘时段内的数据点，导致换乘信息被跳过遗漏。此外，即使正好采集获得了换乘时段内的数据点，由于前后两端出行数据量很小(如前述案例，只有几条数据)，也很难将换乘停留与交叉口或站台停靠等其他停留进行有效区分，换乘时间点误差将进一步增大。

3. 交通状态对精度的影响

交通状态直接影响不同交通方式的出行数据特征。一般而言，不同交通方式的运行速度是作为交通方式识别的关键判别指标，对于步行、自行车、公交车、小汽车、地铁等方式，一般步行速度范围在 0～8 km/h，稳定速度为 3～6 km/h；自行车速度为 0～17 km/h，稳定速度在 10～15 km/h；公交车速度范围在 0～40 km/h，稳定速度为 20～30 km/h；小汽车的速度范围在 0～120 km/h，根据道路条件和交通条件不同，速度波动范围较大；地铁由于在地下运行，手机 GPS 信号受屏蔽而无法获得数据，其速度通常记录为 0，需要结合上下车站点地理信息匹配进行识别。

正常情况下利用速度作为方式识别的指标本身就存在识别误差，当交通状态发生变化时，各出行方式运行受限使得其正常运行速度区段比例降低，低速重叠区比例增大，使得方式判别变得更加困难。尤其对于公交车与小汽车等机动化出行方式，由于交通拥堵，二者将出现走走停停或者速度大幅减慢的情况，此时机动车与自行车，甚至步行的速度特征变得非常相似，利用机器学习算法进行方式识别时，其方式识别误差将增大。此外，在技术实际应用中，畅通状态下训练的算法模型是否同样适用于拥堵状态，其精度波动程度如何，都需要进行详细的验证和评估，从而为技术应用提供参考。

7.2 不同条件实地试验机数据特征分析

为了系统评估不同算法、数据采样频率、交通状态下基于手机传感器数据的交通调查技术应用效果。本部分针对性设计实地数据采集试验，通过对大量实地数据的采集与分析，探索不同条件下数据特征和变化规律，为后续交通出行链参数识别与提取提供支持。

7.2.1 数据采集

利用第 4 章开发的基于智能手机传感器的数据采集 APP 进行实地数据采集，试验范围覆盖了成都市中心城区 10 条城市快速路或主干路。成都市作为中国西南地区的金融、科技、交通枢纽，四川省省会城市，人口规模超过 1 400 万，小汽车拥有量全国前 5，是一个典型的人口密度高、交通环境复杂的大城市，能够为手机传感器交通调查技术的应用效果验证提供良好的试验场景。

居民日常出行中，步行通常作为两种交通方式的中间过渡模式，任何复杂的多模式交通出行组合通常都能够划分为步行—X 方式—步行的基本单元，因此为了控制试验复杂程度，本部分实地试验选取步行—自行车—步行、步行—公交车—步行、步行—小汽车—步行三种最基本模式。数据采样频率包含 1 s，2 s，3 s，4 s，5 s，10 s，20 s，30 s，60 s，120 s，交通状态包含非高峰畅通状态和早晚高峰拥挤状态两大类。每条试验路线上每种方式组合出行试验次数为 30 次，其中早晚高峰拥堵时段数据约占 1/3。最终，本部分试验总采集的试验数据达到了 2 160 h，接近 7 776 000 条记录。西南交通大学共约 110 名本科与硕士参与了本次实地数据采集工作。同时，试验者被要求详细记录出行全过程出行日志数据，包括出行起止时间、出行起讫点、所有交通方式、交通方式换乘点时间、交叉口及公交站台停留时间、拥挤路段等，出行日志数据将用于验证技术分析结果的准确性。

7.2.2 数据特征分析

1. 不同数据采样频率下手机传感器数据特征

交通方式识别的关键在于充分利用和挖掘不同方式出行数据的差异，如城市道路上步行最大速度约为 10 km/h，而小汽车可达到 40 km/h。然而，在不同定位频率下，数据采样间隔变化使得原始数据疏密程度产生显著不同，如一趟半小时的多模式出行，1 s/次的定位频率可以产生 1 800 个数据点，而 5 min 的定位频率只能产生 6 个数据点。显而易见，定位频率过低数据量过少，将对交通方式及换乘点识别造成很低的误差。如第 4 章图 4-19 所示为小汽车在同一路段不同采样频率下速度波动特征。可以看出，随着采样时间间隔的升高，两两数据之间时间间隔增大，当定位间隔在 30 s 以内时，速度特征和波动趋势还较为相似。当增大至 60 s 时，数据量大幅度减小，波动趋势迅速减弱，与高密度定位数据产生较大的特征差异。而当采样间隔达到 120 s 时，由于数据量过少，速度特征变化不再明显，非常难以区分不同的交通方式。

2. 不同交通状态下手机传感器数据特征

不同交通拥挤水平下，车辆行车条件将受到道路和车流本身制约而产生不同程度的运行干扰，拥堵状态下车辆走走停停或缓慢行驶，其运行特性对比畅通状态将发生显著差异。机动车由于行驶速度过慢可能变得与自行车、步行非常相似，模型对交通方式的识别将变得困难。另一方面，不仅不同方式间判别变得更加困难，即使对于同一种交通方式，利用畅通状态出行数据训练获得的算法模型将不再适用于拥挤状态数据的识别，应用效果也将变得不理想。

如第 4 章图 4-36 所示为不同道路拥堵水平下小汽车运行加速度数据波动特征，包含了畅通、一般拥堵和严重拥堵三种水平。从图中可以看出，随着交通拥挤水平的增加，加速度波动幅度显著减弱。畅通状态下规律性波动特征在严重拥堵状态时已经基本无法识别。

7.3 交通方式识别效果敏感性分析

本部分通过将算法识别结果与先前所述调查者记录的出行日志信息进行对比分析，利用交通方式识别准确率指标进行交通方式识别效果评估与误差分析。

7.3.1 算法的选择与影响

如表 7-1 所示为不同算法下交通方式识别统计结果。所用算法包含神经网络、支持向量机、贝叶斯网络、随机森林四种单独机器学习算法，以及四种算法与 GIS 地图匹配结合的综合模型。从统计结果可以看出，所述四种机器学习算法都能够用于基于 GPS 调查的交通方式识别。当只应用单一机器学习算法进行交通方式识别时，步行、自行车、机动车的识别准确率均达到了 90%以上，识别效果较好。然而对于机动车中的公交车与小汽车识别效果还不是很理想，方式识别准确率大都在60%～75%。这主要是因为步行、自行车、机动车方式间出行特征数据差异较大，机器学习算法能够较好地区分这三类方式，但公交与小汽车出行数据特征过于相似而难以识别。四种方法应用效果总体较为接近，支持向量机相对较好。同时从表中可以看出，所提出的地图匹配能够较好解决公交、小汽车识别困难问题，通过出行停留点与沿途公交站点的地图匹配，两种方式识别率均达到了90%以上，提升幅度达到20%～30%。

表7-1　　不同算法下交通方式识别正确率统计结果

出行方式	模式识别准确率							
	机器学习算法				机器学习算法＋图形匹配			
	神经网络	支持向量机	随机森林	贝叶斯网络	神经网络	支持向量机	随机森林	贝叶斯网络
步行	94%	97%	96%	94%	94%	97%	96%	94%
自行车	93%	95%	91%	94%	93%	95%	93%	94%
机动车	95%	96%	93%	93%	95%	96%	93%	93%
公交车	74%	74%	69%	72%	93%	95%	90%	96%
小汽车	70%	73%	65%	67%	93%	93%	94%	93%
平均	86.2%	87.8%	83%	84.8%	93.6%	95.2%	93%	94%

7.3.2　数据采样频率设置与影响

根据前述研究，本部分选用交通方式识别效果最好的支持向量机＋地图匹配算法进行采样频率影响分析研究。不同数据采样频率下交通方式识别结果如图7-1所示。可以看出，随着采样间隔的增大，步行、自行车、公交车、小汽车四种方式的识别率均逐渐降低。当采样频率较大时(1～5 s)，四种交通方式识别准确率均保持在80%以上，尤

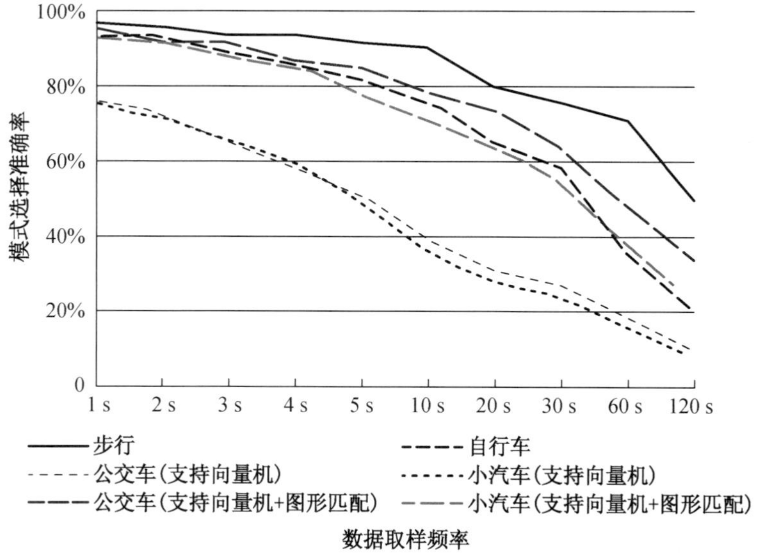

图7-1　不同采样频率下交通方式识别准确率

其对已 1～3 s 的高采样频率，交通方式识别准确率达到了 90%以上。采样频率超过 20 s(超过 70%)，交通方式识别准确率下降较快，超过 120 s 时，除步行(60%)外，其他方式基本在 30%左右。这主要是因为随着定位频率较低时，出行轨迹上数据点间隔很远，很多出行特征，如公交车在站台停留等无法被记录下来，地图匹配应用效果变差。只用支持向量机算法进行交通方式识别的，随着抽样率的变小，交通方式识别准确率始终要比支持向量机＋地图匹配算法低 20%～30%。因此，GPS 调查技术在实际应用中，考虑到电池使用时长和数据计算成本，建议采用 5 s 的采样频率，最大不宜大于 20 s。

7.3.3 交通状态与影响

平峰交通流和高峰拥堵时段交通流运行特性存在较大差异，本部分仍然应用支持向量机＋地图匹配算法分别对平峰出行数据和高峰出行数据进行应用效果分析。交通状态下交通方式识别准确率统计结果如图 7-2 所示。从图中可以看出，对于步行和自行车方式，无论畅通还是拥堵时段，其模式识别正确率都较高，达到 90%以上。这主要是因为拥堵时段，步行和自行车的出行受交通拥堵影响较小造成的。然而对于公交车和小汽车，畅通时只用支持向量机算法的公交车与小汽车识别率为 75%左右，而拥堵时段由于车辆减速或走走停停现象，两种方式识别准确率下降到了 54%和 62%。应用支持向量机＋地图匹配算法时，交通拥堵对公交车和小汽车识别的影响不大，两种状态下交通方式识别准确率都保持在 90%左右。这主要是因为，交通拥堵通常只发生在出行全过程的部分路段，虽然导致小汽车停留点与公交站点的匹配成功率增多，但通常达不到其被地图匹配算法错误判别为公交车的比例标准。

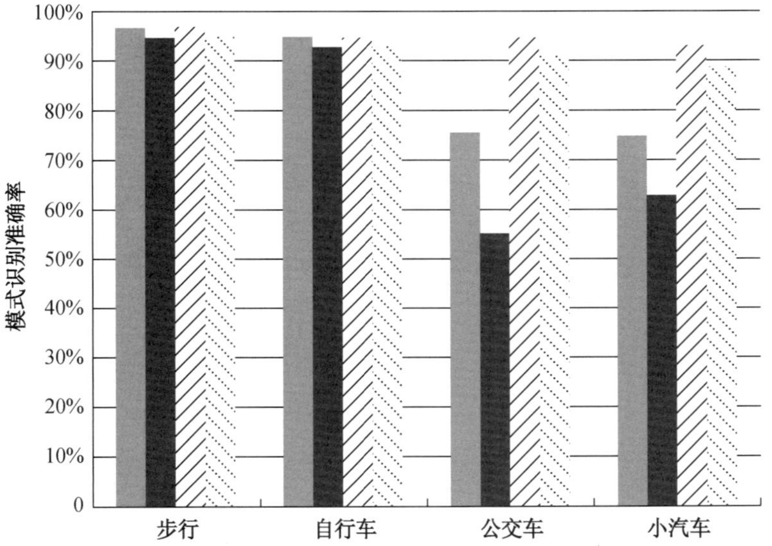

图 7-2 不同交通状态下交通方式识别准确率

7.4 交通方式换乘时间点识别效果敏感性分析

本部分将算法识别结果与先前所述调查者记录的出行日志信息进行对比分析，利用交通方式换乘时间点识别误差指标进行效果评估与误差分析。

7.4.1 算法的选择与影响

如表7-2所示为不同算法下交通方式换乘时间点识别误差统计结果。所用算法为神经网络、支持向量机、贝叶斯网络、随机森林分别与GIS地图匹配算法的综合模型，数据采样频率为1 s。可以看出，不同算法下交通方式换乘点识别精度总体较好，步行—自行车、步行—公交车、步行—小汽车识别误差小于20的比例均超过了80%，评价误差均小于30 s。相对于传统问卷调查，调查精度得到较大幅度的提升。四种算法的应用效果总体差异不大，算法优劣性不明显。另外从图7-3可以看出，步行—自行车的交通方式换乘点识别误差通常要大于步行—公交车和步行—小汽车，尤其是误差大于30 s的比例明显较高。这主要是因为步行与自行车的速度差异要小于步行与小汽车/公交车的差异，算法区分难点相对要大一些。

表7-2　不同算法下交通方式换乘时间点识别误差统计结果

方法	出行模式	绝对误差分布				绝对误差/s		
		0～10 s	10～20 s	20～30 s	＞30 s	最小值	最大值	平均值
神经网络+地图匹配	步行—自行车	56.8%	18.6%	11.5%	13.1%	1	188	20.6
	步行—公交车	63.5%	21.2%	7.9%	7.4%	0	156	16.3
	不行—小汽车	65.2%	23.1%	6%	5.7%	0	148	13.6
支持向量机+地图匹配	步行—自行车	60.1%	20.2%	8.6%	11.1%	0	185	19.7
	步行—公交车	65.5%	20.6%	4.7%	9.2%	0	174	16.5
	不行—小汽车	72.8%	11.8%	6.5%	8.9%	0	130	14.3
随机森林+地图匹配	步行—自行车	55.6%	19.8%	11.4%	13.2%	2	207	22.4
	步行—公交车	69.1%	14.7%	6.5%	9.7%	0	168	17.3
	不行—小汽车	66.4%	20.1%	6.1%	7.4%	0	159	14.7
贝叶斯网络+地图匹配	步行—自行车	57.7%	16.5%	10.5%	15.3%	1	221	23.5
	步行—公交车	63.5%	20.6%	6.3%	9.6%	0	176	17.1
	不行—小汽车	67.2%	15.5%	9%	8.3%	0	185	15.8

7.4.2 数据采样频率设置与影响

如图7-3所示为不同采样频率下交通方式换乘点绝对误差分布百分比累积图。所用方法为支持向量机+地图匹配。可以明显地看出，不同采样频率下误差百分比分布特征变化较大。当采样频率较小时(1～5 s)，交通方式换乘点误差在10 s以内比例达到了50%～70%，误差大于30 s的比例控制在20%以内。随着采样频率的增大，换乘点误差显著提升，当定位频率大于 60 s 时，误差小于 10 s 的比例下降到了 20%以内，而误差超过 30 s 的比例快速增大到了 50%以上。总体误差趋势显示：随着采样频率的增大，数据变得越来越稀疏，交通方式换乘点的识别误差将逐步增大。

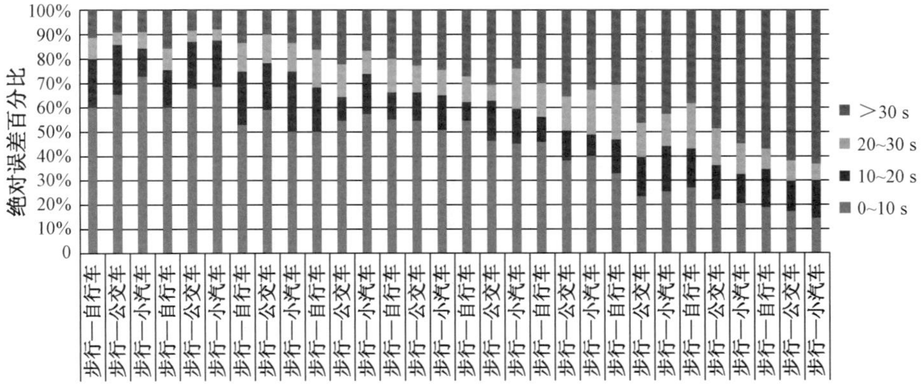

图 7-3 不同抽样率下交通方式换乘点识别误差累计百分比统计结果

图 7-4(a)，(b)，(c)分别为不同抽样频率下步行—自行车、步行—公交车、步行—小汽车换乘点识别误差分布箱线图，图中显示了换乘点识别误差最大值、上四分位数、中位数、下四分位数、最小值五个主要特征要素。此外，图中折线为不同采样频率下误差均值连线。从图 7-4 中可以看出，随着抽样间隔的增加，三种换乘点识别误差的最大值、中位值、平均值均逐渐增大。当采用频率较小，如 1～5 s 时，步行—自行车的换乘点误差要大于步行—公交和步行—小汽车。当采用频率大于 5 s 时，步行—公交和步行—小汽车换乘点误差反超步行—自行车识别误差，采样频率对于步行—公交和步行—小汽车的敏感性要大于步行—自行车。总体看来，当定位间隔不大于 10 s 时，三类换乘点平均误差在 1 min 以内；当定位频率增大至 120 s，换乘点平均误差在 3 min 左右。

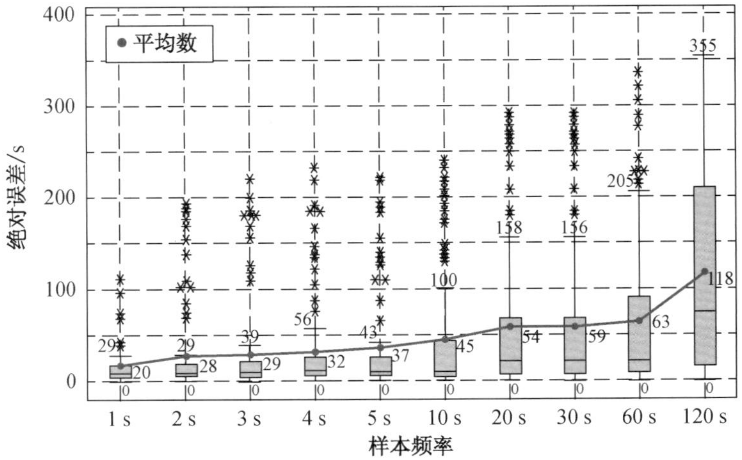

(a) 步行—自行车换乘时间

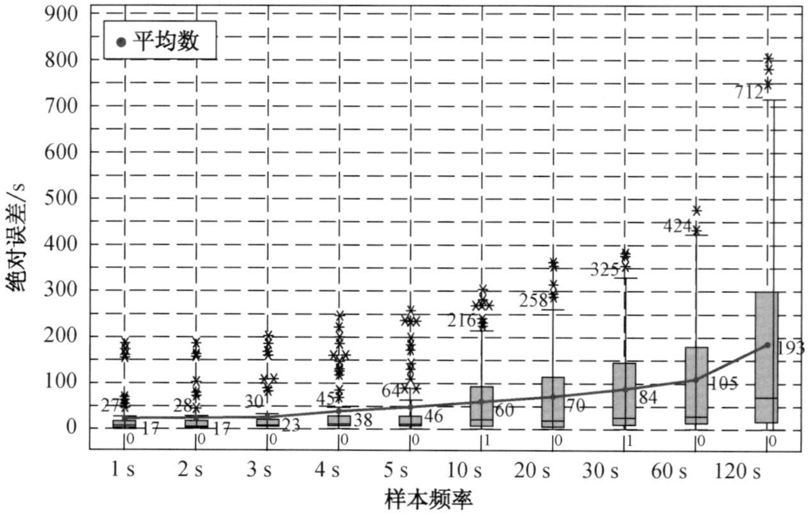

(b) 步行—公交车换乘时间

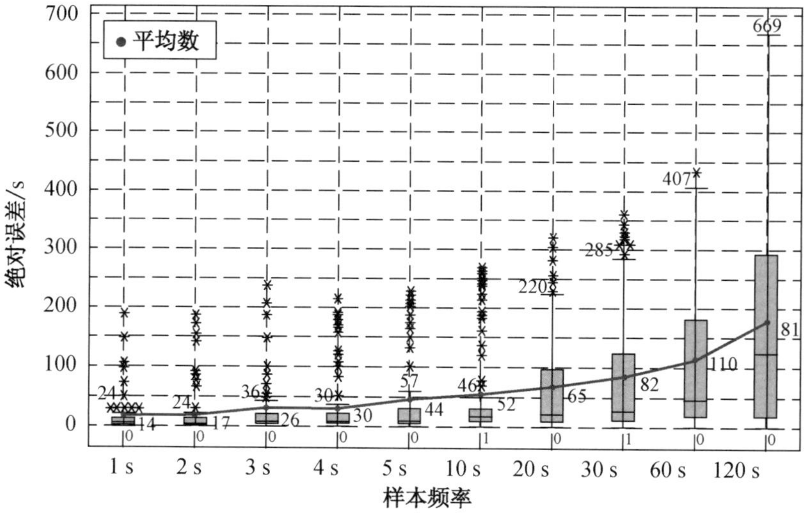

(c) 步行—小汽车换乘时间

图 7-4　不同抽样频率下换乘点识别误差分布箱线图

7.4.3　交通状态与影响

本部分应用支持向量机+地图匹配算法分别对平峰时段出行数据与高峰拥堵时段出行数据进行换乘点识别误差分析。如表 7-3 所示为平峰和高峰出行时段交通方式换乘点识别结果。对比发现,拥堵状态下,交通方式换乘点识别误差,尤其是步行—公交、步行—小汽车的换乘点识别误差明显要比畅通时段高很多,步行—公交车平均误差从16.5增大到了 57.4,步行—小汽车平均误差从 14.3 增大到了 67.8。绝对误差分布中

0～10 s 的比例降低了 20%～30%，大于 30 s 的误差比例增加了近 20%。交通拥堵对步行—自行车的缓冲点识别误差影响不是很多。如前所述，这主要是因为交通拥堵对步行、自行车影响较小，对公交车和小汽车出行影响较大。

表 7-3　　平峰和高峰出行时段交通方式换乘点识别结果

交通条件	出行方式	绝对误差分布				绝对误差/s		
		0～10 s	10～20 s	20～30 s	>30 s	最小值	最大值	平均值
非高峰小时	步行—自行车	60.1%	20.2%	8.6%	11.1%	0	185	19.7
	步行—公交车	65.5%	20.6%	4.7%	9.2%	0	174	16.5
	步行—小汽车	72.8%	11.8%	6.5%	8.9%	0	130	14.3
高峰小时	步行—自行车	53.5%	22.3%	11.3%	12.9%	0	233	21.6
	步行—公交车	43.8%	10.1%	14.5%	31.6%	0	744	57.4
	步行—小汽车	37.5%	12.5%	12.5%	37.5%	2	675	67.8

7.5 基于仿真数据的出行链信息识别效果敏感性分析

由于大规模实地手机传感器数据需要耗费大量的人力和时间成本，本节利用“交通—通信”集成仿真平台生成仿真手机传感器数据。设置和实地采集相同的路线轨迹和交通环境，使得仿真数据和实地采集的数据具有较好的一致性。利用前几章节的算法对仿真数据进行交通方式的识别，从而验证算法的可靠性。

7.5.1 基于仿真数据的交通方式识别效果敏感性分析

本部分通过将算法识别结果与仿真平台中加载的出行信息进行对比分析，利用交通方式识别准确率指标进行交通方式识别效果评估与误差分析。

1. 算法的选择与影响

如表 7-4 所示为不同算法下交通方式识别统计结果。所用算法包含神经网络、支持向量机、贝叶斯网络、随机森林四种单独机器学习算法，以及四种算法与 GIS 地图匹配结合的综合模型。和实地采集的数据相似，只用单一机器学习算法进行交通方式识别时，步行、自行车和机动车的识别准确率均在 90%以上，而公交车和小汽车的识别结果则不是很理想，在 60%～75%。主要原因是公交车和小汽车出行速度特征相似而难以区分。利用地图匹配算法处理后显著提高了这两种交通方式的识别准确率，均达到了 90%以上。与现实采集数据相比，仿真数据的识别准确率平均高 3%～4%，主要是因为仿真的试验环境相比于现实受到外界干扰更少，通过地图匹配算法可以更加精确地区分交通方式。

表 7-4　　不同算法下交通方式识别正确率统计结果

出行方式	模式识别准确率							
	机器学习算法				机器学习算法+图形匹配			
	神经网络	支持向量机	随机森林	贝叶斯网络	神经网络	支持向量机	随机森林	贝叶斯网络
步行	98.7%	98.7%	99.1%	98.2%	98.7%	98.7%	99.1%	98.2%
自行车	93.4%	95.6%	92.5%	94.2%	93.4%	95.6%	92.5%	94.2%
机动车	94.5%	96.7%	93.2%	92.2%	94.5%	96.7%	93.2%	92.2%
公交车	72.7%	69.9%	67.5%	66.4%	93.9%	96.9%	98.6%	96.7%
小汽车	67%	69%	71%	67%	96.5%	98.3%	94.7%	98.3%
平均	85.26%	85.98%	84.66%	83.6%	95.4%	97.24%	95.62%	95.92%

2. 仿真数据采样频率设置与影响

通过前述研究成果，利用识别效果较好的支持向量机＋地图匹配算法进行仿真数据采样频率的影响分析研究。不同数据采样频率下交通方式识别结果如图 7-5 所示，和实地采样的数据识别结果类似，当采样频率较大时（1～5 s），四种交通方式识别准确率均保持在 80%以上，尤其对已 1～3 s 的高采样频率，交通方式识别准确率达到了 90%以上。采样频率超过 20 s（超过 70%），交通方式识别准确率下降较快，超过 120 s 时，除步行（60%）外，其他方式基本在 30%左右。这主要是因为定位频率较低时，两次记录点数据中间的诸多特征都没有记录，尤其是公交站点停靠的信息有很大概率被遗漏，导致地图匹配算法的应用效果变差。因此，GPS 调查技术在实际应用中，考虑到电池使用时长和数据计算成本，建议采用 5 s 的采样频率，最大不宜大于 20 s。

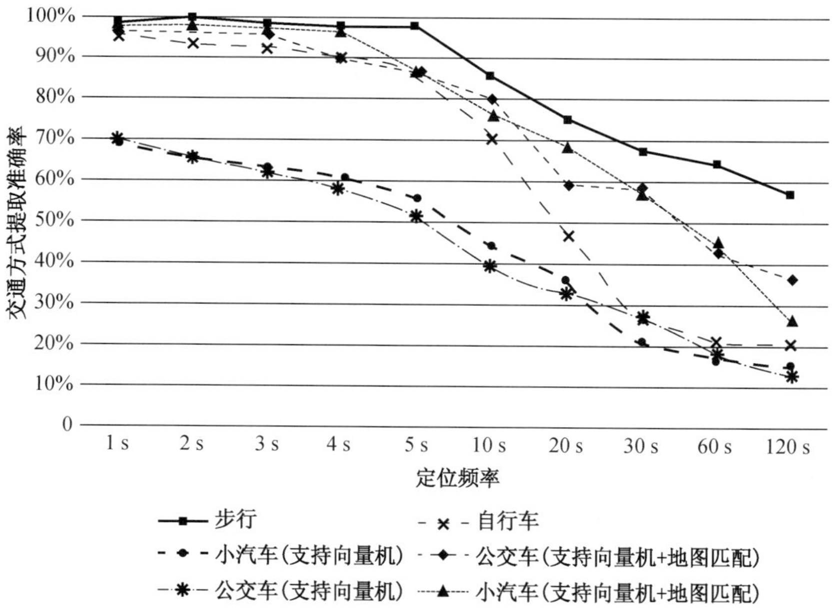

图 7-5　不同采样频率下交通方式识别准确率

3. 仿真交通状态与影响

通过仿真手段模拟现实中平峰和高峰时段的交通流，并利用识别效果较好的支持向量机＋地图匹配算法对平峰出行数据和高峰出行数据分别进行应用效果分析。不同交通状态下交通方式识别准确率统计结果如表 7-5 所示。可以看出，步行和自行车交通方式在平峰和高峰时段都达到了 90%以上，这是由于步行和自行车受到交通流影响较小。而只用支持向量机算法时公交车和小汽车的识别准确率都在 69%左右，高峰时段下降到了 65%。但在使用了地图匹配算法后准确率提高到 90%以上。与现实采集的数据相比，仿真数据的识别准确率高 3%～5%，这是由于现实相比于仿真中的交通环境更加复杂。

表 7-5　　不同交通状态下交通方式识别准确率

出行模式	平峰时段（支持向量机）	高峰时段（支持向量机）	平峰时段（支持向量机＋地图匹配）	高峰时段（支持向量机＋地图匹配）
步行	98.7%	97.3%	98.7%	97.3%
自行车	95.6%	92.6%	95.6%	92.6%
公交车	69.9%	64.3%	96.9%	92.7%
小汽车	69%	65.6%	98.3%	93.5%

7.5.2 基于仿真数据的换乘时间点识别效果敏感性分析

本部分通过将算法识别结果与仿真平台中加载的出行信息进行对比分析，利用交通方式换乘时间点识别误差指标进行交通方式识别效果评估与误差分析。

1. 算法的选择与影响

如表 7-6 所示为仿真手机传感器数据在不同算法下交通方式换乘时间点识别误差统计结果。所用算法为神经网络、支持向量机、贝叶斯网络、随机森林分别与 GIS 地图匹配算法的综合模型，数据采样频率为 1 s。可以看出，不同算法下交通方式换乘点识别精度总体较好，步行—自行车、步行—公交车、步行—小汽车识别误差小于 20 s 的比例均超过了 70%，平均误差均小于 30 s。相对于传统问卷调查，调查精度得到较大幅度的提升。四种算法的应用效果总体差异不大，算法优劣性不明显。现实采集数据的平均换乘时间误差和仿真数据相差均在 10 s 以内，大于 30 s 所占百分比相差在 5.5%以内。

表 7-6　　不同算法下交通方式换乘时间点识别误差统计结果

方法	出行模式	绝对误差分布				绝对误差/s		
		0～10 s	10～20 s	20～30 s	>30 s	最小值	最大值	平均值
神经网络＋地图匹配	步行—自行车	78.1%	5.8%	1.6%	14.5%	0	52	17.4
	步行—公交车	73.3%	10.0%	5.2%	13.7%	0	340	26.0
	步行—小汽车	83.6%	6.5%	0.0%	10.0%	0	180	12.0

(续表)

方法	出行模式	绝对误差分布				绝对误差/s		
		0～10 s	10～20 s	20～30 s	>30 s	最小值	最大值	平均值
支持向量机+地图匹配	步行—自行车	78.3%	6.7%	1.7%	13.3%	0	52	16.9
	步行—公交车	71.6%	11.2%	4.1%	13.1%	0	340	25.8
	步行—小汽车	83.1%	5.9%	0.0%	11.0%	0	181	12.5
随机森林+地图匹配	步行—自行车	80.1%	5.7%	1.6%	12.5%	0	52	13.1
	步行—公交车	70.9%	10.1%	4.1%	15.0%	0	342	23.0
	步行—小汽车	83.1%	5.8%	0.5%	10.7%	0	179	15.1
贝叶斯网络+地图匹配	步行—自行车	80.5%	4.8%	1.6%	13.1%	0	52	15.6
	步行—公交车	71.9%	11.3%	4.1%	12.6%	0	340	23.8
	步行—小汽车	83.1%	7.9%	0.0%	9.3%	0	183	12.6

2. 仿真数据采样频率设置与影响

如表 7-7 所示为不同采样频率下交通方式换乘时间点识别误差统计结果，所用方法为支持向量机+地图匹配。可以明显地看出，不同采样频率下误差百分比分布特征变化较大。当采样频率较小时(1～5 s)，交通方式换乘点误差在 10 s 以内比例达到了 50%～70%，误差大于 30 s 的比例控制在 30%以内。随着采样率的增大，换乘点误差显著提升，当定位频率大于 60 s 时，误差小于 10 s 的比例下降到了 20%以内，而误差超过 30 s 的比例快速增大到了 50%以上。总体误差趋势显示：随着采样频率的增大，数据变得越来越稀疏，交通方式换乘点的识别误差将逐步增大。

与此同时，随着采样频率的增大，换乘时间误差的平均值也逐渐增大。采样频率较小时，即 1～4 s 时，步行—自行车的换乘点误差要大于步行—公交和步行—小汽车。当采用频率大于 5 s 时，步行—公交和步行—小汽车换乘点误差反超步行—自行车识别误差，采样频率对于步行—公交和步行—小汽车的敏感性要大于步行—自行车。与真实数据类似，当定位间隔不大于 10 s 时，三类换乘点平均误差在 1 min 以内；当定位频率增大至 120 s，换乘点平均误差超过 2 min。

表 7-7 不同采样频率下交通方式换乘时间点识别误差统计结果

采样频率	出行方式	绝对误差分布				绝对误差/s		
		0～10 s	10～20 s	20～30 s	>30 s	最小值	最大值	平均值
1 s	步行—自行车	78.3%	6.7%	1.7%	13.3%	0	52	19.9
	步行—公交车	71.6%	0.0%	4.1%	24.3%	0	340	14.8
	步行—小汽车	83.1%	5.9%	0.0%	11.0%	0	181	12.5
2 s	步行—自行车	78.3%	5.0%	3.3%	13.3%	0	53	21.4
	步行—公交车	74.7%	0.0%	2.7%	22.6%	0	162	17.2
	步行—小汽车	97.5%	0.0%	0.0%	2.5%	0	93	15.6

（续表）

采样频率	出行方式	绝对误差分布				绝对误差/s		
		0～10 s	10～20 s	20～30 s	＞30 s	最小值	最大值	平均值
3 s	步行—自行车	66.7%	15.0%	5.0%	13.3%	0	74	25.2
	步行—公交车	74.3%	0.3%	2.0%	23.3%	0	165	21.7
	步行—小汽车	92.4%	0.8%	0.0%	6.8%	0	126	29.8
4 s	步行—自行车	66.7%	11.7%	3.3%	18.3%	0	185	33.3
	步行—公交车	72.6%	0.7%	2.4%	24.3%	0	164	33.1
	步行—小汽车	84.7%	6.8%	0.0%	8.5%	0	118	30.9
5 s	步行—自行车	65.0%	8.3%	10.0%	16.7%	0	56	35.0
	步行—公交车	68.2%	5.7%	1.7%	24.3%	0	188	44.6
	步行—小汽车	72.0%	19.5%	0.0%	8.5%	0	131	41.8
10 s	步行—自行车	61.7%	25.0%	0.0%	13.3%	0	51	48.0
	步行—公交车	57.4%	36.1%	1.4%	5.1%	0	132	51.3
	步行—小汽车	55.9%	41.5%	2.5%	0.0%	0	27	48.5
20 s	步行—自行车	40.0%	8.3%	21.7%	30.0%	0	61	59.0
	步行—公交车	44.9%	14.5%	12.2%	28.4%	0	153	63.7
	步行—小汽车	50.8%	5.1%	28.0%	16.1%	0	69	66.4
30 s	步行—自行车	30.0%	21.7%	11.7%	36.7%	1	225	63.2
	步行—公交车	32.1%	9.1%	17.9%	40.9%	0	252	85.9
	步行—小汽车	38.1%	13.6%	3.4%	44.9%	0	181	88.0
60 s	步行—自行车	16.7%	18.3%	13.3%	51.7%	2	285	66.8
	步行—公交车	19.1%	7.1%	10.5%	63.3%	0	592	92.7
	步行—小汽车	13.6%	12.7%	18.6%	55.1%	0	231	96.1
120 s	步行—自行车	21.7%	1.7%	3.3%	73.3%	7	646	152.3
	步行—公交车	5.1%	22.0%	4.4%	68.5%	1	1 069	155.5
	步行—小汽车	9.3%	24.2%	8.5%	58.0%	1	459	134.4

3. 仿真交通状态与影响

本部分利用支持向量机＋地图匹配算法分别对仿真数据平峰时段数据与高峰拥堵时段数据进行换乘点识别误差分析。如表 7-8 所示为平峰和高峰出行时段交通方式换乘点识别结果。对比发现，拥堵状态下，交通方式换乘点识别误差，尤其是步行—公交、步行—小汽车的换乘点识别误差明显要比畅通时段高很多，步行—公交车平均误差从 25.8 增大到了 86.4，步行—小汽车平均误差从 12.5 增大到了 76.2。绝对误差分布中 0～10 s 的比例降低了 20%～50%，大于 30 s 的误差比例增加了近 30%。交通拥堵对步行—自行车的缓冲点识别误差影响不是很多。如前所述，这主要是因为交通拥堵对步行、自行车影响较小，而对公交车和小汽车出行影响较大。

表 7-8　　仿真数据平峰和高峰出行时段交通方式换乘点识别结果

交通情况	出行方式	绝对误差分布				绝对误差/s		
		0～10 s	10～20 s	20～30 s	>30 s	最小值	最大值	平均值
非高峰小时	步行—自行车	78.3%	6.7%	1.7%	13.3%	0	52	16.9
	步行—公交车	71.6%	11.2%	4.1%	13.1%	0	340	25.8
	步行—小汽车	83.1%	5.9%	0.0%	11.0%	0	181	12.5
高峰小时	步行—自行车	70.5%	8.6%	6.4%	14.5%	0	368	29.4
	步行—公交车	49.1%	4.5%	0.0%	46.4%	0	862	86.4
	步行—小汽车	37.4%	13.4%	11.7%	37.5%	0	429	76.2

7.6 本章小结

基于 GPS 定位的交通调查技术能够自动获取更为精确、动态、实时的个体出行轨迹数据，是近年来交通调查领域研究和实地应用的关注热点。本章通过设计和采集实地试验数据，详细评估了不同数据挖掘算法(神经网络、支持向量机、随机森林、贝叶斯网络)，采样频率(1～120 s)，交通状态，对基于 GPS 定位的交通调查技术在实际应用中的效果和影响程度评估。研究成果主要有以下三个方面：

(1) 所述四种数据挖掘算法均能够用于出行链信息识别，尤其对于步行、自行车和机动车三类模式的出行信息识别正确率在 90%，但对于公交车和小汽车出行信息识别效果不是很理想，准确率在 60%～70%。文中提出的基于公交站点 GIS 地图匹配算法能够很好地弥补单一数据挖掘算法的不足，最终公交车和小汽车识别准确率均能够提升到 90%以上。

(2) 数据采样频率显著影响基于 GPS 定位的交通调查技术应用效果。当定位频率较高时(1～5 s)，交通方式识别准确率在 80%以上，交通方式换乘点时间误差大都在 20 s以内；随着数据采样频率的降低，数据提取精度快速降低，当采样频率超过 120 s 时，交通方式识别准确率大都在 30%以下，步行—自行车换乘点平均误差接近 2 min，步行—公交车、步行—小汽车换乘时间平均误差接近 3 min。

(3) 交通拥堵在一定程度上影响 GPS 调查技术应用效果。只应用机器学习算法时，拥堵状态下交通方式识别准确率比畅通状态低 10%～20%，步行—公交车和步行—小汽车换乘点识别的平均误差在 40 s 左右，步行—自行车误差在畅通状态和拥挤状态下差不多。这主要是由于交通拥堵对步行、自行车的影响程度小于对公交车与小汽车的。此外，研究发现，所述的 GIS-based 公交站点匹配技术能够显著提升拥堵状态下的公交车和小汽车方式识别准确率。

(4) 通过四种机器学习算法均可对仿真数据的出行链信息进行识别，与真实采集的传感器数据识别结果类似，对步行、自行车和机动车的识别准确率均可达到 90%以上，但对公交车和小汽车的识别则不理想，只有 60%～75%。通过 GIS 地图匹配算法识别准确率得到了很大的提高，均达到 90%以上。

采样频率对仿真传感器数据的出行方式识别也具有较大影响。当采样频率较大时(1～5 s)，四种交通方式识别准确率均保持在 80%以上，尤其对于 1～3 s 的高采样频率，交通方式识别准确率达到了 90%以上。采样率超过 20 s(超过 70%)，交通方式识别准确率下降较快，超过 120 s 时，除步行(60%)外，其他方式基本在 30%左右。

和真实传感器数据类似，交通拥堵对仿真数据的识别提取也具有较大影响。步行和自行车交通方式在平峰和高峰时段都达到了 90%以上，而只用支持向量机时，公交车和小汽车的识别准确率都在 69%左右，高峰时段下降到了 65%。但在使用了地图匹配算法后准确率提高到 90%以上。与现实采集的数据相比，仿真数据的识别准确率高 3%～5%。拥堵状态下，步行—公交车交通方式换乘点识别误差平均值从 25.8 增大到了 86.4，步行—小汽车平均误差从 12.5 增大到了 76.2。绝对误差分布中 0～10 s 的比例降低了 20%～50%，大于 30 s 的误差比例增加了 30%左右。

8 精细化数据提取对交通规划与管理的改善应用思考

长期以来，交通出行与城市开发、社会经济等的定量关系一直未能拟合建立，以至于在讨论许多城市交通发展问题与对策时，经验主义占据了上风，这对于经验丰富的专家和管理者在城市交通问题还不是特别复杂的阶段能够达到一定效果，但是，随着城市交通问题日益复杂多样，太多的问题讲不清、断不明，经验主义大量失效，迫切需要精细化、准确的个体出行调查数据和分析结果作为支撑发展定量的理性决策模式，推动交通发展决策模式从“经验主义”向“理性主义”转型升级。

随着大数据时代到来，通过海量数据的挖掘与分析将提供更有价值的信息辅助决策，成了国内外各行各业的研究热点前沿。但是尽管大数据研究很热，我们却更需要沉下来深入思考数据的具体用途和作用，泡沫和浮躁终究一事无成，所以，不能仅仅停留在大数据资源可能带来的美好“肥皂泡”的欣喜，而更需要尽快针对性深入挖掘以投入应用产生实际价值。

本章将重点针对个体出行活动精细化数据的应用研究，从理论模型方面开展精细标定与优化，包括对传统四阶段交通模型的校核标定提升精度，公交 OD 反推模型评估优化，以及对基于活动的新一代交通需求分析模型实证标定。目前，由于传统交通出行调查无法提供活动模型标定所需要的详细出行链数据，在国际上还未能广泛通过实证标定活动模型进行交通需求分析，个体出行活动精细化数据通过对出行链数据的采集可以很好支撑构建基于活动的交通需求模型。

8.1 节分析了精细化数据对于传统四阶段模型的精度提升，包括从交通小区细分提升数据精度质量、交通方式划分识别评估公交 OD 反推模型、真实出行路径校核辅助交通分配等方面应用；8.2 节分析了精细化数据在优化公交站点与线网布局方面的应用；8.3 节通过分析实证标定基于活动的交通需求分析模型过程，探讨了精细化数据在构建基于精细化个体活动的交通模型方面的应用；8.4 节分析了精细化个体出行数据提取个体活动规律在城市规划、建筑选址和热点地区安全检测等其他方面的应用。

8.1 精细化数据提升传统四阶段模型精度

采用城市交通四阶段模型为研究对象，在其他条件相同情况下，结合居民出行调查设定相关对比试验，比较研究传统居民问卷调查与智能手机 APP 调查在不同交通小区划分精细化程度下的模型精度，可从定量角度提供实证依据判定精细化出行数据对四阶段模型精度提升效果，对交通四阶段模型精度的部分研究成果有望为修正已有城市交通模型、新建城市交通模型提供参考。

(1) 交通小区细分为“交通子区”提升传统四阶段模型精度

交通小区划分越细、越小，居民出行活动能获得更加准确、完整的表达。但是，在实际建模应用时为了便于入户抽样调查，往往按照行政区划或社区居委会进行划分，划分区域范围较广，交通小区划分数量偏少。这可能造成一些小区内部出行需求无法被表达，大量的出行信息被忽略，造成出行数据不完整，难以支撑四阶段模型的精度要求。国内大中城市交通小区划分量大都在几百个，市中心密集区每个交通小区面积在 1～3 km²，外围区可能规模偏大一些。目前，国内少数特大城市交通模型中的交通小区数量超过 1 000 个，上海大概能够达到 2 000 个。

手机 GPS 定位精度通常在 5～10 m，根据手机内置 GPS 芯片质量有所浮动变化，但 GPS 定位误差区域面积远小于“城市开发”密集区的地块面积，定位误差对出行目的地的交通小区编码影响较小，基本可以形成这样的判断，基于手机 APP 精细化个体调查能够支持交通小区划分的面积可以达到更小的维度，可定义为“交通子区”。更精细化的划分可以得到更多的交通小区，基于这样的基础上，可获得更精细化的个体出行数据，通过提取得到出行 OD 端点的 GPS 位置点坐标，能够客观、较为准确地对应到不同交通子区，从而克服传统问卷调查的缺陷，提取出在原来交通小区中无法被表达的交通出行需求，这将有助于大大提升四阶段模型精度。

如图 8-1 所示，传统交通小区划分与细化为交通子区后具有不同的表达形式。图 8-1(a)为传统两交通小区之间的 OD 期望线，可以看出传统的交通小区区域面积较大，两区域间产生一个较为宽泛的 OD 期望线，图 8-1(b)为交通小区细分为多个交通子区后，各交通子区间的 OD 期望线形式，能够更精细地表达出两个交通小区间不同子区区域间的交通量，图 8-1(c)为原交通小区内部各交通子区间的 OD 期望线形式，小区内部的子区间出行可以得到很好的表达。

(2) 交通方式识别评估公交 OD 反推模型

公交分担率是衡量公共交通发展、城市交通结构合理性的重要指标，精细化个体出行数据可以对出行中不同交通方式进行精确识别，可针对某具体样本量的交通出行方式进行识别，筛选出公交出行数据，进行公交分担率计算。

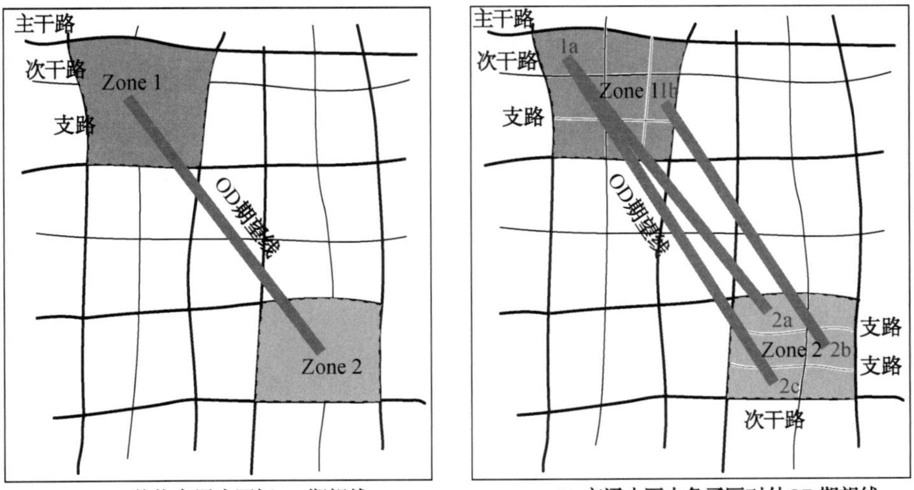

(a) 传统交通小区间OD期望线

(b) 交通小区内各子区对外OD期望线

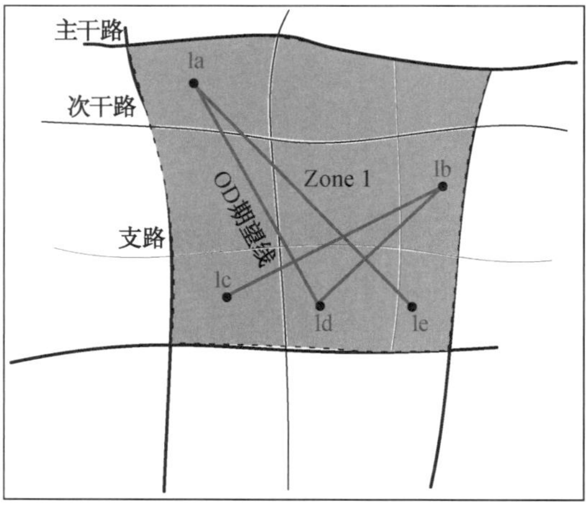

(c) 原交通小区内部的交通子区OD期望线

图 8-1　交通小区细分为交通子区的出行 OD 细化表达

现有的公交 OD 获取方式主要有两种，一种是通过跟车调查，获取公交 OD，但该方法由于工作量大、组织烦琐等缺点，普适性不强；另一种是基于公交刷卡数据的 OD 反推模型获取完整的公交 OD 数据，目前的研究结果发现反推的精度不理想，大都在 30%～40%，而且可能存在部分公交出行个体未使用公交 IC 卡，这对准确把握公交出行 OD 造成了较大困难。

手机 APP 可采集完整公交出行全程轨迹数据，数据精度高，通过对手机传感器数据的挖掘分析，可以准确识别个体公交出行完整轨迹，能够得到采用公交方式出行的个体公交站间 OD 完整数据，并且对于未使用公交 IC 卡的出行个体也能实现追踪调查。以精细化的基准数据与各种公交 OD 反推模型效果相比较，可以有助于选择合适的反推模型用于不同实际情况，进而计算公交分担率。此外，小样本的精确数据有望降低调查抽样率，原本需要较多的抽样率数据分析的特征，现在调查数据质量提高后可能只要较少的抽样调查数据，就足以获得更加接近真实情况的公交出行客流情况。

(3) 精细化个体出行数据校核真实出行路径

传统基于路阻抗模式进行路径分配存在缺陷，四阶段模型的交通分配依据是以出行时间或者费用作为阻抗函数分配到各条路径上，这通常与实际的出行路径选择可能有较大差异，如出行路径可能由于地形(山地)、实时拥堵等原因而临时改变，造成理论意义上的最短路径不是真实的出行路径导致交通分配结果出现偏差，利用精细化调查技术准确提取的个体出行链以及所采用的交通方式、出行时间等信息，可有效的修正阻抗函数，对真实出行路径进行校核，从定量角度实证对比研究个体出行精细化数据数量准确程度对交通模型的精度影响。

通过对路径的校核还可以准确识别出出行次数，特别是短途、短时的出行，因为传统居民出行调查中，对居民短途、短时的出行调查经常存在调查精度不高、易遗漏等问题,精细化个体出行数据可以较好地识别出居民短时间和短距离内的出行。校核方法采用对比研究手段,以某城市为背景,利用入户居民出行问卷调查和手机数据采集APP,这样同步获得两种调查数据来源,即传统居民出行问卷调查得到的出行数据 D_1,以及手机数据采集 APP 自动采集上传的手机传感器数据 D_2。一方面,对比两种数据来源 D_1 和 D_2 的各个体出行数据的精度,对出行次数进行准确统计,全面评估相对于传统问卷调查的数据质量的改变效果;另一方面,将两种数据来源 D_1 和 D_2 分别导入城市交通模型得到各自的流量分配结果 V_1 和 V_2,假设其他条件相同的情况下,按照模型校核的方法,采用精确采集的城市交通核查线的交通流量 Vs 作为依据,判断两种数据来源情况下的不同出行次数模型校核精度。

8.2 精细化数据优化公交站点与线网布局

优先发展公共交通是缓解中国大城市交通拥堵问题的根本手段。针对现实生活中,公交路网存在较多线网布局和站点站距设置不合理的现象,公交线网的优化可以更好地方便人们出行,在建设公交都市时,个体化精细数据可优化公交站点、线路;指导公交运营,做好换乘衔接;合理设置站点间距、发车间隔。

当前很多城市公共交通车站 300 m,500 m 覆盖率达到较高水平,然而这并不意味居民能够方便乘车(如附近无公交线路)。因此,准确掌握个体出行线路轨迹,解决公共交通出行难问题,成为提升居民公共交通出行意愿和公共交通分担率的重要手段。精细化数据能够准确追踪并获得个体从公共交通车站到出发地和目的地的过程及时空距离,有助于深入了解车站客流来源去向,掌握公共交通沿线主要客流出发点,揭示最后 1 km规律特征,对指导轨道交通与公共汽车接驳、优化已有公共汽车交通线网有很好的指导意义。图 8-2(a)为原 83 路公交线路走向、居民出行起终点和公交站点的位置分布示意图,其中黄线代表原公交线路走向,红色原点代表公交站点,黄色原点代表居民出行起终点,通过精细化数据分析,发现在青羊大道南站下车的大多数乘客需要走行较远的距离才能到达出行终点,不便于居民出行。图 8-2(b)为优化公交线路走向后,公交站点与居民出行起终点的位置分布,其中蓝线代表优化后的公交线路走向,从图中可以看出,公交线路优化后居民乘车的走行距离明显缩短,该线路走向更符合居民出行需求。图 8-2 不同颜色的区分可参见附图 A-13。

利用通信基站小区切换序列追踪地铁乘客位置变化信息,结合基站地理位置,能获取地铁乘客来源去向,进而分析轨道站点吸引范围,统计站点客流数量。可为指导轨道交通与公交换乘提供指导,图 8-3 为地铁线上各站点位置与居民出行起终点位置分布图,红线为轨道交通线路走向,红色原点为轨道交通站点,黄色原点为居民出行起终点,白线所围成的圆形区域为站点的客流吸引范围,通过对精细化数据的分析,可得出各轨道交通站点的吸引范围。不同颜色的区分可参见附图 A-14。

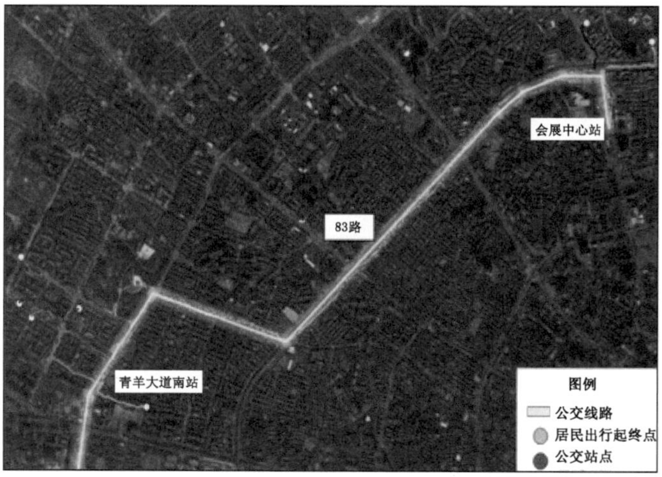

(a) 原公交线路走向

(b) 优化后公交线路走向

图 8-2　公交线路走向

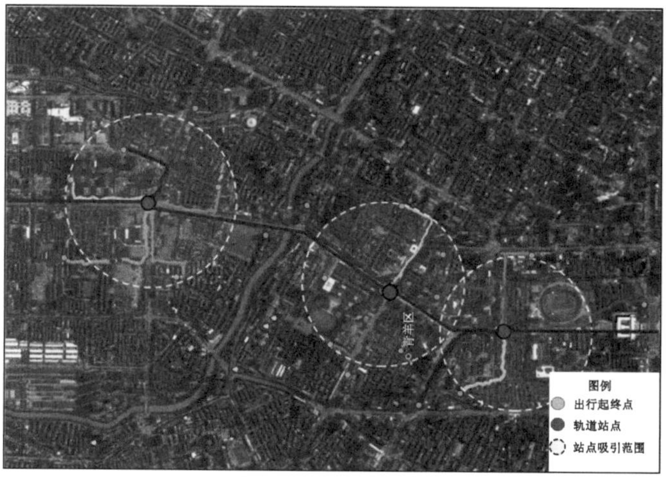

图 8-3　地铁站点吸引客流来源

8.3 构建基于精细化个体活动的交通模型

集计的四阶段模型的缺陷明显，近年来，交通领域一直在探索替代其用于交通需求分析的新模型，基于活动(activity-based)的交通需求分析成为一个研究重点，但这个方法的发展要想实现从理论到实践的跨越，必须有足够精细、准确的个体出行活动特征数据作为支撑，包括具体的每次出行的出发时刻、到达时刻、活动类型、驻留时间等，但实际出行调查中大量数据偏差，短距离出行被漏报，出行活动特征被受访者忽略遗漏，这是传统问卷调查方式几乎无法实现的，这样的数据质量远远无法满足交通需求模型的应用演进。

精细化数据可以准确提取个体各类活动的出行情况，得到完整的基于活动的出行链信息，通过基于活动模型中的微观仿真技术算法预测个体一天的出行链与频率。出行链中的交通方式预测、驻点预测、起止时间与持续时间预测等信息，则可分别通过离散选择模型、驻点预测模型、蒙特卡洛模拟法与基于风险的持续时间模型进行预测，再将这些信息集计成为 OD 矩阵完成交通分配。

通过手机 APP 调查数据还可以校核评估基于活动模型的预测精度，其主要思路为：手机 APP 调查提取精细化数据的挖掘可能用于校核基于活动模型的精度，通过手机数据中的通话时长、基站等信息，获得个体手机基站转换序列(L_1，L_2，…，$-L_n$)，通过设置时间窗除噪得到真实基站位置轨迹(L_1，L_3，…，L_n)，利用个体通话概率 P_i 结合线性方程将基站的位置轨迹转化为个体真实出行位置轨迹，在此基础上，可以通过序列对齐法将其与基于活动模型的预测结果进行匹配，从而校核活动模型预测结果精度。

8.4 精细化个体出行数据的其他应用

新型手机数据有望实现出行精细化提取，能够较好地反映个体时空活动本源规律，不仅对于交通需求分析有重要意义，还对于城市规划、商业、旅游以及公共安全防恐管理等多个领域有较大的拓展潜力和应用价值。例如，城市规划中的新区开发建设时序、职住平衡分析、重大城市用地设施的迁建，商业活动中大型购物中心或者商业会展过程中的客户活动行为分析，旅游景区的游客景点参观停留时间、参观顺序。

(1) 精细化个体出行数据指导新区开发建设规模与时序

精细化个体出行数据为描述居民出行活动的时空规律提供了重要数据支撑，是传统城市空间结构研究方法的有益补充，可以为城市建设与发展提供重要的决策依据。大型城市新区开发建设过程中的土地利用和开发项目是按照时序逐步推进的，商业项目建成后的人气聚集需要长时间的积累过程，面对新区逐渐增长的交通需求不确定性，交通服务配置较为困难。例如公交线路、发车频率的确定，以及公共自行车配置规模等。传统居民出行调查方法很难获取新区开发过程中动态的出行需求，而手机传感器调查技术通过采集进入新区内个体移动轨迹、基站小区服务人数等信息，有助于摸清新区范围内以及与新区相关区域的全天候出行活动特征，从而弹性配置交通配套服务，避免设施闲置浪费。

(2) 精细化个体出行数据支持大型建筑选址

城市重要商圈、医院、交通枢纽等对于居民的出行具有显著的影响，是城市大量人流的集散地也是城市交通的重要节点，其选址对城市功能运行有显著影响。手机数据应用于居民出行的时空规律分析，一方面可以用于判定城市重要设施的城市功能影响和居民聚散吸引范围，一旦需要对其区位进行调整时，可以快速科学地进行选址，提高居民出行时空可达性；另一方面，根据该设施区域内的手机数量和个体手机传感器数据，计算居民的吸引出行量、时间以及选定的交通出行方式，从而制定交通设施布设、衔接、调度方案等。例如，重庆某大型医院由于需要增加功能用地考虑进行迁建时，重庆规划研究部门通过手机通信网络信令数据摸清当前医院就诊病人、工作医生的来源和流向以及采用的交通方式结构，为该医院迁建选址提供决策参考，及时调整交通配套设施，尽可能减少对现有医生、病人的看病出行影响，这实现了城市规划与交通规划的联合科学决策。

(3) 精细化个体出行数据监测热点地区公共安全

个体手机大数据能够反映出城市人流活动集聚密度热点区域，可以为城市公共安全管理以及防恐维稳提供预警支撑，是移动互联高科技在国家维稳防恐中的创新应用，这对国家安全具有特殊重要意义。开启状态下的手机始终与通信网络基站保持周期性联系，通过基站小区的通信活动负荷特征以及基站注册联系的手机数量，可以在一定程度上反映出基站覆盖范围内的手机人群数量和区域人流密度特征，通过手机数据建立城市热点区域人流密度监控系统，实时监测人流密度变化情况，当达到一定密度标准，应该及时采取各级应急预案及时避免各类危险情况发生，能够显著提升城市公共安全管理水平。人流集中的商场、广场、大型交通枢纽等区域可能成为恐怖分子袭击的对象，该人流密度监控系统建立，可以便于及时调配警力加强高人流密度的安保工作，还可以处置一些突发高密度活动区域的群体事件。

9 研究展望

9.1 完善基于手机传感器数据的个体出行链采集体系

9.2 大数据环境下多元异构数据融合提升技术应用效果

9.3 探索基于精细化交通调查大数据的交通规划理论与方法

9.1 完善基于手机传感器数据的个体出行链采集体系

结合更广泛的实证数据，从三个方面深化基于手机传感器数据的个体出行链信息提取方法体系，完善技术采集数据内容完整性、方法普适性和实践应用的有效性。

(1) 交通规划方案的制定通常是建立在对现状交通问题及交通需求准确分析预测基础上的，其决策过程受到交通、经济、土地利用等多领域、多因素的制约和影响，尤其在交通出行信息方面，常常需要通过入户问卷等方式获得个体详细的出行时间、出行距离、出行 OD、交通方式、活动目的等要素，过程非常烦琐、复杂。本书先前章节重点介绍了基于手机传感器的个体出行链信息提取流程和方法，相对于传统的问卷调查方法，着重在个体出行链信息提取方面提出了新的思路和想法，但目前仍然存在一个难点问题未解决，即出行目的的识别。与很多欧美国家和城市不同，由于历史发展和城市尺度等原因，欧美城市建筑开发的复合程度要比我国简单很多，因此基于土地利用性质与手机传感器个体出行位置追踪信息，能够较好地掌握居民每趟活动出行目的。然而对于中国等人口多、密度大、建筑开发复合多样的地区而言，即使获得了准确的个体出行 OD 信息，其出行目的的推断仍然非常困难。例如，当客户进入某综合体建筑，其出行目的可能是就餐、购物，也可能是会友。因此，后续技术完善过程中还有待对出行目的的识别进行补充和深化研究，最终实现一套完整的基于手机传感器数据的个体出行链信息采集流程和采集方法。

(2) 如前所述，本书的实证数据主要是在成都市少部分区域开展的样本形式数据采集和分析，技术方法在普适性方面难免存在一定的不足，无法面面俱到所有地区(如山地城市)、所有出行模式组合试验；同时，对于全市性大范围内技术的应用效果评估目前也比较缺乏，技术实际推广应用之前应该按照现有的技术流程和方法扩展到大范围的试验，或者结合城市居民出行调查、公交规划、轨道客流预测等实际项目进行技术应用效果评估和方法优化。

(3) 本书提出的基于手机传感器的个体出行链信息采集技术在实际应用中数据量较大，最大定位频率甚至可以实现 1 s/次的数据采集，因此对于一个城市的调查来说，其数据量是比较庞大的，因此数据处理和管理也有待在云计算、分布式存储等方面进行探索，尤其是对于模型参数的选择可能还需要根据数据采集时间(高峰、平峰)、定位频率、算法训练深度等进行分状态、多重标定与应用。

9.2 大数据环境下多元异构数据融合提升技术应用效果

交通规划与决策是一个广泛的系统研究的过程。随着"大数据时代"、"移动互联时代"的到来，应用大数据辅助和支撑解决城市交通问题已成为了一种公认的规划理念和技术发展趋势。然而,从目前交通大数据应用效果来看,技术的推广应用仍然还处在初级阶段,其应用对象多为交通现状分析或宏观决策分析支持。分析其主要原因在于微观、精细化交通出行信息采集的困难,尤其是个体完整出行链信息采集的困难。本书所介绍基于手机传感器数据的个体出行链信息采集技术为精细化交通大数据采集提供了初步的技术探索和发展展望,但目前也仍然存在一定的不足或缺陷。

单一的数据源很难全面掌握和采集个体出行全出行链信息。例如,对于一趟由步行—公交—地铁—步行组合方式完成的出行,手机传感器能够较为准确获取步行和公交出行段轨迹数据,然而对于地铁出行过程,由于手机 GPS 传感器信号受屏蔽无法获得数据,因此地铁出行段,尤其是地铁内的进一步换乘出行信息是无法获取到的,完整出行轨迹将产生空白段。幸运的是,手机信令数据恰好能够很好地弥补这样的数据缺陷。实际中,地铁沿线通信运营商配设有专门的手机通信基站,这些基站能够定时与不定时与地铁乘客发生信息交互,从而间接获取到用户出行轨迹信息,对地下出行 GPS 信号缺失问题是一个很好的补充。有如,地铁刷卡数据有望补充推断公交刷卡数据下车地点不明确的难题;无线 Wi-Fi 数据、加速度数据等能够补充室内出行轨迹、出行目的的推断,等等。

因此,未来研究多元交通数据的融合应用必然是一个重要发展趋势,这一数据融合应用甚至将涉及多领域、多学科的数据融合。同时,探索不同专业、不同学科形成共同价值,产生新的合作模式、机制也是交通大数据发展的一大重点。

9.3 探索基于精细化交通调查大数据的交通规划理论与方法

交通大数据概念提出至今已有多年,然而目前在交通规划领域,交通大数据(包括浮动车数据、手机位置数据、公交刷卡数据、视频/线圈检测数据等)的实践应用仍主要在于中、宏观出行规律等交通现状分析层面,各大机构设计院绘制了很多“精美”的动静态效果图,然而传统规划模型仍然是交通需求预测的主要手段,这种模式并没有本质上改善交通规划效果。大数据的“审美疲劳”很快会到来,现阶段探索基于精细化交通调查大数据的交通规划新理论与新方法将是一大工作重点。

本书探讨了手机传感器数据在精细化交通出行链信息采集方面的技术方法,较为粗浅地讨论了精细化交通出行链信息在传统规划模型改进(例如,交通小区细分、出行路径选择),以及交通规划实践(公交线站优化、居民出行“最后一公里”优化)方面的应用。作为抛砖引玉,在此也倡导精细化交通调查数据以及交通大数据对交通规划模型的进一步研究工作,尝试探索基于活动的新型交通规划模型等。

附录 A

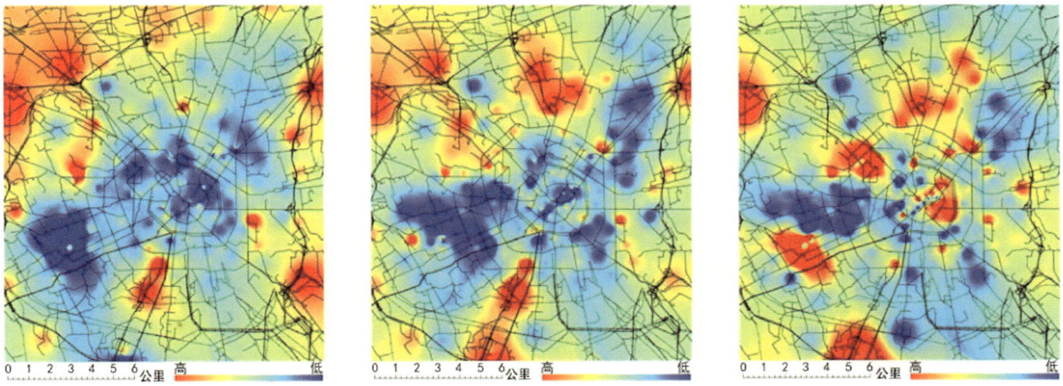

(a) 上午 9 点至 11 点

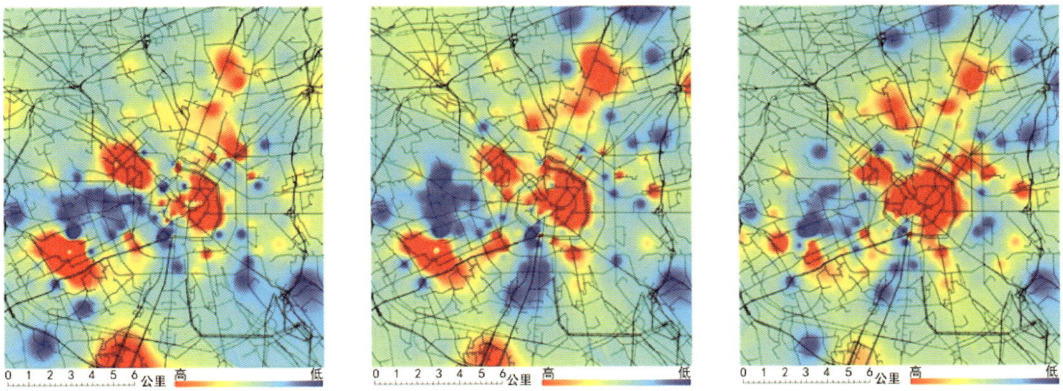

(b) 上午 11 点至下午 1 点

附图 A-1　米兰市区不同区域的手机通话密度地图

附图 A-2　出行轨迹 1 与地图匹配结果

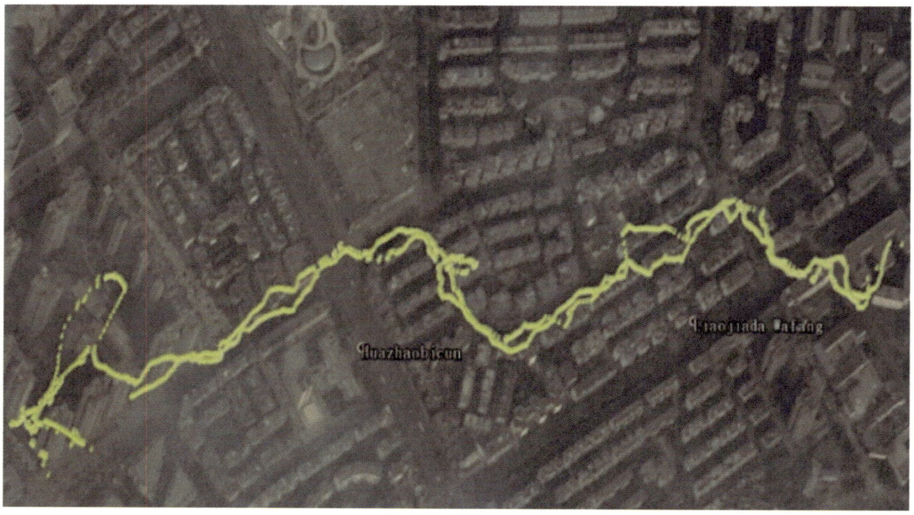

附图 A-3　出行轨迹 2 与地图匹配结果

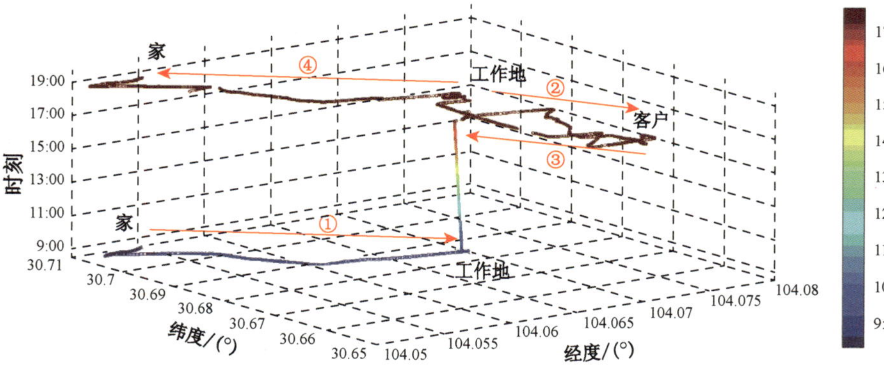

附图 A-4　基于传感器数据的移动轨迹点时空停留特征

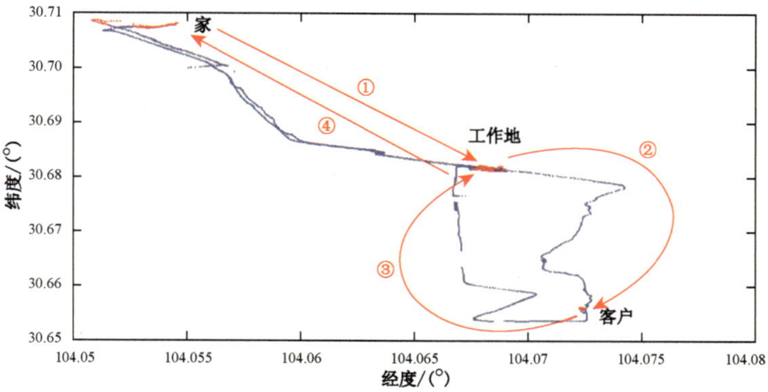

附图 A-5 基于传感器数据的移动轨迹点的出行 OD 图

附图 A-6 采样频率过高,数据冗余

附图 A-7 采样频率过低,关键信息缺失

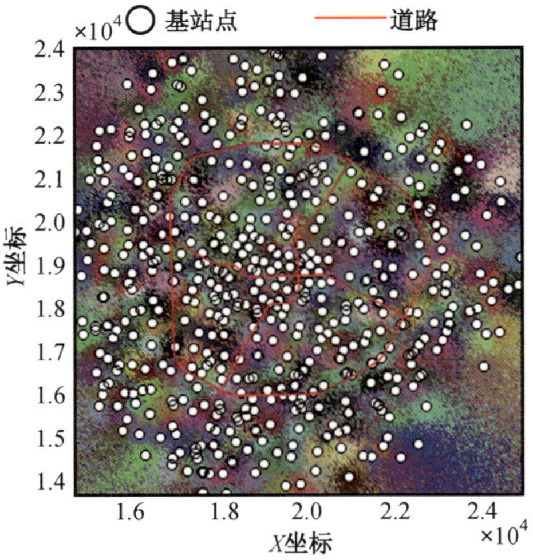

附图 A-8　成都市某时刻通信基站小区覆盖范围仿真结果

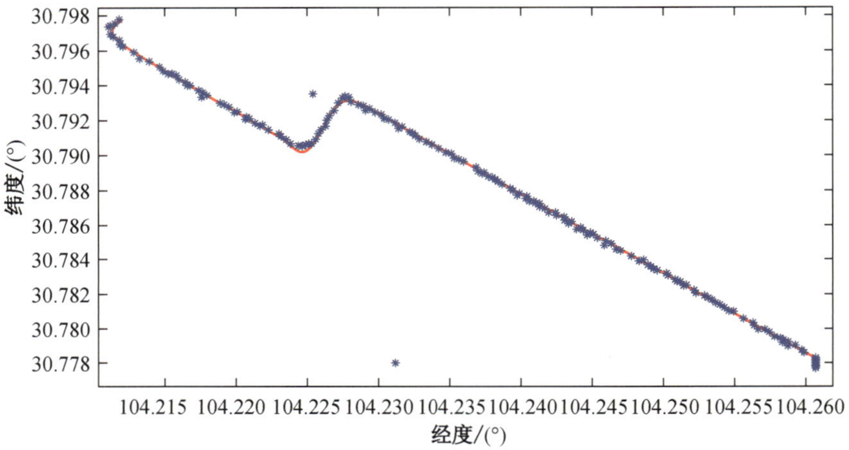

附图 A-9　原始轨迹和加扰轨迹对比图

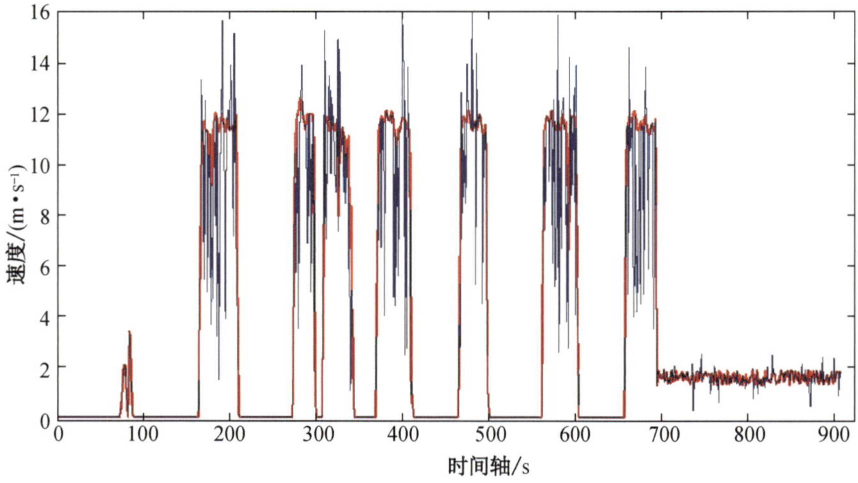

附图 A-10　原始速度和加扰后速度对比图

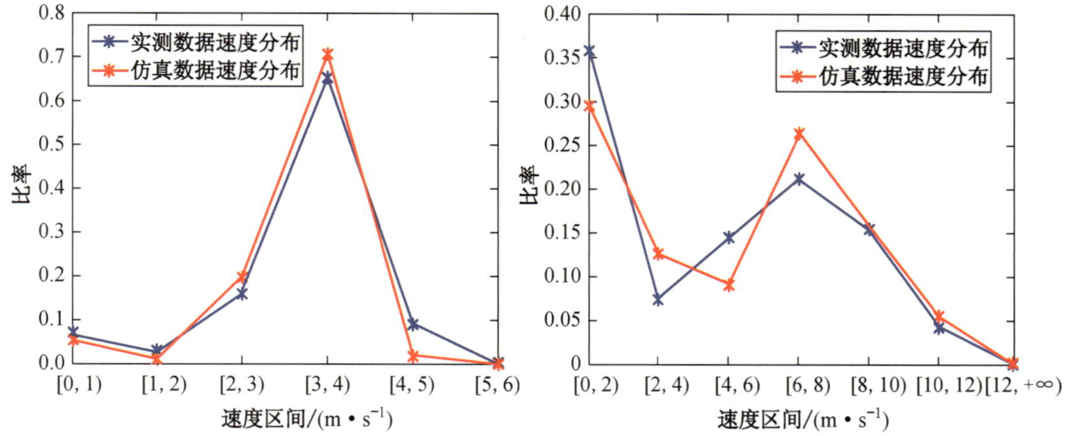

(a) 自行车交通方式的速度分布情况 (b) 公交车的速度分布情况

附图 A-11 实测和仿真速度范围分布

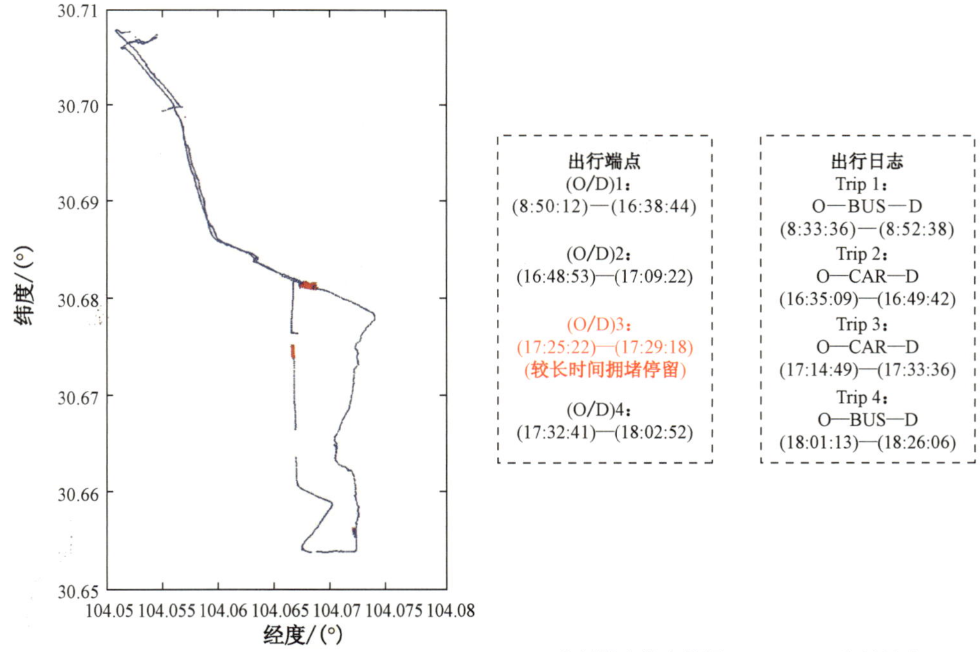

(a) GPS轨迹(蓝点表示GPS轨迹点，红点表示出行端点) (b) 出行端点鉴定结果 (c) 出行日志

附图 A-12 出行端点识别和个人出行链的 GPS 轨迹检查

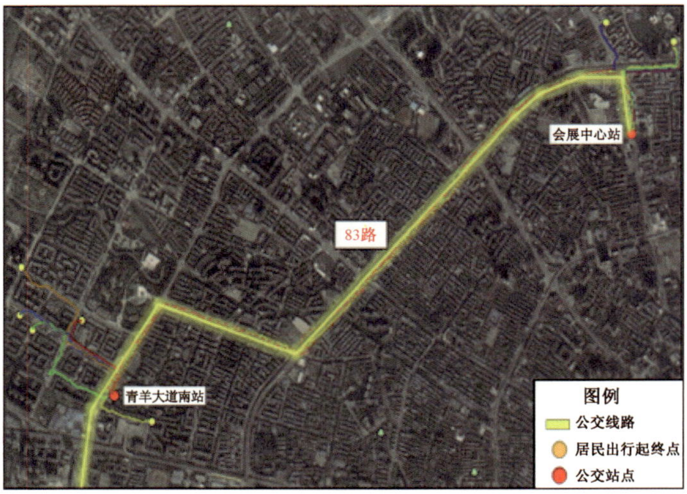

(a) 原公交线路走向

(b) 优化后公交线路走向

附图 A-13　公交线路走向

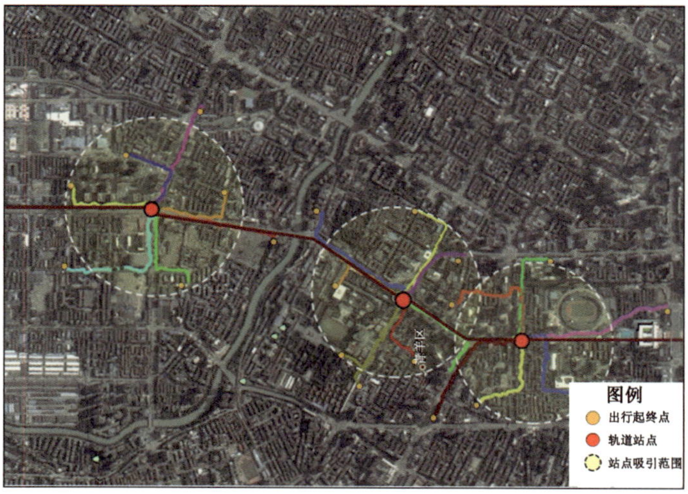

附图 A-14　地铁站点吸引客流来源